"十三五"普通高等教育规划教材

```
<!DOCTYPE html>
<html>
  <head>
    <meta charset="utf-8">
    <title>jQuery基础过滤器:header示例</title>
    <script src="js/jquery-1.12.4.js"></script>
  </head>
  <body>
    <h3>jQuery基础过滤器:he
    <hr>
    <h4>标题4</h4>
    <p>正文内容</p>
    <h4>标题4
    <p>正文内
    <script>
      $(document).ready(function(
        $(":header").css({color:"red"});
      });
    </script>
  </body>
</html>
<!DOCTYPE html>
<html>
  <head>
    <meta charset="utf-8">
    <title>jQuery基础过滤器:not示
    <script src="js/jquery-1.12.4.
  </head>
  <body>
    <h3>jQuery基础过滤器:not示例
    <hr>
    <p>这是普通段落元素。</p>
    <p id="test">id="test"的段落元素。</p>
    <p>这是普通段落元素。</p>
    <script>
      $(document).ready(function() {
        $(":not(p#test)").css("border", "1px solid gray");
      });
    </script>
  </body>
```

动态网页

设计与开发

JavaScript+jQuery

石　毅　江　丽　朱雅莉　张　莉　主编

电子工业出版社
Publishing House of Electronics Industry
北京·BEIJING

内 容 简 介

本书以实用性为原则，利用大量案例深入浅出地介绍了 JavaScript 和 jQuery 程序设计的基础知识。重点讲解 JavaScript 基本语法、数组、函数、对象、BOM、DOM、事件、正则表达式和 jQuery 的相关知识。为了加深初学者对知识的领悟，本书在确保知识讲解系统、全面的基础上，还配备了精彩的案例，同时将 JavaScript 和 jQuery 的相关知识合理地综合运用。

本书可以作为普通高等院校、高职高专或中等职业院校各专业网页特效设计、JavaScript 程序设计相关课程的教材，也可以作为网页特效设计的培训用书及技术参考书。

本书提供配套完善的学习资源和支持服务，包括电子教案（PPT）、案例素材、源代码、各章上机练习与课后作业参考答案、教学设计、教学大纲等配套资源，可到电子工业出版社华信教育资源网（http://www.hxedu.com.cn）下载使用。

图书在版编目（CIP）数据

动态网页设计与开发：JavaScript+jQuery / 石毅等主编. —北京：电子工业出版社，2020.9
ISBN 978-7-121-39132-3

Ⅰ. ①动… Ⅱ. ①石… Ⅲ. ①JAVA 语言－网页制作工具 Ⅳ. ①TP312.8②TP393.092.2

中国版本图书馆 CIP 数据核字（2020）第 102765 号

责任编辑：郝志恒
印　　刷：三河市良远印务有限公司
装　　订：三河市良远印务有限公司
出版发行：电子工业出版社
　　　　　北京市海淀区万寿路 173 信箱　　　　邮编：100036
开　　本：787×1092　1/16　　　印张：23　　　字数：662 千字
版　　次：2020 年 9 月第 1 版
印　　次：2021 年 2 月第 2 次印刷
定　　价：65.00 元

凡所购买电子工业出版社图书有缺损问题，请向购买书店调换。若书店售缺，请与本社发行部联系，联系及邮购电话：(010) 88254888，88258888。

质量投诉请发邮件至 zlts@phei.com.cn，盗版侵权举报请发邮件至 dbqq@phei.com.cn。

本书咨询联系方式：QQ 9616328。

前言

从现在开始，我们开始学习动态网页设计与开发。

你可能学习过用 HTML、CSS 实现静态网页设计与开发的相关课程，体验过网站开发制作的完整流程，但你会发现和网上其他网站对比，你制作的网站远没有那么炫酷。不用羡慕，本书将告诉你网站炫酷的秘密。使网站变得酷炫有多种方式，一种是美工制作的 Flash 特效，另一种就是我们即将学习的 JavaScript 特效。

开发 JavaScript 特效，jQuery 是一大利器，它是 JavaScript 语言中最优秀的程序库，现实世界中 80%以上的网站都用到了 jQuery。例如，"京东商城""天猫商城"这样规模的电商网站，如果数以万计的用户填写完邮箱注册后，不经检查就直接发送，将会造成网站服务器负担过重。一边是服务器不堪重负，另一边是网民们焦急等待，这时利用脚本的客户端验证就可以轻松解决此类问题。当然，这只是 jQuery 功能的一部分。

本书将在静态网页设计与开发的基础上，系统地介绍 JavaScript 和 jQuery 开发的知识，最终综合运用所学知识去完成网上商城的各种交互特效，具体安排如下：

第一部分（第 1 章~第 6 章）：介绍 JavaScript 的基础语法，使用 JavaScript 操作 BOM 以及 JavaScript 对象，你将发现 JavaScript 和学习过的 Java 类似。

第二部分（第 7 章~第 10 章）：介绍 jQuery 的常用技能，学习选择器、事件处理、操作 BOM，以及实现各种动画特效的方法。

第三部分（第 11 章）：介绍表单校验，综合应用 jQuery、正则表达式和 HTML5 新增属性、方法等知识验证表单，实现网页的数据校验。

第四部分（第 12 章）：对本书中的重点和难点进行总结，最后通过项目案例的实现，将所学的 JavaScript 和 jQuery 相关知识进行综合运用。

本书采用边讲边练的方式，使读者在章节学习过程中完成各种特效的制作，不断体验网站开发流程，积累网站开发经验！

在学习过程中，读者一定要亲自实践书中的案例代码，如果不能完全理解书中所讲的知识点，可以通过互联网等途径寻求帮助。另外，如果读者在理解知识点的过程中遇到困难，建议不要纠结于某个地方，可以先往后学习。通常来讲，随着对后面知识的不断深入了解，前面看不懂的知识点一般就能理解了。如果读者在动手练习的过程中遇到问题，建议多思考，厘清思路，认真分析问题发生的原因，并在问题解决后多总结。

本书采用基础知识＋案例相结合的编写方式，通过基础知识的讲解与案例的巩固，可以使读者快速地掌握技能点。千里之行，始于足下。让我们一起进入动态网页设计与开发的精彩世界吧！

限于作者水平，教材中难免会有不妥之处，欢迎各界专家和读者朋友们来函给予宝贵意见，我们将不胜感激。本书配有教师教学用书，如有需要联系作者索取。在阅读本书时，如发现任何问题或有不认同之处可以通过电子邮件与我们联系。请发送电子邮件至：sem00000@163.com。

编者

目录

本章目标

◎ 了解 JavaScript 的概念与特点

◎ 掌握任意一款 Web 开发工具

◎ 了解完整 JavaScript 实现的组成部分

◎ 掌握 JavaScript 的使用方式

◎ 掌握 JavaScript 的基本语法规则

◎ 掌握 JavaScript 的变量声明与命名规范

本章简介

在 Web 前端开发中，HTML、CSS 和 JavaScript 是开发网页所必备的技术。在掌握了 HTML 和 CSS 技术之后，大家已经能够做出一个精美的、完整的网站了。但若想自己做的网站能减轻服务器端的负担，提升客户端的体验，具有动感效果，给浏览者留下深刻的印象，还需要学习客户端验证、页面特效和动态改变页面内容等知识，JavaScript 是一个极佳的选择，这些内容我们将在本章中学习。本章首先介绍为什么要学习 JavaScript，让读者对 JavaScript 的主要作用有基本的了解；然后讲解 JavaScript 以及其组成。本章可作为学习 JavaScript 的入门基础。

技术内容

1.1 JavaScript概述

1.1.1 为什么学习JavaScript

JavaScript 在网页制作中占有非常重要的地位，可以实现验证表单、制作特效等功能，总结起来，学习 JavaScript 的目的主要基于以下三点。

1. 客户端表单验证

登录某网站时经常遇到要求会员登录、注册的情况，我们填写登录、注册信息时，如果某项信息格式输入错误，或没有输入内容，表单页面将及时给出错误提示。这些错误在提交到服务器前，由客户端提前进行验证，称为客户端表单验证。以QQ登录为例，如图 1.1 所示，没有输入 QQ 号码直接登录就提示"请您输入账号后再登录"。这样，用户得到了即时的交互（反馈填写情况），同时也减轻了服务器端的压力，这是 JavaScript 最常用的场合。

图 1.1　QQ 登录界面

2. 页面动态效果

在 JavaScript 中，可以编写响应鼠标点击等事件的代码，创建动态页面特效，从而高效地控制页面的内容。例如，层的切换特效、级联菜单特效、验证的提示（图 1.2）等，它们可以在有限的页面空间里展现更多的内容，提升客户端的体验，从而使我们的网站更加有动感、有魅力，吸引更多的浏览者。

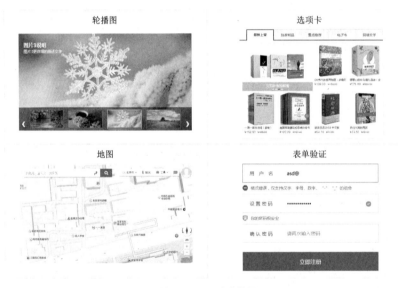

图 1.2　页面动态效果

这里要说明一点，虽然 JavaScript 可以实现许多动态效果，但要实现一个特效可能需要十几行，甚至几十行代码，而使用 jQuery（JavaScript 程序库）可能只需要几行代码就能实现同样的效果，所以学习 jQuery 就非常有必要了。

3. jQuery的基础

JavaScript 是学习 jQuery 的基础，所以要先把 JavaScript 的基础打牢，再学习 jQuery 就是顺理成章的事了，关于 jQuery 方面的技术，我们会在后面讲解。

1.1.2　JavaScript简介

JavaScript 是一种描述性语言，也是一种基于对象（Object）和事件驱动（Event Driven）的，并具有安全性能的脚本语言。JavaScript 是一种轻量级的直译式编程语言，基于 ECMAScript 标准（注：一种由 ECMA 国际组织通过 ECMA-262 标准化的脚本程序语言）。通常在 HTML 网页中使用

JavaScript 为页面增加动态效果和功能。它与 HTML（超文本标记语言）一起，在一个 Web 页面中链接多个对象，与 Web 客户实现交互。无论在客户端还是在服务器端，JavaScript 应用程序都要下载到浏览器的客户端执行，从而减轻了服务器端的负担。总结其特点如下：

> ➢　JavaScript 主要用来在 HTML 页面中添加交互行为。
> ➢　JavaScript 是一种脚本语言，语法和 Java 类似。
> ➢　JavaScript 一般用来编写客户端的脚本。
> ➢　JavaScript 是一种解释性语言，边执行边解释。

　　JavaScript 和 HTML、CSS 一起被称为 Web 开发的三大核心技术，目前 JavaScript 已经广泛应用于 Web 开发，市面上绝大多数网页都使用了 JavaScript 代码。可以说当今所有浏览器都支持 JavaScript，无须额外安装第三方插件。JavaScript 内嵌于 HTML 网页中，通过浏览器内置的 JavaScript 引擎直接编译，把一个原本只用来显示的页面，转变成支持用户交互的页面程序。

提示

Web 页面是由多个网页组成的。网页制作涉及的技术有：HTML、CSS 和 JavaScript。
> ➢　HTML 代表了结构，结构是网页的骨架，从语义的角度，描述页面结构。
> ➢　CSS 代表了样式，样式是网页的外观，从审美的角度，美化页面。
> ➢　JavaScript 代表行为，行为是网页的交互逻辑，从交互的角度，提升用户体验。

1.1.3　JavaScript起源

　　1992 年，Nombas 公司开发了一种称为 Cmm 的嵌入式脚本语言，并把它捆绑在一个称为 CEnvi 的软件产品中。CEnvi 首次向人们展示了 Cmm 的魅力，之后 Nombas 公司把 Cmm 的名称改为 ScriptEase。

　　在 1995 年，网景（Netscape）公司为了扩展其浏览器的功能，由 Brendan Eich 用了 10 天时间开发出来，并命名为 LiveScript 的脚本语言，该脚本语言用于当时的网景导航者（Netscape Navigator）浏览器 2.0 版。最初这种脚本语言的官方名称为 LiveScript，后来应用于网景导航者浏览器 2.0B3 版的时候正式更名为 JavaScript。更名的原因是因为当时网景公司与 Sun 公司开展了合作，网景公司的管理层希望在他们的浏览器中增加对于 Java 技术的支持。该名称容易让人误以为该脚本语言是和 Java 语言有关的，但实际上该语言的语法风格与 Scheme 更为接近。

　　随着客户端脚本的需求逐渐增大，Microsoft 公司进军浏览器市场，发布了 IE3.0，并搭载了一个 JavaScript 的复制版，称为 JScript。此时，有三种不同的 JavaScript 版本同时存在：Netscape 公司的 JavaScript、IE 软件中的 JScript 和 CEnvi 软件中的 ScriptEase。

　　JavaScript 没有一个标准来统一其语法或特性，而这三种版本恰恰突出了这个问题。为了解决这一问题，JavaScript 1.1 作为一个草案提交给欧洲计算机制造商协会（ECMA），最终 ECMA-262 标准应运而生，该标准定义了称为 ECMAScript 的脚本语言。之后，国际标准化组织及国际电工委员会（ISO/IEC）也采纳了 ECMAScript 作为标准。简而言之，ECMAScript 是一种脚本语言的标准，JavaScript 语言就是遵循 ECMAScript 标准的一种实现。

说明

　　JavaScript 和 Java 的关系。因为名称的相近，JavaScript 常被误以为和 Java 有关，但事实上无论从概念还是从设计上它们都是毫无关联的两种语言。JavaScript 是 Netscape 公司的 Brendan Eich 发明的一种轻量级语言，主要应用于网页开发，无须事先编译；而 Java 是由 Sun 公司的 James Gosling 发明的一种面向对象的程序语言，根据应用方向又可分为 J2SE（Java2 标准版）、J2ME（Java2 微型版）和 J2EE（Java2 企业版）三个版本，需要先编译再执行。JavaScript 的主旨是为非程序开发者快速上手使用的，而 Java 是更高级更复杂的一种面向专业程序开发者的语言，比 JavaScript 难度大、应用范围更广。

1.1.4　JavaScript的实现

前面提到 ECMAScript 是一个重要的标准，但它并不是 JavaScript 唯一的部分，当然，它也不是唯一被标准化的部分。实际上，一个完整的 JavaScript 是由 ECMAScript、BOM 和 DOM 三个不同的部分组成的。

1. ECMAScript 标准

ECMAScript 是一种开放的、被国际上广为接受的、标准的脚本语言规范。它不与任何具体的浏览器绑定。ECMAScript 标准主要描述了以下内容：

➢ 语法。
➢ 变量和数据类型。
➢ 运算符。
➢ 逻辑控制语句。
➢ 关键字、保留字。
➢ 对象。

ECMAScript 是一个描述，规定了脚本语言的所有属性、方法和对象的标准，因此在使用 Web 客户端脚本语言编码时一定要遵循 ECMAScript 标准。

2. 浏览器对象模型

浏览器对象模型（Browser Object Model，BOM）提供了独立于内容与浏览器窗口进行交互的对象，使用浏览器对象模型可以实现与 HTML 的交互，如网上常见的弹出窗口、前进后退等功能都是由浏览器对象控制的。

3. 文档对象模型

文档对象模型（Document Object Model，DOM）是 HTML 文档对象模型（HTML DOM）定义的一套标准方法，用来访问和操纵 HTML 文档，如网上商城常见的随鼠标移动显示大的图片、弹出小提示等都是文档对象的功劳。

1.1.5　JavaScript的特点

1. 脚本语言

JavaScript 是一种直译式的脚本语言，无须事先编译，可以在程序运行的过程中逐行进行解释使用。该语言适合非程序开发人员使用。

2. 简单性

JavaScript 具有非常简单的语法，其脚本程序面向非程序开发人员。HTML 前端开发者都有能力为网页添加 JavaScript 片段。

3. 弱类型

JavaScript 无须定义变量的类型，所有变量的声明都可以用统一的类型关键字表示。在运行过程中，JavaScript 会根据变量的值判断其实际类型。

4. 跨平台性

JavaScript 语言是一种 Web 程序开发语言，它只与浏览器支持情况有关，与操作系统的平台类型无关。目前 JavaScript 可以在无须安装第三方插件的情况下被大多数主流浏览器完全支持，因此 JavaScript 程序在编写后可以在不同类型的操作系统中运行，适用于台式机、笔记本电脑、平板电脑和手机等各类包含浏览器的设备。

5. 大小写敏感

JavaScript 语言是一种大小写敏感的语言，例如字母 a 和 A 会被认为是不同的内容。同样在使用函数时也必须严格遵守大小写的要求，使用正确的方法名称。

1.2 Web开发工具

JavaScript 的开发工具主要包括浏览器和代码编辑器两种软件。浏览器用于执行、调试 JavaScript 代码，代码编辑器用于编写代码。本节将针对这两种开发工具进行讲解。

1.2.1 浏览器

浏览器是访问互联网中各种网站所必备的工具。由于浏览器的种类、版本比较多，作为 JavaScript 开发人员需要解决各种浏览器的兼容性问题，确保用户使用的浏览器能够准确执行自己编写的程序。表 1-1 列举了几种常见的浏览器及其特点。

表 1-1 常见浏览器

开 发 商	浏 览 器	排版引擎	特　点
Microsoft	Internet Explorer	Trident	Windows 操作系统的内置浏览器，用户数量较多
	Microsoft Edge	EdgeHTML	Windows 10 操作系统提供的浏览器，速度更快、功能更多
Google	Google Chrome	WebKit / Blink	目前市场占有率较高的浏览器，具有简洁、快速的特点
Mozilla	Mozilla Firefox	Gecko	一款优秀的浏览器，但市场占有率低于 Google Chrome
Apple	Safari	WebKit	主要应用在苹果 iOS、Mac OS 操作系统中的浏览器
Opera	Opera	Blink	体积轻小而功能强大，以简洁的界面设计和贴近用户的社会化应用为主要特色

在表 1-1 列举的浏览器中，Internet Explorer 浏览器的常见版本有 6、7、8、9、10、11。其中 6、7、8 发布时间较早，用户数量多，但兼容性和执行效率稍微低一些。建议选择各方面比较优秀的 Chrome 浏览器或者 Firefox 浏览器使用。

面对市面上众多的浏览器，开发人员如何掌控程序的兼容性呢？实际上，许多浏览器都使用了相同的内核，了解其内核就能对浏览器有一个清晰的归类。浏览器内核分成两部分：排版引擎和 JavaScript 引擎。排版引擎负责将取得的网页内容（如 HTML、CSS 等）进行解析和处理，然后显示到屏幕中。JavaScript 引擎用于解析 JavaScript 语言，通过执行代码来实现网页的交互效果。目前国内大部分浏览器都采用了 WebKit 或 Blink 内核，一些双核浏览器将其作为"急速模式"的内核。在移动设备中，iPhone 和 iPad 等苹果 iOS 平台使用 WebKit 内核；Android 4.4 之前的 Android 系统浏览器内核是 WebKit，在 Android 4.4 系统中更改为 Blink。

1.2.2　代码编辑器

JavaScript 和 jQuery 源代码文件均为纯文本内容，用 PC 操作系统中自带的写字板或记事本工具就可以打开和编辑源代码内容。因此本书不对开发工具做特定要求，使用任意一款纯文本编辑器均可以进行网页内容的编写。

这里介绍几款常用的网页开发工具软件：Adobe Dreamweaver、Sublime Text、NodePad++、EditPlus 和 HBuilder。

1. Adobe Dreamweaver

Adobe Dreamweaver 是一款所见即所得的网页编辑器，中文名称为"梦想编织者"或"织梦"。该软件最初的 1.0 版是 1997 年由美国 Macromedia 公司发布的，后来该公司于 2005 年被 Adobe 公司收购。Dreamweaver 也是当时第一套针对专业 Web 前端工程师所设计的可视化网页开发工具，整合了网页开发与网站管理的功能。Dreamweaver 支持 HTML5/CSS3 源代码的编辑和预览功能，其最大的优点是可视化性能带来的直观效果，开发界面可以分屏为代码部分与预览视图，开发者修改代码部分时预览视图会随着修改内容实时变化。Dreamweaver 也有它的弱点，由于不同浏览器存在兼容性问题，Dreamweaver 的预览视图难以达到与所有浏览器完全一致的效果。如需考虑跨浏览器兼容问题，预览画面仅能作为辅助参考。

2. Sublime Text

Sublime Text 的界面布局非常有特色，它支持文件夹导航图和代码缩略图效果。该软件支持多种编程语言的语法高亮，也具有代码自动完成提示功能。该软件还具有自动恢复功能，如果在编程过程中意外退出，在下次启动该软件时文件会自动恢复至关闭之前的编辑状态。

3. Notepad++

NotePad++的名称来源于 Windows 系列操作系统自带的记事本 NotePad，在此基础上多了两个加号，立刻带来了质的飞越。这是一款免费开源的纯文本编辑器，具有完整中文化接口并支持 UTF-8 技术。由于它具有语法高亮显示、代码折叠等功能，因此也非常适合作为计算机程序的编辑器。

4. EditPlus

EditPlus 是由韩国 Sangil Kim（ES-Computing）公司发布的一款文字编辑器，支持 HTML、CSS、JavaScript、PHP、Java 等多种计算机程序的语法高亮显示与代码折叠功能。其中最具特色的是 EditPlus 的自动完成功能，例如在 CSS 源文件中输入字母 b 加上空格，就会自动生成 border:1px solid red 语句。开发者可以自行编辑快捷键所代表的代码块，然后在开发过程中使用快捷方式让 EditPlus 自动完成指定代码内容。

5. WebStorm

WebStorm 是 jetbrains 公司旗下一款 JavaScript 开发工具。目前已经被广大中国 JS 开发者誉为"Web 前端开发神器""最强大的 HTML5 编辑器""最智能的 JavaScript IDE"等。与 IntelliJ IDEA 同源，继承了 IntelliJ IDEA 强大的 JS 部分的功能。

WebStorm 能智能地代码补全，支持不同浏览器的提示，还包括所有用户自定义的函数（项目中），代码补全包含了所有流行的库；代码不仅可以格式化，而且所有规则都可以自己来定义；支持联想查询，只需要按着 Ctrl 键点击（或称"单击"）函数或者变量等，就能直接跳转到定义；可以全项目查找函数或者变量，还可以查找使用并高亮显示；支持代码调试，界面和 IDEA 相似，非常方便。

6. HBuilder

HBuilder 是 DCloud（数字天堂）推出的一款支持 HTML5 的 Web 开发 IDE。HBuilder 的编写用到了 Java、C、Web 和 Ruby。HBuilder 本身主体是用 Java 编写的。"快"，是 HBuilder 的最大优势，通过完整的语法提示和代码输入法、代码块等，大幅提升 HTML、JS 和 CSS 的开发效率。

1.2.3　技能训练

需求说明

根据前面内容介绍，完成一款浏览器与代码编辑器的下载与安装。

1.3　JavaScript的基本结构与使用

通常，JavaScript 代码是用<script>标签嵌入 HTML 文档中的。如果需要将多条 JavaScript 代码嵌入一个文档中，只需将每条 JavaScript 代码都封装在<script>标签中即可。浏览器在遇到<script>标签时，将逐行读取内容，直到遇到</script>结束标签为止。浏览器将检查 JavaScript 语句的语法，如果有任何错误，则会在警告框中显示；如果没有错误，则浏览器将编译并执行语句。

1.3.1　JavaScript的基本结构

JavaScript 的基本结构如下：

语法

```
<script type="text/javascript">
JavaScript 语句;
</script >
```

其中 type 是<script>标签的属性，用于指定文本使用的语言类别为 text/javaScript。

注意

有的网页中用默认 type="text/javascript"，这种写法是正确的，因为在 HTML5 中可省略 type 属性，HTML5 默认为 text/javascript。

下面通过一个示例来深入学习 JavaScript 的基本结构，代码如示例 1 所示。

【示例 1】　JavaScript 的基本结构

```
<!DOCTYPE html>
<html>
  <head>
    <meta charset="utf-8">
    <title>初学 JavaScript</title>
  </head>
<body>
<script type="text/javascript">
    document.write("初学 JavaScript");
    document.write("<h1>Hello, JavaScript</h1>");
</script>
</body>
</html>
```

示例 1 在浏览器中的运行效果如图 1.3 所示。

代码中，document.write()用来向页面输出可以包含 HTML 标签的内容，把 document.write()语句包含在<script>与</script>之间，浏览器就会把它当作一条 JavaScript 命令来执行，这样浏览器就会向页面输出内容。

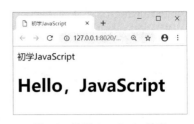

图 1.3　使用 JavaScript 输出

> **提示**
>
> 如果不使用<script>标签，浏览器就会将 document.write ("<h1>Hello, JavaScript</h1>") 当作纯文本来处理，也就是说，会把这条命令本身写到页面上。

<script>与</script>的位置并不是固定的，可以包含在文档中的任何地方，只要保证这些代码在被使用前已读取并加载到内存即可。

1.3.2　JavaScript的执行原理

了解了 JavaScript 的基本结构，下面再来深入了解 JavaScript 的执行原理。在 JavaScript 的执行过程中，浏览器客户端与应用服务器端采用请求/响应模式进行交互，如图 1.4 所示。现在，让我们逐步分解一下这个过程。

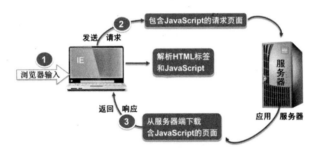

图 1.4　JavaScript 的执行原理

（1）浏览器客户端向服务器端发送请求：一个用户在浏览器的地址栏中输入要访问的页面（页面中包含 JavaScript 程序）。

（2）数据处理：服务器端将某个包含 JavaScript 的页面进行处理。

（3）发送响应：服务器端将含有 JavaScript 的 HTML 文件处理页面发送到浏览器客户端，然后由浏览器客户端从上至下逐条解析 HTML 标签和 JavaScript，并将页面效果呈现给用户。

使用客户端脚本的好处有以下两点：

➤　包含 JavaScript 的页面只要下载一次即可，这样能减少不必要的网络通信。

➤　JavaScript 程序由浏览器客户端执行，而不是由服务器端执行，因此能减轻服务器端的压力。

1.3.3　JavaScript的使用方式

JavaScript 有 3 种使用方式：

➤　在 HTML 文档中直接添加代码。

➤　将 JavaScript 脚本代码写到外部的 JavaScript 文件中，再在 HTML 文档中引用该文件的路径地址。

➤　直接在 HTML 标签中。

这三种使用方式的效果完全相同，可以根据使用率和代码量选择相应的开发方式。例如有多个网页文件需要引用同一段 JavaScript 代码时，可以写在外部文件中进行引用，以减少代码冗余。

1. 内部JavaScript

JavaScript 代码可以直接写在 HTML 页面中，只需使用<script>首尾标签嵌套即可。相关 HTML 代码语法格式如下：

语法

```
<script>
  //JavaScript 代码...
</script>
```

使用 JavaScript 代码中的 alert()方法制作一段简单的示例：

```
<script>
  alert("Hello JavaScript!");
</script>
```

该语句表示打开网页后弹出警告提示框，显示的文字内容为"Hello JavaScript!"。

【示例2】　内部 JavaScript 的简单应用

```
<!DOCTYPE html>
<html>
  <head>
    <meta charset="utf-8">
    <title>内部 JavaScript 的简单应用</title>
  </head>
  <body>
    <h3>内部 JavaScript 的简单应用</h3>
    <hr />
    <!--JavaScript 代码部分-->
    <script>
            alert("Hello JavaScript!");
    </script>
  </body>
</html>
```

示例 2 运行效果如图 1.5 所示。

2. 外部JavaScript

如果选择将 JavaScript 代码保存到外部文件中，则只需要在 HTML 页面的<script>标签中声明 src 属性即可。此时外部文件的类型必须是 JavaScript 类型文件（简称为 JS 文件），即文件后缀名为.js。相关 HTML 代码语法格式如下：

图 1.5　示例运行效果图

语法

```
<script src="JavaScript 文件 URL"></script>
```

以在本地 js 文件夹中的 myFirstScript.js 文件为例，在 HTML 页面中的引用方法如下：

```
<script src="js/myFirstScript.js"></script>
```

引用语句放在<head>或<body>首尾标签中均可，与在<script>标签中直接写脚本代码的运行效果完全一样。

【示例3】　外部 JavaScript 的简单应用

```
<!DOCTYPE html>
<html>
  <head>
```

```
    <meta charset="utf-8">
    <title>外部 JavaScript 的简单应用</title>
    <!--外部 JavaScript 文件引用的部分-->
    <script src="js/myFirstScript.js"></script>
  </head>
  <body>
    <h3>外部 JavaScript 的简单应用</h3>
    <hr />
  </body>
</html>
------------------------------------------------------------------------
js/myFirstScript.js
alert("来自一个外部 JS 文件的问候：你好！");
```

示例 3 运行效果如图 1.6 所示。

myFirstScript.js 就是外部 JavaScript 文件，src 属性表示指定外部 JavaScript 文件的路径，在浏览器中运行示例 3，运行结果与示例 2 的运行结果相同。

图 1.6　示例运行效果图

大家在上网查看网页源文件时，会看到许多网页中的<script>标签都放在<head>标签中，那为什么本章例子中的<script>标签都放在了<body>标签中，并且放在了<body>标签最后呢？

请大家注意，无论是使用<script>标签在网页中编写 JavaScript 代码，还是引用.js 文件，浏览器都会按照<script>标签在页面中出现的先后顺序对它们依次进行解析，换句话说，在第一个<script>标签包含的代码解析过后，第二个<script>标签包含的代码才会被解析，然后才是第三个、第四个……这样看来，如果把<script>标签放在<head>中，那么意味着必须等到全部 JavaScript 代码被下载、解析和执行完成之后，才开始呈现网页内容，这样对于许多包含 JavaScript 代码的页面来说，无疑导致浏览器呈现页面时出现明显的延迟，而延迟期间浏览器窗口将一片空白，为了避免这个问题，现在许多网页开发者会把<script>标签放在<body>标签中，并且放在页面内容的后面。

🎯**注意**

外部文件不能包含<script>标签，通常将扩展名为.js 的文件放到网站目录中单独存放脚本的子目录中（一般为 js），这样容易管理和维护。

3. 直接在HTML标签中

有时需要在页面中加入简短的 JavaScript 代码实现一个简单的页面效果，如点击按钮时弹出一个提示框等，这样通常会在按钮事件中加入 JavaScript 处理程序。下面的例子就是点击按钮时弹出提示框。关键代码如下所示：

```
<input name="btn" type="button" value="弹出消息框" onclick="javascript: alert('欢迎你');"/>
```

当点击"弹出消息框"按钮后，会弹出提示框，如图 1.7 所示。

图 1.7　提示框

在代码中，onclick 是点击的事件处理程序，当用户点击按钮时，就会执行"javascript:"后面的

JavaScript 命令，alert()是一个函数，类似 Java 中的方法，作用是向页面弹出一个提示框。

通过以上可以知道这三种方式的应用场合：

> 内部 JavaScript 文件适用于 JavaScript 特效代码量较少的情况，仅用于单个页面。

> 外部 js 文件则适用于代码较多的情况，可重复应用于多个页面。

> 直接在标签中写 JavaScript 则适合于极少代码情况，仅用于当前标签，但是这种方式增加了 HTML 代码，因此在实际开发中应用较少。

1.4 JavaScript的语法

JavaScript 是一种简单的语言，但必须按照它的规则来使用，即必须遵循 ECMAScript 标准来使用该语言。JavaScript 像学习过的 Java、C#一样，也是一门编程语言，它包含变量的声明、赋值、运算符号、逻辑控制语句等基本语法，下面我们就来学习 JavaScript 的基本语法。

1.4.1 JavaScript中的大小写

在 JavaScript 中大小写是严格区分的，无论是变量、函数名称、运算符和其他语法都必须严格按照要求的大小写进行声明和使用。例如变量 hello 与变量 HELLO 会被认为是完全不同的内容。

JavaScript 区分大小写，大写字母和小写字母是不能互相替换的，几个基本规则如下所示：

> JavaScript 的关键字，如 for 和 if，永远都是小写的。

> 内置对象（后面会介绍），如 Math 和 Date 是以大写字母开头的。

> 对象的名称通常是小写，如 fruit。但其方法经常是多个单词的大小写混合，通常第一个字母是小写，之后单词的首字母是大写，如 charAt()。

1.4.2 变量、对象和函数的名称

与 Java 的命名规范类似，当声明使用变量、对象或函数时，名称可以包括大写字母、小写字母、数字、下划线和美元符号（$),但是必须以字母、下划线或美元符号（$）开头。

可以选择在变量名称中使用大写字母或小写字母，但必须牢记 JavaScript 是区分大小写的，count、Count、COUNT 将被认为是三个不同的变量。

1.4.3 JavaScript中的分号

很多编程语言（例如 C、Java 和 Perl 等）都要求每句代码结尾要使用分号（;）表示结束。而 JavaScript 的语法规则对此比较宽松，如果一行代码结尾没有分号也是可以被正确执行的。

JavaScript 允许开发者自行决定是否以分号结束一行代码，如果没有分号，JavaScript 就将行代码的结尾看作该语句的结尾。有时我们看到的 JavaScript 代码中一行结束后没有使用分号，例如：

```
document.write("初学 JavaScript")
document.write("Hello jQuery!")
```

上面这两行代码在页面中可以正常运行，但不推荐使用，因为它们不属于规范的代码编写风格。

1.4.4 JavaScript中的注释

为了提高程序代码的可读性，JavaScript 允许在代码中添加注释。注释仅用于对代码进行辅助提

示，不会被浏览器执行。

JavaScript 有两种注释方式：单行注释和多行注释。

单行注释用双斜杠（//）开头，可以自成一行也可以写在 JavaScript 代码的后面。例如：

```
// 该提示语句自成一行
alert("Hello JavaScript!");
```

或：

```
alert("Hello JavaScript!"); // 该提示语句写在 JavaScript 代码后面
```

多行注释使用/*开头，以*/结尾，在这两个符号之间的所有内容都会被认为是注释内容，均不会被浏览器所执行。例如：

```
/*
    这是一个多行注释
    在首尾符号之间的所有内容都被认为是注释
    均不会被浏览器执行
*/
alert("Hello JavaScript!");
```

利用注释内容不会被执行的特点，在调试 JavaScript 代码时如果希望暂停某一句或几句代码的执行，可使用单行或多行注释符号将需要禁用的代码做成注释。例如：

```
//alert("Hello JavaScript1");
//alert("Hello JavaScript2");
alert("Hello JavaScript3");
```

此时第一、二行的 JavaScript 代码由于最前面添加了单行注释符号，因此不会被执行。当调试完成后去掉注释符号，代码即可恢复运行。

1.4.5　JavaScript中的代码块

和 Java 语言类似，JavaScript 语言也使用一对大括号标识需要被执行的多行代码。例如：

```
var x = 9;
if(x<10){
    x = 10;
    alert(x);
}
```

上述代码在 if 条件成立时，会执行大括号里面的所有代码。

1.4.6　比较两个字符串是否相同

使用"=="运算符可以比较两个字符串是否相同，具体示例如下：

```
alert ('22' == '22'); //输出结果： true
alert ('22' == '33'); //输出结果： false
```

1.4.7　字符串与数字的拼接

使用"＋"运算符操作两个字符串时，表示字符串拼接，具体示例如下：

```
alert ('220'+ '230'); //输出结果： 220230
```

若其中一个是数字，则表示将数字与字符串拼接，示例代码如下：

```
alert ('220 + 230 =' + 220 + 230); //输出结果: 220 + 230 = 220230
```

通过输出结果可以看出，字符串会与相邻的数字拼接。如果需要先对"220 + 230"进行计算，应使用小括号提高优先级，示例代码如下：

```
alert ('220 + 230 =' + (220 + 230 )); //输出结果: 220 + 230 = 450
```

1.5　JavaScript变量

1.5.1　变量的声明

JavaScript 是一种弱类型的脚本语言，无论是数字、文本还是其他内容，统一使用关键字 var 加上变量名称进行声明，其中关键字 var 来源于英文单词 variable（变量）的前三个字母。

可以在声明变量的同时对其指定初始值；也可以先声明变量，再另行赋值。例如：

```
var x = 2;
var msg = "Hello JavaScript!";
var name;
```

常见变量的赋值为数字或文本形式。当变量的赋值内容为文本时，需要使用引号（单引号、双引号均可）括住内容；当把变量赋值为数字的时候，内容不要加引号，否则会被当作字符串处理。

JavaScript 也允许使用一个关键字 var 同时定义多个变量。例如：

```
var x1, x2, x3; //一次定义了三个变量名称
```

同时定义的变量类型可以不一样，并且可为其中部分或全部变量进行初始化。例如：

```
var x1=2, x2="Hello", x3;
```

由于 JavaScript 变量是弱类型的，因此同一个变量可以用于存放不同类型的值。例如可以声明一个变量初始化时用于存放数值，然后将其更改为存放字符串。代码如下：

```
var x = 99; //初始化时变量 x 存放的是数值 99
x = "Hello"; //将变量 x 更改为存放字符串"Hello"
```

这段代码从语法上来说没有任何问题，但是为了养成良好的编程习惯不建议用此种做法。应该将变量用于保存相同类型的值。变量的声明不是必需的，可以不使用关键字 var 声明直接使用。例如：

```
msg1 = "Hello"
msg2 = "JavaScript";
msg = msg1+" "+msg2;
alert(msg); //运行结果为显示 Hello JavaScript
```

上述代码中的 msg1、msg2 和 msg 均没有使用关键字 var 事先声明就直接使用了，这种写法也是有效的。当程序遇到未声明过的名称时，会自动使用该名称创建一个变量并继续使用。

🔵 【示例4】　JavaScript 变量的简单应用

```
<!DOCTYPE html>
<html>
    <head>
        <meta charset="utf-8">
        <title>JavaScript 变量的简单应用</title>
    </head>
    <body>
        <h3>JavaScript 变量的简单应用</h3>
        <hr />
        <script>
                //声明变量 msg
```

```
                var msg = "Hello JavaScript!";
                //在 alert()方法中使用变量 msg
                alert(msg);
        </script>
    </body>
</html>
```

示例 4 在浏览器中的运行效果如图 1.8 所示。

图 1.8　示例运行效果图

注意

　　千万要注意 JavaScript 是区分大小写的，特别是变量的命名、语句关键字等，这种错误有时很难查找。变量可以不经过声明而直接使用，但这方法很容易出错，也很难查找排错，因此不推荐使用。在使用变量之前，请先声明后使用，这是良好的编程习惯。

1.5.2　变量的命名规范

　　一个有效的变量命名需要遵守以下两条规则：

➢　首位字符必须是字母（A~Z、a~z）、下划线（_）或者美元符号（$）。

➢　其他位置上的字符可以是下划线（_）、美元符号（$）、数字（0-9）或字母（A~Z、a~z）。

　　例如：

```
var hello; //正确
var _hello; //正确
var $hello; //正确
var $x_$y; //正确
var 123; //不正确，首位字符必须是字母、下划线或者美元符号
var %x; //不正确，首位字符必须是字母、下划线或者美元符号
var x%x; //不正确，中间的字符不能使用下划线、美元符号、数字或字母以外的内容
```

　　常用的变量命名方式有 Camel 标记法、Pascal 标记法和匈牙利类型标记法等。

➢　Camel 标记法：又称为驼峰标记法，该规则声明的变量首字母为小写，其他单词以大写字母开头。例如 var myFirstScript、var myTest 等。

➢　Pascal 标记法：该规则声明的变量所有单词首字母均大写。例如 var MyFirstScript、var MyTest 等。

➢　匈牙利类型标记法：该规则是在 Pascal 标记法的基础上为变量加一个小写字母的前缀，用于提示该变量的类型，如 i 表示整数、s 表示字符串等。例如 var sMyFirstScript、var iMyTest 等。

1.5.3　定义常量

　　常量可以理解为在脚本运行过程中值始终不变的量，它的特点是一旦被定义就不能被修改或重新定义。例如，数学中的圆周率 π 就是一个常量，其值就是固定且不能被改变的。

　　而 JavaScript 中在 ES6 之前是没有常量的，现 ES6 中新增了 const 关键字，用于实现常量的定义，

常量的命名遵循标识符的命名规则，习惯上常量名称总是使用大写字母表示的。具体示例如下：

```
var r = 6;
const PI= 3.14;
const P = 2 *PI* r;
console.log('P='+ P); // 输出结果：P=37.68
```

从上可知，常量在赋值时可以是具体的数据，也可以是表达式的值或变量。需要注意的是，常量一旦被赋值就不能被改变，并且常量在声明时必须为其指定某个值。

1.5.4　JavaScript关键字和保留字

JavaScript 遵循 ECMA-262 标准中规定的一系列关键字规则，这些关键字不能作为变量或者函数名称。

全部关键字共计 25 个，如表 1-2 所示。

表 1-2　JavaScript 关键字一览表

break	case	catch	continue	default	delete	do
else	finally	for	function	if	in	instanceof
new	return	switch	this	throw	try	typeof
var	void	while	with			

如果使用了上述关键字作为变量或者函数名称会引起错误。

在 ECMA-262 标准中还规定了一系列保留字，这些字是为将来的关键字而保留的单词，同样也不可以作为变量或者函数的名称。全部保留字约几十个，如表 1-3 所示。

表 1-3　JavaScript 保留字一览表

abstract	boolean	byte	char	class	const	debugger	double
enum	export	extends	final	float	goto	implements	import
int	interface	long	native	package	private	protected	public

如果使用了上述保留字作为变量或者函数名称会被认为使用了关键字，从而一样引起报错。

1.5.5　技能训练

上机练习 2　变量命名规范

需求说明

以下哪些变量的声明是不正确的？

(1) var test。

(2) var 123test。

(3) var $test。

(4) var _test。

(5) var double。

1.6　常用的输入/输出

在网上冲浪时，页面上经常会弹出一些信息提示框，如注册时弹出提示输入信息的提示框，或者弹出一个等待用户输入数据的提示框等，这样的输入/输出在 JavaScript 中称为警告提示框（alert）

和提示框（prompt）。

1.6.1 警告（alert）

alert()方法前面已经使用过，此方法会创建一个特殊的小提示框，该提示框带有一个字符串和一个"确定"按钮，如图 1.9 所示。alert ()方法的基本语法格式如下：

📄 **语法**

```
alert("提示信息");
```

图 1.9　警告提示框

该方法将弹出一个警告提示框，其内容可以是一个变量的值，也可以是一个表达式的值。如果要显示其他类型的值，则需要将其强制转换为字符串型。以下代码都是合法的：

```
var userName="rose";
var string1 = "我的名字叫 rose";
alert("Hello World");
alert("我的名字叫"+username);
alert(string1);
```

警告提示框是当前运行的网页弹出的，在对该提示框做出处理前，当前网页将不可用，后面的代码也不会被执行，只有对警告提示框进行处理后（点击"确定"按钮或直接关闭），当前网页才会继续显示后面的内容。

1.6.2　console.log()

console.log()用于在浏览器的控制台中输出内容。例如，在 test.html 中编写如下代码：

```
console.log("Hello World");
```

使用 Chrome 浏览器打开 test.html，按 F12 键（或在网页空白区域点击鼠标右键，在弹出的菜单中选择"检查"）启动开发者工具，然后切换到 Console 控制台选项卡，即可看到控制台输出效果。

1.6.3　提示（prompt）

prompt()方法会弹出一个提示框，等待用户输入一行数据。prompt()方法的基本语法格式如下：

📄 **语法**

```
prompt("提示信息", "输入框的默认信息");
```

该方法的返回值也可以被引用或存储到变量中，例如：

```
var color=prompt ("请输入你喜欢的颜色","红色");
```

运行结果如图 1.10 所示。

图 1.10　提示框

prompt()方法的第一个参数值显示在提示框上，通常是一些提示信息；第二个参数出现在用户输入的文本框中，且被选中，作为默认值使用。如果省略第二个参数，则提示框的输入文本框中会出现"undefined"，可以将第二个参数的值设置为空字符串，例如：

```
var color=prompt ("请输入你喜欢的颜色","");
```

如果用户点击"取消"按钮或直接关闭提示框，则该方法将返回 null；如果用户点击"确定"按钮，则该方法将返回一个字符串型数据。

本章总结

➢　JavaScript 由三部分组成：ECMAScript、DOM 和 BOM。
➢　在 HTML 页面中引用 JavaScript 有三种方式：直接把 JavaScript 代码写在标签<script>和</script>之间，使用外部 JavaScript 文件或直接把简短的 JavaScript 代码写在 HTML 标签中。
➢　JavaScript 的核心语法有变量的声明和赋值、数据类型、逻辑控制语句、注释。在 JavaScript 中，代码区分大小写，并且建议每一句的末尾使用分号（；）结束。
➢　在 JavaScript 中常用输入/输出提示框的方法是 prompt()方法和 alert()方法。

本章作业

一、选择题

1. 以下哪个常量值最大？（　　　　）
   A．70　　　　　　　　　B．25　　　　　　　　　C．0X90　　　　　　　　　D．0X85

2. 下面四个变量声明语句中，哪一个变量的命名是正确的？（　　　　）
   A．var for　　　　　　B．var txt_name　　　　C．var myname myval　　　D．var 2s

3. 在 HTML 文件中编写 JavaScript 程序时，应使用标记（　　　　）。
   A．javascript　　　　　B．scripting　　　　　　C．script　　　　　　　　D．js

4. 在 Web 应用程序出现之前，（　　　　）是应用程序的主流架构。
   A．A/S　　　　　　　　B．B/S　　　　　　　　C．C/S　　　　　　　　　D．D/S

5. 下面关于 JavaScript 变量的描述错误的是（　　　　）。
   A．在 JavaScript 中，可以使用 var 关键字声明变量　　　B．声明变量时必须指明变量的数据类型
   C．可以使用 typeof 运算符返回变量的类型　　　　　　D．可以不定义变量，而通过使用变量来确定其类型

6. 下面链接外部 JavaScript 正确的是（　　　　）。
   A．<script src="animation.js"></script>　　　　　　B．<link src="animation.js">

C. `<script href="animation.js"></script>`   D. `<style src="animation.js"></style>`

7. 下列选项中，可以接收用户输入信息的是（   ）。

     A. alert()   B. document.write()

     C. console.log()   D. prompt()

8. 下面关于 console.log("Hello")的说法正确的是（   ）。

     A. 可以在警告框内输出 Hello   B. 可以在网页中输入 Hello

     C. 可以在控制台输出 Hello   D. 以上说法都不正确

二、综合题

1. 什么是 JavaScript？它有哪些特点？

2. JavaScript 与另外哪两个技术并称为 Web 前端的三大核心技术？

3. 请说出与嵌入式相比外链式的优势。

4. 在 HTML 页面中直接插入 JavaScript 代码的正确做法是使用哪种标签？

5. 引用 JavaScript 外部脚本的正确写法是什么？

6. 根据你的理解，简述 JavaScript 的执行原理。

7. 简述 JavaScript 的组成及每部分的作用。

第 2 章
JavaScript 基础

本章目标

◎ 掌握 JavaScript 的基本数据类型
◎ 掌握 JavaScript 类型的转换方法
◎ 掌握 JavaScript 运算符的使用
◎ 掌握 JavaScript 条件语句、循环语句的用法

本章简介

在前面章节中已学习了 JavaScript 的主要作用，掌握了一些基础的 JavaScript 知识。对于任何一种编程语言来说，掌握基本语法都是学好这门编程语言的第一步。只有完全掌握了基础知识，才能游刃有余地学习后续内容。从本章开始，我们将讲解 JavaScript 的基本语法、运算符与逻辑控制语句，并通过编写 JavaScript 程序实现一些简单的效果。其中，JavaScript 的基本语法尤为重要，因为它是后续章节要学习的 jQuery 的基础。

技术内容

2.1 JavaScript数据类型

对于 JavaScript 这样一个轻量级解释型脚本来说，数据只需在使用或赋值时根据设置的具体内容确定其对应的类型。但是读者需要了解的是，每一种编程语言都有自己所支持的数据类型，JavaScript 也不例外。它将其支持的数据类型分为两大类，分别为**基本数据类型**和**复合数据类型**。

➤ 基本数据类型：number（数字）、boolean（布尔）、string（字符串）、null（空值）和 undefined（未定义）。
➤ 复合数据类型：object（对象）。

其中 Object 对象分为用户自定义的对象和 JavaScript 提供的内置对象，在后续的章节中将会对如何使用自定义对象以及内置对象进行详细讲解。

2.1.1　JavaScript基本数据类型

JavaScript 提供了 typeof 方法用于检测变量的数据类型，该方法会根据变量本身的数据类型给出对应名称的返回值。语法格式如下：

■ 语法

```
typeof 变量名称
```

对于指定的变量使用 typeof 方法，其返回值是提示数据类型的文本内容。下面通过示例 1 来学习 typeof 运算符的用法。

◆【示例 1】　typeof 运算符的用法

```
<script  type="text/javascript">
    document.write("<h2>对变量或值调用 typeof 运算符返回值: </h2>");
    var width,height=5,name="tom";
    var date=new Date();     //获取时间日期对象
    var arr=new Array();     //定义数组
    document.write("width: "+typeof(width)+"<br/>");      //输出: undefined
    document.write("height: "+typeof(height)+"<br/>");    //输出: number
    document.write("name: "+typeof(name)+"<br/>");        //输出: string
    document.write("date: "+typeof(date)+"<br/>");        //输出: object
    document.write("arr: "+typeof(arr)+"<br/>");          //输出: object
    document.write("true: "+typeof(true)+"<br/>");        //输出: boolean
    document.write("null: "+typeof(null));                //输出: object
</script>
```

示例 1 在浏览器中的运行效果如图 2.1 所示。对结果的分析如表 2-1 所示。

> **对变量或值调用typeof运算符返回值:**
>
> width: undefined
> height: number
> name: string
> date: object
> arr: object
> true: boolean
> null: object

图 2.1　示例 1 运行效果

表 2-1　JavaScript 基本数据类型

返　回　值	示　　例		解　　释
undefined（未定义）	var x;	alert(x);	该变量未赋值
boolean（布尔值）	var x=true;	alert(x);	该变量为布尔值
string（字符串）	var x="Hello";	alert(x);	该变量为字符串
number（数字）	var x=3.14;	alert(x);	该变量为数字
object（对象）	var x=null;	alert(x);	该变量为空值 null 或者对象

根据上述返回数据类型下面进行具体分析。

1. undefined类型

所有 undefined 类型的输出值都是 undefined。当需要输出的变量从未声明过，或者使用关键字 var 声明过但是从未进行赋值时会显示 undefined 字样。例如：

```
alert(x); //返回值为undefined，因为变量 x 之前未使用关键字 var 声明
```

或：

```
var y;
```

```
alert(y); //返回值也是 undefined，因为未给变量 y 进行赋值
```

2. null类型

null 值表示变量的内容为空，可用于初始化变量，或者清空已经赋值的变量。例如：

```
var x = 99;
x = null;
alert(x); //此时返回值是 null 而不是 99
```

3. string类型

在 JavaScript 中 string 类型用于存储文本内容，又称为字符串类型。为变量进行字符串赋值时需要使用引号（单引号或双引号均可）括住文本内容。例如：

```
var country = 'China';
```

或：

```
var country = "China";
```

如果字符串内容本身也需要带上引号，则用于包围字符串的引号不可以和文本内容中的引号相同。例如字符串本身如果带有双引号，则使用单引号包围字符串；反之亦然。例如：

```
var dialog = 'Today is a gift, that is why it is called "Present".';
```

或：

```
var dialog = "Today is a gift, that is why it is called 'Present'. ";
```

4. number类型

在 JavaScript 中使用 number 类型表示数字，其数字可以是 32 位以内的整数或 64 位以内的浮点数。例如：

```
var x = 9;        var y = 3.14;
```

number 类型还支持使用科学计数法、八进制数字和十六进制数字的表示方式。

（1）科学计数法

对于极大或极小的数值也可以使用科学记数法表示，写法格式如下：

数值 e 倍数

上述格式表示数值后面跟指数 e 再紧跟乘以的倍数，其中数值可以是整数或浮点数，倍数可以允许为负数。例如：

```
var x1 = 3.14e8;
var x2 = 3.14e-8;
```

变量 x1 表示的数是 3.14 乘以 10 的 8 次方，即 314000000；变量 x2 表示的数是 3.14 乘以 10 的-8 次方，即 0.0000000314。

（2）八进制与十六进制数

在 JavaScript 中，number 类型也可以用于表示八进制或十六进制的数。八进制的数需要用数字 0 开头，后面跟的数字只能是 0~7（八进制字符）之间的一个。例如：

```
var x = 010; //这里相当于十进制数的 8
```

十六进制的数需要用数字 0 和字母 x 开头，后面跟字符只能是 0~9 或 A~F（十六进制字符）之间的一个，大小写不限。例如：

```
var x = 0xA; //这里相当于十进制数的 10
```

或：

```
var x = 0xa; //等同于 0xA
```

虽然 number 类型可以使用八进制数或十六进制数的赋值方式，但是执行代码时仍然会将其转换为十进制数结果。

（3）浮点数

要定义浮点数，必须使用小数点以及小数点后面至少跟一位数字表示。例如：

```
var x = 3.14;
var y = 5.0;
```

如果浮点数类型的小数点前面整数位为 0，可以省略。例如：

```
var x =.15; //等同于 0.15
```

浮点数可以使用 toFixed()方法规定小数点后保留几位数。其语法格式如下：

语法

```
toFixed(digital)
```

其中参数 digital 是换成小数点后需要保留的位数。例如：

```
var x = 3.1415926;
var result = x.toFixed(2); //返回值为 3.14
```

该方法遵照四舍五入的规律，即使进位后小数点后面只有 0 也会保留指定的位数。例如：

```
var x = 0.9999;
var result = x.toFixed(2); //返回值为 1.00
```

需要注意的是，在 JavaScript 中使用浮点数进行计算，有时会产生误差。例如：

```
var x = 0.7 + 0.1;
alert(x);//返回值会变成 0.7999999999999999，而不是 0.8
```

这是由于表达式使用的是十进制数，但是实际的计算是转换成二进制数计算再转换回十进制数结果的，在此过程中有时会损失精度。此时使用自定义函数将两个加数都乘以 10 进行计算后再除以 10 还原。

（4）特殊 number 值

在 JavaScript 中，number 类型还有一些特殊值，如表 2-2 所示。

表 2-2　JavaScript 中 number 类型的特殊值

特　殊　值	解　　释
Infinity	正无穷大，在 JavaScript 使用 Numer.POSITIVEJNFINITY 表示
-Infinity	负无穷大，在 JavaScript 使用 Numer.NEGATIVEJNFINITY 表示
NaN	非数字，在 JavaScript 使用 Numer.NaN 表示
Number.MAX_VALUE	数值范围允许的最大值，大约等于 1.8e308
Number.MIN_VALUE	数值范围允许的最小值，大约等于 5e-324

① Infinity

Infinity 表示无穷大的意思，有正负之分。当数值超过了 JavaScript 允许的范围就会显示为 Infinity（超过上限）或-Infinity（超过下限）。例如：

```
var x = 9e30000;
alert(x); //因为该数字已经超出上限，所以返回值为 Infinity
```

在比较数字大小时，无论原数据值为多少，结果为 Infinity 的两个数认为相等，而同样两个-Infinity 也是相等的。例如：

```
var x1 = 3e9000;
var x2 = 9e3000;
alert(x1==x2);//判断变量 x1 与 x2 是否相等，返回值为 true
```

上述代码中变量 x1 与 x2 的实际数据值并不相等，但是由于它们均超出了 JavaScript 可以接受的数据范围，因此返回值均为 Infinity，从而判断是否相等时会返回 true（真）。

在 JavaScript 中使用数字 0 作为除数不会报错，如果正数除以 0 返回值就是 Infinity，负数除以 0 返回值为-Infinity，特殊情况 0 除以 0 的返回值为 NaN（非数字）。例如：

```
var x1 = 5 / 0; //返回值是 Infinity
var x2 = -5 / 0; //返回值是-Infinity
var x3 = 0 / 0; //返回值是 NaN
```

Infinity 不可以与其他正常显示的数字进行数学计算，返回结果均会是 NaN。例如：

```
var x = Numer.POSITIVE_INFINITY;
var result = x + 99;
alert(result); //返回值为 NaN
```

② NaN

在 JavaScript 中，NaN 是一个全局对象的属性，它的初始值就是 NaN，与数字型（number）中的特殊值 NaN 一样，都表示非数字（Not a Number），可用于表示某个数据是否属于数字型，但是它没有一个确切的值，仅表示非数值型的一个范围。例如，NaN 与 NaN 进行比较时，结果不一定为真（true），这是由于被操作的数据可能是布尔型、字符串型、空值型、未定义型和对象型中的任意一种类型。

通常 NaN 表示的是非数字（Not a Number），该数值用于表示数据转换成 number 类型失败的情况，从而无须抛出异常错误。例如将 string 类型转换为 number 类型。NaN 因为不是真正的数字，不能用于数学计算。并且即使两个数值均为 NaN，它们也并不相等。例如将英文单词转换为 number 类型，就会导致转换结果为 NaN，具体代码如下：

```
var x = "red";
var result = Number(x); //返回值为 NaN，因为没有对应的数值可以转换
```

JavaScript 还提供了用于判断数据类型是否为数字的方法 isNaN()，其返回值是布尔值。当检测的数据可以正确转换为 number 类型时返回真（true），其他情况返回假（false）。其语法规则如下：

📋 **语法**

```
isNaN(变量名称)
```

例如：

```
var x1 = "red";
var result1 = isNaN(x1); //返回值是真（true）
var x2 = "123";
var result2 = isNaN(x2); //返回值是假（false）
```

5. boolean类型

boolean 类型在很多程序语言中都被用于进行条件判断，其值只有两种：true（真）或者 false（假）。boolean 类型的变量可以直接使用单词 true 或 false，也可以使用表达式。例如：

```
var answer = true;
var answer = false;
var answer = (1>2);
```

其中 1>2 的表达式不成立，因此返回结果为 false（假）。

2.1.2 JavaScript类型转换

1. 转换成字符串

在 JavaScript 中，布尔类型（boolean）和数字型（number）这两种基本数据类型均可使用 toString()方法把值转换为字符串形式。

布尔类型（boolean）的 toString()方法只能根据初始值返回 true 或者 false。例如：

```
var x = true;
var result = x.toString(); //返回"true"
```

而数字型（number）使用 toString()方法有两种模式，分别称为默认模式和基数模式。在默认模式中，toString()不带参数直接使用，此时无论是整数、小数或者科学计数法表示的内容，都会显示为十进制的数值。例如：

```
var x1 = 99;
var x2 = 99.90;
var x3 = 1.25e8;
var result1 = x1.toString(); //返回值为"99"
var result2 = x2.toString(); //返回值为"99.9"
var result3 = x3.toString(); //返回值为"125000000"
```

在基数模式下，需要在 toString()方法的括号内部填入一个指定的参数，根据参数指示把原始数据转换为二进制、八进制或十六进制数。其中二进制数对应基数 2，八进制数对应基数 8，十六进制数对应基数 16。例如：

```
var x = 10;
var result1 = x.toString(2); //声明将原始数据转换成二进制数，返回值为"1010"
var result2 = x.toString(8); //声明将原始数据转换成八进制数，返回值为"12"
var result3 = x.toString(16); //声明将原始数据转换成十六进制数，返回值为"A"
```

由此可见，对于同一个变量使用 toString()方法进行转换，如果填入的基数不同会导致返回完全不同的结果。

2. 转换成数字

JavaScript 提供了两种将 string 类型转换为 number 类型的方法：parseInt()和 parseFloat()，其中 parseInt()用于将值转换为整数，parseFloat()用于将值转换为浮点数。这两种方法仅适用于对 String 类型的数字内容转换，其他类型的返回值都是 NaN。

（1）parseInt()方法

parseInt()方法转换的原理是从左往右依次检查每个位置上的字符，判断该位置上是否是有效数字，如果是则将有效数字转换为 number 类型，直到发现不是数字的字符，即停止后续的检查工作。例如：

```
var x = "123hello";
var result = parseInt(x); //返回值是 123，因为 h 不是有效数字，则停止检查
```

如果需要转换的字符串从第一个位置上就不是有效数字，则直接返回 NaN。例如：

```
var x = "hello";
var result = parseInt(x); //返回值是 NaN，因为第一个字符 h 就不是有效数字，直接停止检查
```

由于 parseInt()只能进行整数数字的转换，因此检测到某个字符位置上是小数点也会认为不是有

效数字，从而终止检测和转换。例如：

```
var x = "3.14";
var result = parseInt(x); //返回值是 3，因为小数点不是有效数字，则停止检查
```

parseInt()方法还有一个可选的参数二，可以用于声明需要转换的数字为二进制、八进制、十进制或十六进制数等。例如：

```
var x = "10";
var result1 = parseInt(x, 2);  //表示原始数据为二进制数，返回值为 2
var result2 = parseInt(x, 8);  //表示原始数据为八进制数，返回值为 8
var result3 = parseInt(x, 10); //表示原始数据为十进制数，返回值为 10
var result4 = parseInt(x, 16); //表示原始数据为十六进制数，返回值为 16
```

有一种特殊情况需要注意：如果原始数据为十进制数，但是开头包含数字 0，则最好使用参数二进行特别强调，否则会被默认转换为八进制数。例如：

```
var x = "010";
var result1 = parseInt(x);     //表示原始数据为八进制数，返回值为 8
var result2 = parseInt(x, 10); //表示原始数据为十进制数，返回值为 10
var result3 = parseInt(x, 8);  //表示原始数据为八进制数，返回值为 8
```

（2）parseFloat()方法

parseFloat()方法的转换原理与 parseInt()方法类似，都是从左往右依次检查每个位置上的字符，判断该位置上是否是有效数字，如果是则将有效数字转换为 number 类型，直到发现不是数字的字符，即停止后续的检查工作。

与 parseInt()方法类似，如果需要转换的字符串从第一个位置上就不是有效数字，则直接返回 NaN。例如：

```
var x = "hello3.14";
var result = parseFloat(x); //返回值是 NaN，因为第一个字符 h 就不是有效数字，所以停止检查
```

但是与 parseInt()方法不同的是，小数点在 parseInt()方法中也被认为是无效字符，但是在 parseFloat()方法中首次出现的小数点也被认为是有效的。例如：

```
var x = "3.14hello";
var result = parseFloat(x); //返回值是 3.14，因为 h 不是有效数字，则停止检查
```

如果同时出现多个小数点，也只有第一个小数点是有效的。例如：

```
var x = "3.13.15.926";
var result = parseFloat(x); //返回值是 3.14，因为第二个小数点不是有效数字，则停止检查
```

和 parseInt()还有一个不同之处在于：parseFloat()方法只允许接受十进制数的表示方法，而 parseInt()方法允许转换为二进制数、八进制数和十六进制数。

因此八进制数如果是最前面带有数字 0 的形式，会直接忽略 0 转换为普通十进制数。例如：

```
var x = "010";
var result1 = parseInt(x);   //默认为是八进制数，返回值为 8
var result2 = parseFloat(x); //默认为是十进制数，返回值为 10
```

而十六进制数中如果出现字母则直接按照字面的意思认为是无效的字符串。例如：

```
var x = "A";
var result1 = parseInt(x, 16); //parseInt()允许十六进制数，返回值为 10
var result2 = parseFloat(x);   //parseFloat()不允许十六进制数，返回值为 NaN
```

（3）isNaN()

在实现变量之间的运算时，在实际开发中还需要对转换后的结果是否是 NaN 进行判断，只有不是 NaN 时，才能够进行运算。isNaN()函数用于检查其参数是否是非数字，语法格式如下：

语法

```
isNaN(x)
```

如果 x 是特殊的非数字值，则返回值是 true，否则返回 false。例如：

```
var flagl=isNaN("12.5");    //返回值为false
var flag2=isNaN("12.5s");   //返回值为true
var flag3=isNaN(45.8);      //返回值为false
```

isNaN()函数通常用于检测 parseFloat()和 parseInt()的结果，以判断它们表示的是否是合法的数字。也可以用 isNaN()函数来检测算数是否错误，如用 0 作为除数的情况。

3. 强制类型转换

一些特殊的值无法使用 toString()、parseInt()或 parseFloat()方法进行转换，例如 null、undefined 等。

此时可以使用 JavaScript 中的强制转换（Type Casting）对其进行转换。

在 JavaScript 中有三种强制类型转换函数，解释如下：

➢ Boolean(value)：把指定的值强制转换为布尔值。

➢ Number(value)：把指定的值强制转换为数值（整数或浮点数）。

➢ String(value)：把指定的值强制转换为字符串。

（1）Boolean()函数

在 JavaScript 中，所有其他类型都可以使用类型转换函数 Boolean()转换成布尔值，再进行后续计算。

当需要转换的值为非空字符串时，Boolean()函数的返回值为 true；而当需要转换的值为空字符串时，返回 false。例如：

```
var result1 = Boolean("hello"); //非空字符串的返回值为true
var result2 = Boolean(""); //空字符串的返回值为false
```

当需要转换的值为数字时，整数 0 的返回值为 false，其余所有整数与浮点数的返回值为 true。例如：

```
var result1 = Boolean(0); //数字 0 的返回值为false
var result2 = Boolean(999); //非 0 整数的返回值为true
var result3 = Boolean(3.14); //浮点数的返回值为true
```

当需要转换的值为 null 或 undefined 时，Boolean()函数的返回值均为 false。例如：

```
var result1 = Boolean(null); //返回值为false
var result2 = Boolean(undefined); //返回值为false
```

当需要转换的值本身就是布尔值时，会转换成原本的值。例如：

```
var result1 = Boolean(true); //返回值为true
var result2 = Boolean(false); //返回值为false
```

（2）Number()函数

在 JavaScript 中，Number()函数可以将任意类型的值强制转换为数字类型。当需要转换的内容为符合语法规范的整数或小数时，Number()将调用对应的 parseInt()或 parseFloat()方法进行转换。例如：

```
var x = Number("2"); //返回值为整数 2
var y = Number("2.9"); //返回值为浮点数 2.9
```

当需要转换的值为布尔值时，true 会转换为整数 1，false 会转换为整数 0。例如：

```
var x = Number(true); //返回值为整数 1
var y = Number(false); //返回值为整数 0
```

与直接使用 parseInt()和 parseFloat()方法进行数字类型转换不同的是，如果需要转换的值为数字后面跟随超过一个小数点或其他无效字符时，Number()会返回 NaN。例如：

```
var x = "2.12.13";
var result1 = parseInt(x); //返回值为整数 2
var result2 = parseFloat(x); //返回值为浮点数 2.12
var result3 = Number(x); //返回值为 NaN
```

当需要转换的值为 null 或 undefined 时，Number()函数分别返回 0 和 NaN。例如：

```
var x1 = null; //null 值
var x2; //undefined 值
var result1 = Number(x1); //返回整数 0
var result2 = Number(x2); //返回 NaN
```

当需要转换的值为其他自定义对象时，返回值均为 NaN。例如：

```
var student = new Object();
var result = Number(student); //返回 NaN
```

通过前面对转换数字型函数的介绍，我们知道了在使用时是有一定的区别的，具体如表 2-3 所示。

表 2-3　转换数字型函数

待 转 数 据	Number()	parseInt()	parseFloat()
纯数字字符串	转成对应的数字	转成对应的数字	转成对应的数字
空字符串	0	NaN	NaN
数字开头的字符串	NaN	转成开头的数字	转成开头的数字
非数字开头的字符串	NaN	NaN	NaN
null	0	NaN	NaN
undefined	NaN	NaN	NaN
fasle	0	NaN	NaN
true	1	NaN	NaN

表 2-3 中的所有函数在转换纯数字时会忽略前导零，如"0123"字符串会被转换为 123。parseFloat()函数会将数据转换为浮点数（可以理解为小数）；parseInt()函数会直接省略小数部分，返回数据的整数部分，并可通过第 2 个参数设置转换的进制数。

（3）String()函数

在 JavaScript 中 String()函数可以将任意类型的值强制转换为字符串类型并保留字面内容，这与 toString()的转换方法类似。与 toString()方法不同之处在于，String()函数还可以将 null、undefined 类型强制转换为字符串类型。例如：

```
var x = null;
var result1 = String(x); //返回值为字符串"null"
var result2 = x.toString(); //发生错误，无返回值
```

2.1.3 技能训练

上机练习1 统计包含 "a" 或 "A" 的字符串的个数

需求说明

使用数组存储一组字符串，并统计包含 "a" 或 "A" 的字符串的个数。

运行结果如图 2.2 所示。

图 2.2 统计包含 "a" 或 "A" 的字符串的个数

提示

> 使用 String 对象的 indexOf()方法判断字符串是否包含特定字符。

2.2 JavaScript运算符

2.2.1 赋值运算符

在 JavaScript 中，运算符 "=" 专门用来为变量赋值，因此也称为赋值运算符。在声明变量时可以使用赋值运算符对其进行初始化，例如：

```
var x1 = 9; //为变量 x1 赋值为整数 9
var x2 = "hello"; //为变量 x2 赋值为字符串"hello"
```

也可以使用赋值运算符将已存在的变量值赋值给新的变量，例如：

```
var x1 = 9; //将变量 x1 赋值为整数 9
var x2 = x1; //将变量 x1 的值赋值给新声明的变量 x2
```

还可以使用赋值运算符为多个变量连续赋值，例如：

```
var x = y = z = 99; //此时变量 x、y、z 的赋值均为整数 99
```

赋值运算符的右边还可以接受表达式，例如：

```
var x = 100 + 20; //此时变量 x 将赋值为 120
```

这里使用了加法运算符 "+" 形成的表达式，在运行过程中会优先对表达式进行计算，然后再对变量 x 进行赋值。

注意

"=" 是赋值运算符，并非代表数学意义上的相等的关系。一条赋值语句可以对多个变量进行赋值。赋值运算符的结合性为 "从右向左"。

2.2.2　算术运算符

在 JavaScript 中，所有的基本计算均可以使用对应的算术运算符完成，包括加、减、乘、除和求余等。算术运算符的常见用法如表 2-4 所示。

表 2-4　算术运算符的常见用法

运　算　符	解　释	示　例	变量 result 的返回值
+	加号，将两端的数值相加求和	var x=3, y=2; var result = x + y;	5
-	减号，将两端的数值相减求差	var x=3, y=2; var result = x-y;	1
*	乘号，将两端的数值相乘求积	var x=3, y=2; var result = x * y;	6
/	除号，将两端的数值相除求商	var x=4, y=2; var result = x / y;	2
%	求余符号，将两端的数值相除求余数	var x=3, y=2; var result = x % y;	1
++	自增符号，数字自增 1	var x=3; x++; result = x;	4
--	自减符号，数字自减 1	var x=3; x--;　var result = x;	2

注意

算术运算符的使用看似简单，也容易理解，但是在实际应用过程中还需要注意以下几点：

（1）四则混合运算，遵循"先乘除后加减"的原则。

（2）求余运算结果的正负取决于被除数（%左边的数）的符号。

（3）尽量避免利用小数进行运算，有时可能因 JavaScript 的精度导致结果的偏差。

（4）"+"和"-"在算术运算时还可以表示正数或负数。

（5）运算符（++或--）放在操作数前面，先进行自增或自减运算，再进行其他运算。若运算符放在操作数后面，则先进行其他运算，再进行自增或自减运算。

（6）递增和递减运算符仅对数字型和布尔型数据操作，会将布尔值 true 当作 1，false 当作 0。

其中加号还有一个特殊用法：可用于连接文本内容或字符串变量。例如：

```
var s1 = "Hello";
var s2 = " JavaScript";
var s3 = s1+s2; //结果会是 Hello JavaScript
```

如果将字符串和数字用加号相加，则会先将数字转换为字符串，再进行连接。例如：

```
var s = "Hello";
var x = 2020;
var result = s+x;//结果会是 Hello2020
```

上述代码中即使字符串本身也是数字内容，使用加号连接仍然不会进行数学运算。例如：

```
var s = "2020";      var x = 2021;
var result = s+x;//结果会是 20202021，而不是两个数字相加的和
```

将赋值运算符（等号）和算术运算符（加、减、乘、除、求余数）结合使用，简写具体用法如表 2-5 所示。

表 2-5　运算符组合一览表

运算符组合	格　式	解　释
+=	x += y	等同于 x = x + y
-=	x -= y	等同于 x = x-y
*=	x *= y	等同于 x = x * y
/=	x /= y	等同于 x = x / y
%=	x %= y	等同于 x = x % y

2.2.3 逻辑运算符

逻辑运算符有三种类型：NOT（逻辑非）、AND（逻辑与）和 OR（逻辑或）。逻辑运算符使用的符号与对应关系如表 2-6 所示。

表 2-6 逻辑运算符一览表

运 算 符	解 释
!	逻辑非，若 a 为 false，则!a 的结果为 true，否则相反
&&	逻辑与，表示并列关系。注意，在&&符号前后的条件均为 true，返回值才为 true；只要有一个条件为 false，则返回值就为 false；如果左边表达式的值为 false，则右边的表达式不会执行，逻辑运算结果为 false（短路）
||	逻辑或，表示二选一的关系。在||符号前后的条件只要有一个为 true，返回值就为 true；如果两个条件都为 false，则返回值才为 false；如果左边表达式的值为 true，则右边的表达式不会执行，逻辑运算结果为 true（短路）

逻辑运算符的结合性是从左到右的，逻辑运算符可针对结果为布尔值的表达式进行运算。

在进行逻辑运算之前，JavaScript 中自带的抽象操作 ToBoolean 会将运算条件转换为逻辑值。转换规则如表 2-7 所示。

表 2-7 ToBoolean 的转换规则

值	示 例	转 换 结 果
布尔值真（true）	var x = true;	维持原状，仍为 true
布尔值假（false）	var x = false;	维持原状，仍为 false
null	var x = null;	false
undefined	var x = undefined;	false
非空字符串	var x = "Hello";	true
空字符串	var x = "";	false
数字 0	var x = 0;	false
NaN	var x = NaN;	false
其他数字（非 0 或 NaN）	var x = 99;	true
对象	var student = new Object();	true

1. 逻辑非运算符（NOT）

在 JavaScript 中，逻辑非运算符与 C 语言和 Java 语言所使用的都相同，使用感叹号（!）并放置在运算内容左边表示。逻辑非运算符的返回值只能是布尔值，即 true 或者 false。逻辑非运算符的运算规则如表 2-8 所示。

表 2-8 逻辑非运算符的运算规则

运算数类型	示 例	返 回 值
数字 0	var result = !0;	true
其他非 0 的数字	var result = !99;	false
对象	var student = new Object(); var result = !student;	false
空值 null	var x = null; var result = !x;	true
NaN	var x = NaN; var result = !x;	true
未赋值 undefined	var x; var result = !x;	true

2. 逻辑与运算符（AND）

在 JavaScript 中，逻辑与运算符使用双和符号（&&）表示，用于连接符号前后的两个条件判断，表示并列关系。当两个条件均为布尔值时，逻辑与的运算结果也是布尔值（true 或者 false）。判断结果如表 2-9 所示。

表 2-9　逻辑与（&&）的布尔值对照表

条件 1	条件 2	返 回 值	条件 1	条件 2	返 回 值
真（true）	真（true）	真（true）	假（false）	真（true）	假（false）
真（true）	假（false）	假（false）	假（false）	假（false）	假（false）

还有一种特殊情况：当条件 1 为假（false）时，无论条件 2 是任何内容（例如空值 null、undefined、数字、对象等），最终返回值都是假（false）。原因是逻辑与有简便运算的特性，即如果第一个条件为假（false），直接判断逻辑与的运行结果为假（false），不再执行第二个条件。例如：

```
var x1 = false;
var result = x1&&x2; //因为 x1 为 false，可以忽略 x2 直接判断最终结果
alert(result); //该语句执行结果为 false
```

由于条件 1 为 false，逻辑与会直接判定最终结果为 false，直接忽略条件 2。因此即使本例中条件 2 的变量未声明都不影响代码的运行。如果存在某个条件是数字型数值，则先将其转换为布尔值再继续判断。其中数字 0 对应的是假（false），其他非 0 的数字对应的都是真（true）。例如：

```
var x1 = 0; //对应的是 false
var x2 = 99; //对应的是 true
var result = x1&&x2; //结果是 false
```

逻辑与运算符的返回值不一定是布尔值，如果其中某个条件的返回值不是布尔值，有可能出现其他返回值。逻辑与的运算规则如表 2-10 所示。

表 2-10　逻辑与（&&）特殊情况规则一览表

运算数类型	示　　例	返 回 值
一个是对象，一个是布尔值	var student = new Object();　　var result = student&&true;	返回对象类型，即 student
两个都是对象	var student1 = new Object();　　var student2= new Object();　var result = student1&&student2;	返回第二个对象，即 student2
一个是空值 null，一个是布尔值	var x = null;　　　　var result = x&&true;	null
存在 NaN	var x = 100 / 0;　　var result = x&&true;	NaN
存在未定义 undefined	var x;　　　　var result = x&&true;	undefined

注：以上所有情况均不包括条件 1 为假（false），因为此时无论条件 2 是什么内容，最终返回值都是假（false）。

3. 逻辑或运算符（OR）

在 JavaScript 中，逻辑或运算符使用双竖线符号（||）表示，用于连接符号前后的两个条件判断，表示二选一的关系。当两个条件均为布尔值时，逻辑或的运算结果也是布尔值（true 或者 false）。判断结果如表 2-11 所示。

表 2-11　逻辑或（||）的布尔值对照表

条件 1	条件 2	返 回 值	条件 1	条件 2	返 回 值
真（true）	真（true）	真（true）	假（false）	真（true）	真（true）
真（true）	假（false）	真（true）	假（false）	假（false）	假（false）

由表 2-11 可见，在条件 1 和条件 2 本身均为布尔值的前提下，只有当两个条件均为假（false）时，逻辑或的返回值才为假（false），只要有一个条件为真（true），逻辑或的返回值就为真（true）。

还有一种特殊情况：当条件 1 为真（true）时，无论条件 2 是任何内容（例如空值 null、undefined、数字、对象等），最终返回值都是真（true）。原因是逻辑或也具有简便运算的特性，即如果第一个条件为真（true），直接判断逻辑或的运行结果为真（true），不再执行第二个条件。例如：

```
var x1 = true;
var result = x1||x2; //因为 x1 为 true，可以忽略 x2 直接判断最终结果
alert(result); //该语句执行结果为 true
```

由于条件 1 为真（true），逻辑或会直接判定最终结果为真（true），忽略条件 2。因此即使本例中条件 2 的变量未声明都不影响代码的运行。

和逻辑与运算符类似，如果存在某个条件是数字型，则先将其转换为布尔值再继续判断。其中数字 0 对应的是假（false），其他非 0 的数字对应的都是真（true）。例如：

```
var x1 = 0; //对应的是 false
var x2 = 99; //对应的是 true
var result = x1||x2; //结果是 true
```

逻辑或运算符的返回值同样不一定是布尔值，如果其中某个条件的返回值不是布尔值，则有可能出现其他返回值。逻辑非的运算规则如表 2-12 所示。

表 2-12　逻辑或（||）特殊情况规则一览表

运算数类型	示　例	返　回　值
条件 1 为 false，条件 2 为对象	var student = new Object(); var result = false||student;	返回对象类型，即 student

两个都是对象	var student1 = new Object();
	var student2= new Object();
	var result = student1||student2;
		返回第一个对象，即 student1

条件 1 为 false，条件 2 为 null	var x = null; var result = false||x;	null
条件 1 为 false，条件 2 为 NaN	var x = 100 / 0; var result = false||x;	NaN
条件 1 为 false，条件 2 为 undefined	var x; var result = false||x;	undefined

注：以上所有情况均不考虑条件 1 为真（true），因为此时无论条件 2 是什么内容，根据逻辑或的简便运算特性，最终返回值都是真（true）。

2.2.4　关系运算符

在 JavaScript 中，关系运算符共有四种：大于（>）、小于（<）、大于等于（>=）和小于等于（<=），用于比较两个值的大小，返回值一定是布尔值（true 或 false），如表 2-13 所示。

表 2-13　关系运算符一览表

运　算　符	运　　算	范　　例	结　　果
>	大于	x > 5	false
>=	大于或等于	x >= 5	true
<	小于	x < 5	false
<=	小于或等于	x <= 5	true

1. 数字之间的比较

数字之间的比较完全依据数学中比大小的规律，当条件成立时返回真（true），否则返回假（false）。例如：

```
var result1 = 99 > 0; //符合数学规律，返回 true
var result2 = 1 > 100; //不符合数学规律，返回 false
```

此时只要两个运算数都是数字即可，整数或小数都可以依据此规律进行比较并且返回对应的布尔值。

2. 字符串之间的比较

当两个字符串比大小时，是按照从左往右的顺序依次比较相同位置上的字符，如果字符完全一样则继续比较下一个。如果两个字符串在相同位置上都是数字则仍然按照数学上的大小进行比较。例如：

```
var x1 = "9";
var x2 = "1";
var result = x1 > x2; // 返回 true
```

此时从数学概念上来说，9 大于 1，因此返回值是真（true）。

但是如果两个字符串的数字位数不一样，仍然只对相同位置上的数字进行比较，不按照数学概念看整体数值大小。例如：

```
var x1 = "9";
var x2 = "10";
var result = x1 > x2; // 返回 true
```

此时虽然从数学概念上来说，10 应该大于 9，但是由于字符串同位置比较原则，此时比较的是变量 x1 中的 9 和变量 x2 中的 1，得出结论 9 大于 1，因此返回值仍然是真（true）。

由于 JavaScript 是一种大小写敏感的程序语言，所以如果相同位置上的字符大小写不同就可以直接做出判断，因为大写字母的代码小于小写字母的代码。例如：

```
var x1 = "hello";
var x2 = "HELLO";
var result = x1 > x2; // 返回 true
```

如果大小写相同，则按照字母表的顺序进行比较，字母越往后越大。例如：

```
var x1 = "hello";
var x2 = "world";
var result = x1 > x2; // 返回 false
```

在上述示例中，同样按照从左往右的顺序先比较两个字符串的第一个字符，即变量 x1 中的 h 和变量 x2 中的 w。按照字母表的顺序 h 在先 w 在后。因此返回值是假（false）。此时已判断出结果因此不再继续比较后续的字符。

如果不希望两个字符串之间的比较受到大小写字母的干扰，而是无论大小写都按照字母表顺序进行比较，可以将所有字母都转换为小写或大写的形式，再进行大小的比较。使用方法 toLowerCase()可以将所有字母转换为小写形式，例如：

```
var x1 = "ball";
var x2 = "CAT";
var result1 = x1 > x2; // 返回 true
var result2 = x1.toLowerCase()> x2.toLowerCase(); // 返回 false
```

使用方法 toUpperCase()可以将所有字母转换为大写形式，例如：

```
var x1 = "ball";
var x2 = "CAT";
var result1 = x1 > x2; // 返回 true
var result2 = x1.toUpperCase()> x2.toUpperCase(); // 返回 false
```

本示例使用了 toUpperCase()将所有字母转换为大写再进行比较，效果与之前使用方法

toLowerCase()将所有字母转换为小写的原理相同，不再赘述。

3. 相等性运算符

在 JavaScript 中，相等性运算符共有四种：等于（==）、非等于（!=）、全等于（===）和非全等于（!==），用于判断两个值是否相等，返回值一定是布尔值（true 或 false）如表 2-14 所示。

表 2-14　相等性运算符一览表

运　算　符	运　　算	范　　例	结　　果
==	等于	x == 4	false
!=	不等于	x != 4	true
===	全等于	x === 5	true
!==	不全等于	x !== '5'	true

（1）等于和非等于运算符

在 JavaScript 中，判断两个数值是否相等用双等于符号（==）表示，只有两个数值完全相等时返回真（true）；判断两个数值是否不相等用感叹号加等于号（!=）表示，在两个数值不一样的情况下返回真（true）。在使用等于或非等于运算符进行比较时，如果两个值均为数字类型，则直接进行数学逻辑上的比较判断是否相等。例如：

```
var x1 = 100;
var x2 = 99;
alert (x1 == x2); // 返回 false
```

若需要进行比较的数据存在其他数据类型（例如字符串型、布尔型等），要先将运算符前后的内容尝试转换为数字再进行比较判断。转换规则如表 2-15 所示。

表 2-15　数据类型转换规则表

数据类型	示　　例	转换结果
布尔型	true	1
布尔型	false	0
字符串型（纯数字内容）	"99"	99
字符串型（非纯数字内容）	"99hello123"	NaN
空值型	null	null
未定义型	undefined	undefined

注：在进行数字转换时，null、undefined 不可以进行转换，需保持原值不变，并且在判断时 null 与 undefined 被认为是相等的。

在进行了数据类型转换后仍然不是数字类型的特殊情况判断规则如表 2-16 所示。

表 2-16　相等性特殊情况规则一览表

运算数类型	示　　例	返　回　值
其中一个为 null，另一个为 undefined	var x1=null;　var x2;　var result = (x1==x2);	true
两个均为 null	var x1 = null; var x2 = null;　var result = (x1==x2);	true
两个均为 undefined	var x1; var x2;　var result = (x1==x2);	true
其中一个为数字，另一个为 NaN	var x1 = 5;var x2 = parseInt("a");　var result = (x1==x2);	false
两个值均为 NaN	var x1 = parseInt("a"); var x2 = parseInt("b");　var result = (x1==x2);	false

（2）全等于和非全等于运算符

全等号由三个连续的等号组成（===），也是用于判断两个数值是否相同的，作用和双等号（==）

类似，但全等号更加严格，在执行判断前不进行任何类型转换，两个数值必须数据类型相同并且内容也相同才返回真（true）。例如：

```
var x1 = 100;
var x2 = "100";
var result1 = (x1 == x2); // 返回 true
var result2 = (x1 === x2); // 返回 false
```

非全等号由感叹号和两个连续的等号组成（!==），用于判断两个数值是否不同。有两种情况返回真（true）：一是两个数值的数据类型不相同；二是两个数值虽然数据类型一样，但是内容不相同。其他情况均返回假（false）。继续使用上一个示例中的变量 x1 和 x2 进行非全等判断，代码如下：

```
var x1 = 100;
var x2 = "100";
var result1 = (x1 != x2); // 返回 false
var result2 = (x1 !== x2); // 返回 true
```

注意

不同类型的数据进行比较时，首先会自动将其转换成相同类型的数据后再进行比较。
运算符"=="和"!="在比较时，只比较值是否相等。
运算符"==="与"!=="要比较数值和其数据类型是否相等。

2.2.5　条件运算符

JavaScript 中的条件运算符语法与 Java 语言相同，语法格式如下：

语法

变量 = 布尔表达式条件 ? 结果 1 : 结果 2

该格式使用问号（?）标记前面的内容为条件表达式，返回值以布尔值的形式出现。问号后面是两种不同的选择结果，使用冒号（:）将其隔开，如果条件为真则把结果 1 赋值给变量，否则把结果 2 赋值给变量。

例如，使用条件运算符进行数字比较，代码如下：

```
var x1 = 5;
var x2 = 9;
var result = (x1>x2)? x1: x2;
```

本例中变量 result 将被赋予变量 x1 和 x2 中的最大值。表达式判断 x1 是否大于 x2，如果为真则把 x1 赋值给 result，否则把 x2 赋值给 result。显然 x1>x2 的返回值是 false，因此变量 result 最终会被赋值成 x2 的值，最终答案为 9。

2.2.6　运算符优先级

前面介绍了 JavaScript 的各种运算符，那么在对一些比较复杂的表达式进行运算时，首先要明确表达式中所有运算符参与运算的先后顺序，我们把这种顺序称作运算符的优先级。表 2-17 列出了 JavaScript 中运算符的优先级，表中运算符的优先级由上至下递减，表右部的第一个接表左部的最后一个。

表 2-17　运算符优先级

结合方向	运 算 符	结合方向	运 算 符
无	()	左	== != === !==
左	. [] new（有参数，无结合性）	左	&

续表

结 合 方 向	运 算 符	结 合 方 向	运 算 符
右	new（无参数）	左	^
无	++（后置） --（后置）	左	|
右	! ~ -（负数） +（正数） ++（前置） --（前置） typeof void delete	左	&&
右	**	左	||
左	* / %	右	?:
左	+ -	右	= += = *= /= %= <<= >>= >>>= &= ^= |=
左	<< >> >>>	左	,
左	< <= > >= in instanceof		

　　表 2-17 中，在同一单元格的运算符具有相同的优先级，左结合方向表示同级运算符的执行顺序为从左向右，右结合方向则表示执行顺序为从右向左。

2.2.7 技能训练

 计算圆的周长和面积

需求说明

用户输入圆的半径，计算出圆的周长和面积，运行效果如图 2.3 所示。

代码实现思路

➢ 获取用户输入的数据，然后进行类型转换与判断。

➢ 若判断用户输入的数据不是数值，则利用警告框进行提示。

➢ 若判断符合要求，则进行计算并将其显示到指定位置。

图 2.3 计算圆的周长和面积

2.3 JavaScript条件语句

2.3.1 if语句

1. if语句

最简单的 if 语句由单个条件组成，语法规则如下：

语法

```
if(条件){
  条件为真（true）时执行的代码
}
```

流程结构如图 2.4 所示。

例如判断成绩等级，如果高于 90 分则弹出提示框提示为 Excellent，代码如下：

```
var score = 99;
if(score>90){
  alert("Excellent!");
}
```

2. if-else语句

当判断条件成立与否都需要有对应的处理时可以使用 if-else 语句。其语法格式如下：

📋 **语法**

```
if(条件) {
  条件为真（true）时执行的代码（代码段 1）
}else{
  条件为假（false）时执行的代码（代码段 2）
}
```

流程结构如图 2.5 所示。

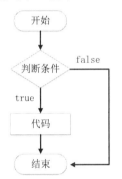

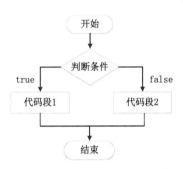

图 2.4　选择结构——if 单分支语句　　　　图 2.5　选择结构——if-else 语句

如果条件成立则执行紧跟 if 语句的代码部分，否则执行跟在 else 语句后面的代码部分。这些代码均可以是单行语句，也可以是一段代码块。

例如同样是判断成绩等级，如果大于等于 60 分则弹出提示框提示"考试通过！"，否则提示"不及格！"。修改后的代码如下：

```
var score = 99;
if(score>=60){
  alert("考试通过!");
}else{
  alert("不及格!");
}
```

3. if-else if-else语句

当有多个条件分支需要分别判断时，可以使用 if-else if-else 语句：

```
if(条件1) {
  条件 1 为真（true）时执行的代码（代码段 1）
}else if(条件2){
  条件 2 为真（true）时执行的代码（代码段 2）
  ......
} else{
  所有条件都为假（false）时执行的代码（代码段 n+1）
}
```

其中的 else if 语句可以根据实际需要有一个或多个。流程结构如图 2.6 所示。

【示例 2】 JavaScript if-else if-else 语句的简单应用

```
<p>使用 if-else if-else 语句判断今天是星期几。</p>
<script>
//获取当前日期时间对象
var date = new Date();
//获取当前是一周中的第几天（0-6）
var day = date.getDay();
//使用 if 语句判断星期几
if(day==1){
        alert("今天是星期一。");
}else if(day==2){
        alert("今天是星期二。");
}else if(day==3){
        alert("今天是星期三。");
}else if(day==4){
        alert("今天是星期四。");
}else if(day==5){
        alert("今天是星期五。");
}else if(day==6){
        alert("今天是星期六。");
}else if(day==0){
        alert("今天是星期日。");
}
</script>
```

示例 2 在浏览器中的运行效果如图 2.7 所示。

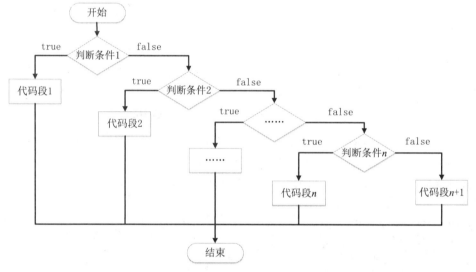

图 2.6 选择结构——if-else if-else 多分支语句

图 2.7 示例 2 运行效果

2.3.2 switch语句

当对于同一个变量需要进行多次条件判断时，也可以使用 switch 语句代替多重 if-else if-else 语句。
语法格式如下：

📖 语法

```
switch(变量){
    case 值1:
        执行代码段1
        break;
    case 值2:
        执行代码段2
        break;
    ......
    case 值n-1:
        执行代码段n-1
        break;
    [default:
        以上条件均不符合时的执行代码段n]
}
```

流程结构如图 2.8 所示。

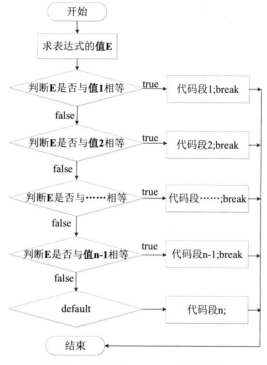

图 2.8　选择结构——switch 多分支语句

🔘 【示例 3】 JavaScript switch 语句的简单应用

```
<h3>JavaScript switch 语句的简单应用</h3>
<script>
var date = new Date();//获取当前日期时间对象
//获取当前是一周中的第几天（0-6）
var day = date.getDay();
//使用 switch 语句判断星期几
switch(day){
    case 1:alert("今天是星期一。");break;
    case 2:alert("今天是星期二。");break;
    case 3:alert("今天是星期三。");break;
    case 4:alert("今天是星期四。");break;
```

```
        case 5:alert("今天是星期五。");break;
        case 6:alert("今天是星期六。");break;
        case 0:alert("今天是星期日。");break;
    }
  </script>
```

示例 3 在浏览器中的运行效果如图 2.9 所示。

127.0.0.1:8020 显示

今天是星期三。

确定

图 2.9　示例 3 运行效果

2.3.3　技能训练

上机练习 3　**用 if 语句判断某学生成绩是否及格**

需求说明

已知学生成绩 60 分及以上为及格，试用 if 语句判断某学生成绩是否及格。

上机练习 4　**用 switch 语句判断任意年份是十二生肖中的哪一年**

需求说明

已知 1900 年为鼠年，试用 switch 语句判断 1900~2022 年之间的任意年份是十二生肖中的哪一年。

2.4　JavaScript循环语句

在 JavaScript 中有四种类型的循环语句。

➢　for：在指定的次数中循环执行代码块。

➢　for-in：循环遍历对象的属性。

➢　while：当条件为 true 时循环执行代码块。

➢　do-while：与 while 循环类似，只是先执行代码块再检测条件是否为 true。

2.4.1　for循环

for 循环的语法结构如下：

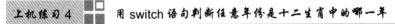

语法

```
for(语句1；语句2；语句3){
    循环体
}
```

流程结构如图 2.10 所示，其中：

➢　语句 1 在循环开始之前执行，对应图 2.10 中的"① 初始化表达式"部分。

➢　语句 2 为循环的条件，对应图 2.10 中的"② 循环条件"部分。

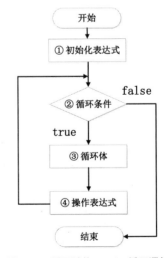

图 2.10　循环结构——for 循环语句

➢　语句 3 为代码块被执行后需要执行的内容，对应图 2.10 中的"④ 操作表达式"部分。

➢　语句 1、语句 2、语句 3 之间用";"分隔。

➢　{}中的执行语句，对应图 2.10 中的"③循环体"部分。

例如：

```
var msg = "";
for(var i=0; i<10; i++){
    msg += "第"+i+"行\n";
}
alert(msg);
```

上述代码表示从变量 i=0 开始执行 for 循环，每次执行前判断变量 i 是否小于 10，如果满足条件则执行 for 循环内部的代码块，然后令变量 i 自增 1。直到变量 i 不再小于 10 则终止该循环语句。

通常情况下语句 1 都是用于声明循环所需使用的变量初始值的，例如 i=0。该语句也可以在 for 循环之前就声明完成，并在 for 循环条件中省略语句 1 的内容。例如：

```
var i=0;
for(;i<10;i++){
    msg += "第"+i+"行\n";
}
alert(msg);
```

上述代码的运行效果与前一段示例完全相同。

【示例 4】　JavaScript for 循环的简单应用

```
<h3>JavaScript for 循环的简单应用</h3>
<hr />
<script>
    var msg = "for 循环的简单示例: \n";
    for(var i=0; i<10; i++){
        msg += "第"+i+"行\n";
    }
    alert(msg);
</script>
```

示例 4 在浏览器中的运行效果如图 2.11 所示。

图 2.11　示例 4 运行效果

2.4.2　for-in循环

在 JavaScript 中，for-in 循环可以用于遍历对象的所有属性和方法。其语法结构如下：

```
for(x in object){
    代码
}
```

其中 x 是变量，每次循环将按照顺序获取对象中的一个属性或方法名；Object 指的是被遍历的对象。例如：

```
var people = new object();
people.name = "Mary";
people.age = 20;
people.major = "Computer Science";
for(x in people){
    msg += people[x];
}
alert(msg);
```

其中变量 x 指的是 people 对象中的属性名称，而 people[x]指的是对应的属性值。

【示例 5】 JavaScript for-in 循环的简单应用

```
<h3>JavaScript for-in 循环的简单应用</h3>
<hr />
<script>
    var student = new object();
    student.name = "张三";//姓名
    student.age = 20;//年龄
    student.id = "2019123";//学号
    var msg = "";
    for(x in student){
        msg += student[x]+"\n";
    }
    alert(msg);
</script>
```

示例 5 在浏览器中的运行效果如图 2.12 所示。

127.0.0.1:8020 显示

张三
20
2019123

确定

图 2.12　示例 5 运行效果

2.4.3　while循环

while 循环又称为前测试循环，必须先检测表达式的条件是否满足，如果符合条件才开始执行循环内部的代码块。其语法结构如下：

语法

```
while(条件表达式){
    循环体
}
```

例如：

```
var i = 1;
while(i<10){
    i++;
}
```

上述代码表示将初始值为 1 的变量 i 进行自增，在没有超过 10 的情况下每次自增 1。流程结构如图 2.13 所示。

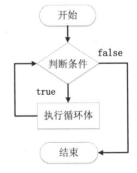

图 2.13　循环结构——while 循环语句

【示例 6】　JavaScript while 循环的简单应用

```
<h3>JavaScript while 循环的简单应用</h3>
<hr />
<p>
    使用 while 循环计算 1+2+3+...+10 的总和。
</p>
<script>
    var i = 1;
    var sum = 0;
    while(i<=10){
        sum += i;
        i++;
    }
    alert("运算结果是: "+sum);
</script>
```

示例 6 在浏览器中的运行效果如图 2.14 所示。

图 2.14　示例 6 运行效果

2.4.4　do-while循环

do-while 循环又称为后测试循环，不论是否符合条件都先执行一次循环内的代码块，然后再判断是否满足表达式的条件，如果符合条件则进入下一次循环，否则将终止循环。其语法结构如下：

📖 **语法**

```
do{
    循环体
} while(条件表达式)
```

例如：

```
var i = 1;
do{
    i++;
} while(i<10)
```

流程结构如图 2.15 所示。

图 2.15　循环结构——do-while 循环语句

【示例 7】　JavaScript do-while 循环的简单应用

```
<h3>JavaScript do-while 循环的简单应用</h3>
<hr />
<p>
    使用 do-while 循环计算 1+2+3+...+10 的总和。
</p>
<script>
    var i = 0;
    var sum = 0;
    do{
        sum += i;
        i++;
    }while(i<=10);
    document.write("1+2+3+...+10 = "+sum);
</script>
```

示例 7 在浏览器中的运行效果如图 2.16 所示。

> JavaScript do-while循环的简单应用
>
> 使用do-while循环计算1+2+3+...+10的总和。
>
> 1+2+3+...+10 = 55

图 2.16　示例 7 运行效果

2.4.5　break和continue

跳转语句用于实现程序执行过程中的流程跳转，常用的跳转语句有 break 和 continue 语句。

break 语句可以用于终止全部循环，continue 语句用于中断本次循环，但是会继续运行下一次循环语句。

【示例 8】　JavaScript break 的简单应用

```
<h3>JavaScript break 的简单应用</h3>
<script>
for(var i=1; i<=10;i++){
    if(i==5)
        break;
    document.write("当前变量值: "+i+"<br>");
}
</script>
```

示例 8 在浏览器中的运行效果如图 2.17 所示。

【示例 9】　JavaScript continue 的简单应用

```
<h3>JavaScript continue 的简单应用</h3>
<script>
for(var i=1; i<=10;i++){
    if(i==5)
        continue;
    document.write("当前变量值: "+i+"<br>");
}
</script>
```

示例 9 在浏览器中的运行效果如图 2.18 所示。

> **JavaScript break的简单应用**
>
> 当前变量值: 1
> 当前变量值: 2
> 当前变量值: 3
> 当前变量值: 4

> **JavaScript continue的简单应用**
>
> 当前变量值: 1
> 当前变量值: 2
> 当前变量值: 3
> 当前变量值: 4
> 当前变量值: 6
> 当前变量值: 7
> 当前变量值: 8
> 当前变量值: 9
> 当前变量值: 10

图 2.17　示例 8 运行效果　　　　　图 2.18　示例 9 运行效果

说明

break 与 continue 的区别：break 语句可应用在 switch 和循环语句中，其作用是终止当前语句的执行，跳出 switch 选择结构或循环语句，执行后面的代码。而 continue 语句用于结束本次循环的执行，开始下一轮循环的执行操作。

2.4.6　技能训练

上机练习 5　九九乘法表

需求说明

➢　使用 JavaScript 中的循环语句实现九九乘法内容显示，如图 2.19 所示。

代码实现思路

（1）找规律，假设最上面的一层作为第 1 层，表格的分布规律如下：

  ① 九九乘法表的表格是由 9 行、每行最多 9 列的单元格组成的。

  ② 乘法表的层数 = 表格的行数 = 每行中的列数。如乘法表的第 3 层，是表格的第 3 行，且共有 3 个单元格。

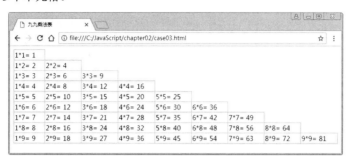

图 2.19　九九乘法

（2）找规律，假设最上面的一层作为第 1 层，乘法运算的规律如下：

  ① 被乘数的取值范围在"1~每行中的列数"之间。如表格第 3 行中被乘数的值在 1~3 之间。

  ② 乘数的值 = 表格的行数。如表格第 3 行中乘数的值就为 3。

本章总结

➢ JavaScript 的基本数据类型，包括 undefined、null、string、number 和 boolean 类型。

➢ JavaScript 不同类型之间的转换方法，包括转换成字符串、数字和强制类型转换。

➢ 根据运算符的不同功能分别介绍了赋值运算符、算术运算符、逻辑运算符、关系运算符、相等性运算符以及条件运算符。

➢ 在 JavaScript 条件语句部分介绍了 if 和 switch 语句的用法。

➢ 在 JavaScript 循环语句部分介绍了 for、for-in、while、do-while 循环语句的用法。

本章作业

一、选择题

1. 下面哪一个不是 JavaScript 运算符？（　　）

  A. =　　　　　　　　B. ==　　　　　　　　C. &&　　　　　　　　D. $#

2. 下面哪一个表达式的返回值为 true？（　　）

  A. !(3<=1)　　　B. (1!=2)&&(2<0)　　C. !(20>3)　　　　D. (5!=3)&&(50<10)

3. 下面关于运算符的说法错误的是（　　）。

  A. 逗号运算符的优先级别最低　　　　　　B. 同一表达式中&的级别高于&&

  C. 表达式中赋值运算符总是最后执行的　　D. 表达式中圆括号的优先级别最高

4. 语句 for(k=0;k=1;k++){} 和语句 for(k=0;k==1;k++){} 的执行次数分别为（　　）。

  A. 无限次和 0　　B. 0 和无限次　　　C. 都是无限次　　　　D. 都是 0

5. 下列选项中，与 0 相等（==）的是（　　）。

  A. null　　　　B. undefined　　　C. NaN　　　　　　D. "

6. 表达式 Number('12age')&&parseFloat('160height')的运行结果为（   ）。

    A．1920   B．160   C．12   D．NaN

7. 下面关于逻辑运算符的说法错误的是（   ）。

    A．逻辑运算有时会出现短路的情况   B．!a 表示若 a 为 false 则结果为 true，否则相反

    C．逻辑运算的返回值是布尔型   D．a||b 表示 a 与 b 中只要有一个为 true，则结果为 true

8. 下面关于赋值运算符的说法正确的是（   ）。

    A．运算符"="在 JavaScript 中可表示相等   B．赋值运算符都是从左向右进行运算的

    C．运算符"+="表示相加并赋值   D．运算符"-="表示相减并赋值

9. 下列选项中，与三元运算符的功能相同的是（   ）。

    A．if 语句   B．if else 语句   C．if-else if-else 语句   D．以上答案皆正确

10. 以下会出现死循环的是（   ）。（选择 2 项。）

    A．for(;;) {break;}   B．for(;;) {continue;}   C．while(1){break;}   D．while(1){continue;}

二、综合题

1. 请简述变量名定义时需要遵循的规则。

2. JavaScript 的基本数据类型有哪些？

3. 请分别说出下列内容中变量 x 的运算结果。

    (1) var x = 9+9;   (2) var x = 9+"9";   (3) var x = "9"+"9";

4. 请分别说出下列数据类型转换的结果。

    (1) parseInt("100plus101")   (2) parseInt("010")   (3) parseInt("3.99")

    (4) parseFloat("3.14.15.926")   (5) parseFloat("A",16)

5. 请分别说出下列布尔表达式的返回值。

    (1) ("100" > "99") && ("100" > 99)   (2) ("100" == 100) && ("100" === 100)

    (3) (!0) && (!100)   (4) ("hello" > "javascript") || ("hello" > "HELLO")

6. 转义字符\n 的作用是什么？如何使用转义字符输出双引号？

7. while 循环与 do-while 循环的区别是什么？

8. break 和 continue 的区别是什么？

9. 有红、白、黑三种球若干个，其中红、白球共 25 个，白、黑球共 31 个，红、黑球共 28 个，求这三种球各有多少个？

10. 请编写代码生成指定行列的表格。

第 3 章
对象、函数和事件

本章目标

◎ 掌握 JavaScript 常用内置对象的使用方法
◎ 掌握数组的创建、访问与遍历
◎ 掌握 JavaScript 函数的使用
◎ 掌握变量的作用域
◎ 掌握常用事件的实现

本章简介

JavaScript 中的内置对象、函数、事件是 JavaScript 中最常用的功能。Array、Date 等是 JavaScript 中最常用的数据类型，属于对象类型中的内置对象。相比前面学习过的基本数据类型，对象功能更加强大，使用更加方便。函数可以避免相同功能代码的重复编写，将程序中的代码模块化，提高程序的可读性，减少开发者的工作量，便于后期的维护。事件被看作是 JavaScript 与网页之间交互的桥梁，当事件发生时，可以通过 JavaScript 代码执行相关的操作。本章将对 JavaScript 中的对象、函数、事件进行详细讲解。

技术内容

3.1 JavaScript对象类型

在 JavaScript 中，对象类型分为三种：本地对象、内置对象和宿主对象。

➤ 本地对象（native object）是 ECMAScript 定义的引用类型。
➤ 内置对象（built-in object）指的是无须实例化可直接使用的对象，其实也是特殊的本地对象。
➤ 宿主对象（host object）指的是用户的机器环境，包括 DOM 和 BOM。

3.1.1 本地对象

在 JavaScript 中，常用的对象有 Array、Number、Date 和 Object 等。

➢ Array：用于在单独的变量名中存储一系列的值。

➢ Number：用于处理整数、浮点数等数值。

➢ Date：用于操作日期和时间。

➢ Object：在 JavaScript 中，所有类型都是对象，例如字符串、数字、数组等，这些可以带有属性和方法的变量称为对象。

1. Array（数组）

在 JavaScript 中可以使用 Array（数组）类型在单个变量中存储一系列的值。例如：

```
var fruits = new Array();
var fruits[0] = "苹果";
var fruits[1] = "香蕉";
var fruits[2] = "西瓜";
```

数组是从 0 开始计数的，因此第一个元素的下标是[0]，后面每新增一个元素下标+1。使用 Array 类型存储数组的特点是无须在一开始声明数组的具体元素数量，可以在后续代码中陆续新增数组元素。

如果一开始就可以确定数组的长度，即其中的元素不需要后续动态加入，可直接写成：

```
var fruits= new Array("苹果", "香蕉", "西瓜");
```

或：

```
var fruits = ["苹果", "香蕉", "西瓜"];
```

此时数组元素之间使用逗号隔开。Array 对象还包含了 length 属性，可以用于获取当前数组的长度，即数组中的元素个数。如果当前数组中没有包含元素，则 length 值为 0。例如：

```
var fruits = ["苹果", "香蕉", "西瓜"];
var x = fruits.length; //这里 x 值为 3
```

Array 对象还包含了一系列方法用于操作数组，常用方法如表 3-1 所示。

表 3-1 JavaScript Array 对象的常用方法

方　　法	描　　述
concat()	连接两个或更多的数组，并返回结果
join()	把数组的所有元素放入一个字符串。元素通过指定的分隔符进行分隔
pop()	删除并返回数组的最后一个元素
push()	向数组的末尾添加一个或更多元素，并返回新的长度
reverse()	颠倒数组中元素的顺序
shift()	删除并返回数组的第一个元素
slice()	从某个已有的数组返回选定的元素
sort()	对数组的元素进行排序
splice()	删除元素，并向数组添加新元素
toSource()	返回该对象的源代码
toString()	把数组转换为字符串，并返回结果
toLocaleString()	把数组转换为本地数组，并返回结果
unshift()	向数组的开头添加一个或更多元素，并返回新的长度
valueOf()	返回数组对象的原始值

【示例 1】　JavaScript Array 对象的简单应用

```
<script>
    //使用 new Array()构建数组对象
    var students = new Array();
    students[0] = "张三";
    students[1] = "李四";
    students[2] = "王五";
    //直接声明数组对象
    var mobile = ["HUAWEI","VIVO","OPPO","iPhone"];
    alert(students+"\n"+mobile);
</script>
```

示例 1 在浏览器中的运行效果如图 3.1 所示。

图 3.1　示例 1 运行效果

2. Number（数字）

Number 对象用于处理整数、浮点数等数值，常用的属性和方法如表 3-2 所示。

表 3-2　Number 对象的常用属性和方法

成　　员	作　　用
MAX_VALUE	在 JavaScript 中所能表示的最大数值（静态成员）
MIN_VALUE	在 JavaScript 中所能表示的最小数值（静态成员）
toFixed(digits)	使用定点表示法来格式化一个数值

下面通过具体代码演示 Number 对象的使用。

```
var num = 12345.6789;
num.toFixed();           // 四舍五入，不包括小数部分，返回结果：12346
num.toFixed(1);          // 四舍五入，保留 1 位小数，返回结果：12345.7
num.toFixed(6);          // 用 0 填充不足的小数位，返回结果：12345.678900
Number.MAX_VALUE;        // 获取最大值，返回结果：1.7976931348623157e+308
Number.MIN_VALUE;        // 获取最小值，返回结果：5e-324
```

在上述示例中，MAX_VALUE 和 MIN_VALUE 是直接通过构造函数 Number 进行访问的，而不是使用 Number 的实例对象进行访问的，这是因为这两个属性是 Number 的静态成员。

3. String（字符串）

String 对象中包含了一系列方法，常用方法如表 3-3 所示。

表 3-3　String 对象中常用方法

方　法　名	解　　释	使 用 说 明	举　　例
charCodeAt()	返回一个整数，代表指定位置字符的 Unicode 编码	strObj.charCodeAt(index) 说明：index 是指被处理字符的从 0 开始计数的编号，有效值为 0 到字符串长度减 1 的数字，如果指定位置没有字符，将返回 NaN	var str = "ABC"; str.charCodeAt(0); 结果：65
fromCharCode()	从一些 Unicode 字符串中返回一个字符串	String.fromCharCode([code1[,code2...]]) 说明：code1，code2...是要转换为字符串的 Unicode 字符串序列。如果没有参数，则结果为空字符串	String.fromCharCode(65,66,112); 结果：ABp

续表

方 法 名	解 释	使 用 说 明	举 例
charAt()	返回指定索引位置处的字符。如果超出有效范围的索引值则返回空字符串	strObj.charAt(index) 说明：index 是字符的基于 0 的索引，有效值是 0 与字符串长度减 1 之间的值	var str = "ABC"; str.charAt(1); 结果：B
slice()	返回字符串的片段	strObj.slice(start[,end]) 说明：start 下标从 0 开始的 strObj 指定部分开始索引。如果 start 为负，将它作为 length +start 处理，此处 length 为字符串的长度；end 小标从 0 开始的 strObj 指定部分结束索引。如果 end 为负，将它作为 length+end 处理，此处 length 为字符串的长度	var str = "ABCDEF"; str.slice(2,4); 结果：CD

substring()	返回位于 String 对象中指定位置的子字符串	strObj.substring(start,end)
		说明：start 指明子字符串的起始位置，该索引从 0 开始起算，end 指明子字符串的结束位置，该索引从 0 开始起算。该方法使用 start 和 end 两者中的较小值作为子字符串的起始点，如果 start 或 end 为 NaN 或者为负数，那么将其替换为 0
			var str = "ABCDEF";
			str.substring(2,4);
			//或 str.substring(4,2);
			结果：CD

substr()	返回一个从指定位置开始的指定长度的子字符串	strObj.substr(start[,length]) 说明：start 是所需的子字符串的起始位置，字符串中的第一个字符的索引是 0，length 为返回的子字符串中应包括的字符个数	var str = "ABCDEF"; str.substr(2,4); 结果：CDEF

indexOf()	返回 String 对象内第一次出现子字符串位置。如果没有找到子字符串，则返回-1	strObj.indexOf(substr[,startIndex])
		说明：substr 是要在 String 对象中查找的子字符串，startIndex 整数值指出在 String 对象内开始查找的索引，如果省略则从字符串的开始处查找
			var str = "ABCDECDF";
			str.indexOf("CD", 1); // 由 1 位置从左向右查找 123...
			结果：2

lastIndexOf()	返回 String 对象中字符串最后出现的位置。如果没有匹配到子字符串，则返回-1	strObj.lastIndexOf(substr[,startindex])
		说明：substr 要在 String 对象内查找的子字符串，startindex 整数值指出在 String 对象内进行查找的开始索引位置，如果省略，则查找从字符串的末尾开始
			var str = "ABCDECDF";
			str.lastIndexOf("CD",6); // 由 6 位置从右向左查找 ...456
			结果：5

search()	返回与正则表达式查找内容匹配的第一个字符串的位置	strObj.search(reExp)
		说明：reExp 包含正则表达式模式和可用标志的正则表达式对象
			var str = "ABCDECDF";
			str.search("CD");//str.search(/CD/i);
			结果：2

concat()	返回字符串值，该值包含了两个或多个提供的字符串的连接	str.concat([string1[,string2...]]) 说明：string1，string2 是要和所有其他指定的字符串进行连接的 String 对象或文字	var str = "ABCDEF"; str.concat("ABCDEF","ABC"); 结果：ABCDEFABCDEFABC
split()	将一个字符串分隔为子字符串，然后将结果作为字符串数组返回	strObj.split([separator[,limit]]) 说明：separator 是字符串或正则表达式对象，它标识了分隔字符串时使用的是一个还是多个字符，如果忽略该选项，则返回包含整个字符串的单一元素数组，limit 值用来限制返回数组中的元素个数	var str = "AA BB CC DD EE FF"; alert(str.split(" ", 3)); 结果： AA,BB,CC

续表

方 法 名	解 释	使用说明	举 例
toLowerCase()	返回一个字符串，该字符串中的所有字母都被转换成小写字母		例如：var str = "ABCabc"; str.toLowerCase(); 结果：abcabc
toUpperCase()	返回一个字符串，该字符串中的所有字母都被转换为大写字母		var str = "ABCabc"; str.toUpperCase(); 结果：ABCABC

（1）字符串长度

在字符串中，每一个字符都有固定的位置，其位置从左往右进行分配。以单词"HELLO"为例，其位置规则如图 3.2 所示。首字符 H 从位置 0 开始，第二个字符 E 是位置 1，以此类推，直到最后一个字符 O 的位置是字符串的总长度减 1。

图 3.2　字符位置对照图

（2）获取字符串中的单个字符

在 JavaScript 中，可以使用 charAt()方法获取字符串指定位置上的单个字符。其语法结构如下：

语法
```
charAt(index)
```

其中 index 参数值填写需要获取的字符所在的位置。例如：

```
var msg = "Hello JavaScript";
var x = msg.charAt(0); //表示获取 msg 中的第一个字符，返回值为 H
```

如果需要获取指定位置上单个字符的字符代码，可以使用 charCodeAt()方法。其语法结构如下：

语法
```
charCodeAt(index)
```

其中 index 参数值填写需要获取的字符所在的位置。例如：

```
var msg = "Hello JavaScript";
var x = msg.charCodeAt(0); //表示获取 msg 中的第一个字符的 Unicode 编码，返回值为 72
```

（3）连接字符串

在 JavaScript 中可以使用 concat()方法将新的字符串内容连接到原始字符串上。其语法结构如下：

语法
```
concat(string1, string2..., stringN);
```

该方法允许带有一个或多个参数，表示按照从左往右的顺序依次连接这些字符串。

例如：

```
var msg = "Hello";
var newMsg = msg.concat(" JavaScript");
alert(newMsg); //返回值为"Hello JavaScript"
```

也可以直接使用加号（+）进行字符串的连接，其效果相同。因此上述示例代码可改为：

```
var msg = "Hello";
var newMsg = msg + " JavaScript";
alert(newMsg); //返回值为"Hello JavaScript"
```

（4）查找字符串是否存在

使用 indexOf()和 lastIndexOf()方法可以查找原始字符串中是否包含指定的字符串内容。其语法格式分别如下：

📖 **语法**
```
indexOf(searchString, startIndex)
```

和：

```
lastIndexOf(searchString, startIndex)
```

其中，searchString 参数位置填入需要用于对比查找的字符串片段，startIndex 参数用于指定搜索的起始字符，该参数内容如果省略则按照默认顺序搜索全文。

indexOf()和 lastIndexOf()方法都可以用于查找指定内容是否存在，如果存在，其返回值为指定内容在原始字符串中的位置序号；如果不存在，则直接返回-1。区别在于，indexOf()是从序号 0 的位置开始正序检索字符串内容的，而 lastIndexOf()是从序号最大值的位置开始倒序检索字符串内容的。

（5）查找与替换字符串

在 JavaScript 中使用 match()或 search()方法可以查找匹配正则表达式的字符串内容。match()方法的语法格式如下：

📖 **语法**
```
match(regExp)
```

在参数 regExp 的位置需要填入一个正则表达式，例如，match(/a/g)表示全局查找字母 a，后面的小写字母 g 是英文单词 global 的首字母简写，表示全局查找。其返回值为符合条件的所有字符串片段。

search()方法的语法格式如下：

📖 **语法**
```
search(regExp)
```

在参数 regExp 的位置同样需要填入一个正则表达式。不同之处在于，search()方法的返回值是符合匹配条件的字符串索引值。在 JavaScript 中使用 replace()方法可以替换匹配正则表达式的字符串内容。replace()方法的语法格式如下：

📖 **语法**
```
replace(regExp, replaceText)
```

在参数 regExp 的位置需要填入一个正则表达式，在参数 replaceText 的位置填入需要替换的新的文本内容。例如，replace(/a/g,"A")表示的是把所有的小写字母 a 都替换为大写形式。该方法的返回值是已经替换完毕的新字符串内容。

🔰 **【示例 2】** **JavaScript 查找和替换字符串**

```
<h3>JavaScript 查找与替换字符串</h3>
<hr />
<p>用于查找和替换的字符串为"Hello JavaScript 2020 !"</p>
<script>
    var msg = "Hello JavaScript 2020 !";      //声明变量 msg
    var result1 = msg.search(/o/);       //检测字符 o 是否存在
    var result2 = msg.match(/\d/g);      //全局查找数字
    var result3 = msg.replace(/a/g,"A");      //将小写字母 a 全部替换为大写字母 A
    alert('search(/o/): '+result1+'\nmatch(/\\d/g): '+result2+'\nreplace(/a/g,"A"):
'+result3);
</script>
```

示例 2 在浏览器中的运行效果如图 3.3 所示。

本例在 JavaScript 中声明了变量 msg 作为测试样例，分别使用 match()、search()与 replace()方法查找和替换字符串，最后使用 alert()方法输出全部的返回结果。

由图 3.3 可见，search()方法可获取指定内容的所在索引位置，而 match()方法是把符合条件的所有字符串以逗号隔开的形式全部展现出来。

图 3.3　示例 2 运行效果

其中，\d 表示数字 0～9 的任意一个字符，/g 表示全局查找。replace()方法将原字符串中所有的小写字母 a 均替换成大写字母的形式。如果没有加全局字符 g，则只会替换其中第 1 个小写字母 a。

（6）获取字符串片段

在 JavaScript 中，可以对字符串类型的变量使用 slice()和 substring()方法截取其中的字符串片段。其中 slice()方法用于提取指定片段，substring()方法用于节选指定片段。slice()方法语法格式如下：

📖 语法

```
slice(start, end)
```

其中，在 start 参数位置填写需要删除的字符串的第一个字符位置，在 end 参数位置填写需要删除字符串的结束位置（不包括该位置上的字符），如果 end 参数省略则默认填入字符串长度。如果填入的属性值为负数，表示从字符串的最后一个位置开始计算，例如-1 表示倒数第一个字符。substring()方法语法格式如下：

📖 语法

```
substring(start, end)
```

与 slice()方法的语法结构类似，其中 start 参数位置填写需要节选的字符串的第一个字符位置，end 参数位置填写需要节选字符串的结束位置（不包括该位置上的字符）。同样，如果 end 参数省略则默认填入字符串长度。

当参数均为非负数时，substring()与 slice()方法获取的结果完全一样。只有参数值存在负数情况时，这两个方法才会有所不同：substring()方法会忽略负数，直接将其当作 0 来处理；而 slice()方法会用字符串长度加上该负数数值，计算出对应的位置。例如：

```
var msg = "happy"; //该字符串长度为 5 位
var result1 = msg.substring(1, -1); //返回值为 h
var result2 = slice(1, -1);//返回值为 app
```

【示例 3】　**JavaScript 获取字符串片段的简单应用**

```
<h3>JavaScript 获取字符串片段</h3>
<p>分别使用 substring()和 slice()方法节选字符串"Hello JavaScript"</p>
<script>
    var msg = "Hello JavaScript";       //声明变量 msg
    var result1 = msg.substring(0,5);   //使用 substring 节选指定位置范围的字符串
    var result2 = msg.slice(0,-11);     //使用 slice 节选指定位置范围的字符串
    alert('substring(0,5): '+result1+'\nslice(0,-11): '+result2);
</script>
```

示例 3 在浏览器中的运行效果如图 3.4 所示。本示例在 JavaScript 中声明了变量 msg 作为字符串测试样例，其中字符串内容为"Hello JavaScript"，共计 16 个字符位置，分别使用 substring(0,5)和 slice(0,-11)方法进行字符串节选，最后使用 alert()方法输出返回结果。由示例运行效果图可见，

substring(0,5)方法获取了从第 0 位开始到第 5 位结束（不包括第 5 位本身）的所有字符。slice(0,-11) 方法因为带有负数 11，表示倒数第 11 位字符，将其加上字符串长度换算后得到 slice(0,5)，在没有负数的情况下与 substring(0,5)效果完全相同，因此得到同样的结果。

图 3.4　示例 3 运行效果

（7）字符串大小写转换

在 JavaScript 中可以对字符串类型的变量使用 toLowerCase()和 toUpperCase()方法转换其中存在的大小写字母。其中 toLowerCase()表示将所有字母转换为小写，toUpperCase()表示将所有字母转换为大写。

【示例 4】　**JavaScript 字符串大小写转换**

```html
<h3>JavaScript 字符串大小写转换</h3>
<p>将字符串"Hello JavaScript"分别转换为全大写和全小写的形式。</p>
<script>
    var msg = "Hello JavaScript";          //声明变量 msg
    var upper = msg.toUpperCase();         //将字符串转换为全大写形式
    var lower = msg.toLowerCase();         //将字符串转换为全小写形式
    alert('全大写: '+upper+'\n 全小写: '+lower);
</script>
```

示例 4 在浏览器中的运行效果如图 3.5 所示。

图 3.5　示例 4 运行效果

（8）转义字符

在前几节的例题中我们看到了 alert()方法中带有\n 符号表示换行，这种符号称为转义字符。与 C 语言、Java 语言相似，在 JavaScript 中 String 类型也包含了一系列转义字符。具体情况如表 3-4 所示。

表 3-4　JavaScript 中 String 类型常用转义字符

转义字符	含　义	转义字符	含　义
\n	换行 ·	\f	换页符
\t	制表	\\	斜杠
\r	回车	\'	单引号
\b	空格	\"	双引号

4. Date（日期）

JavaScript 中的对象与 Java 中的类非常相似，需要使用"new 对象名()"的方法创建一个实例，语法格式如下：

语法

```
var 日期实例=new Date(参数);
```

➢　日期实例是存储 Date 对象的变量。可以省略参数，如果没有参数，则表示当前日期和时间，例如：

```
var today = new Date(); //将当前日期和时间存储在变量 today 中
```

> 参数是字符串格式"MM DD, YYYY, hh:mm:SS"，表示日期和时间，例如：

```
var tdate = new Date("July 15, 2020, 16:34:28");
```

Date 对象有大量用于设置、获取和操作日期的方法，从而实现在页面中显示不同类型的日期时间。其中，常用的是获取日期的方法，如表 3-5 所示。

表 3-5 Date 对象的常用方法

方　　法	说　　明	方　　法	说　　明
getDate()	返回 Date 对象是一个月中的每一天，其值为 1~31	getSeconds()	返回 Date 对象是秒数，其值为 0~59
getDay()	返回 Date 对象是星期中的每一天，其值为 0~6	getMonth()	返回 Date 对象是月份，其值为 0~11
getHours()	返回 Date 对象是小时数，其值为 0~23	getFullYear()	返回 Date 对象是年份，其值为四位数
getMinutes()	返回 Date 对象是分钟数，其值为 0~59	getTime()	返回自 1970 年 1 月 1 日这一时刻以来的毫秒数

> getFullYear()返回四位数的年份，getYear()返回二位或四位的年份，getFullYear()常用于获取完整年份。
> 获取星期几使用 getDay()：0 表示周日，1 表示周一，6 表示周六。
> 各部分时间表示的范围：除号数（一个月中的每一天）外，其他均从 0 开始计数。例如，月份 0~11，0 表示 1 月份，11 表示 12 月份。

下面使用 Date 对象的方法显示当前时间的小时、分钟和秒，代码如示例 5 所示。

【示例 5】 *时钟特效*

```
<div id="myclock"></div>
<script type="text/javascript">
    function disptime(){
        var today = new Date();          //获得当前时间
        var hh = today.getHours();       //获得小时、分钟、秒
        var mm = today.getMinutes();//获得分钟
        var ss = today.getSeconds();//获得秒
        /*设置 div 的内容为当前时间*/
        document.getElementById("myclock").innerHTML="现在是:"+hh +":"+mm+": "+ss;
    }
    disptime();
</script>
```

在示例 5 中，使用 Date 对象的 getHours()方法、getMinutes()方法和 getSeconds()方法获取当前时间的小时、分钟和秒数，通过 innerHTML 属性将时间显示在 id 为 myclock 的 div 元素中。

在 JavaScript 中使用 Date 对象处理与时间、日期有关的内容，有四种初始化方式，列举如下：

```
new Date();               //表示获取当前的日期与时间
new Date(dateString);     //使用表示日期、时间的字符串定义时间，例如填入 May 10, 2000 12:12:00
new Date(milliseconds); //使用从 1970 年 1 月 1 日到指定日期的毫秒数定义时间，例如填入 1232345
new Date(year, month, day, hours, minutes, seconds, milliseconds);
//自定义年、月、日、时、分、秒和毫秒，时、分、秒和毫秒参数缺省情况默认为 0
```

可以用 Date 对象的一系列方法分别获取指定的内容，Date 对象的常见方法如表 3-6 所示。

表 3-6 JavaScript Date 对象的常用方法

方　法	描　述	方　法	描　述
Date()	返回当日的日期和时间	getDay()	从 Date 对象返回一周中的某一天 (0~6)
getDate()	从 Date 对象返回一个月中的某一天 (1~31)	setDate()	设置 Date 对象中月的某一天 (1～31)
getMonth()	从 Date 对象返回月份 (0～11)	setMonth()	设置 Date 对象中月份 (0～11)
getFullYear()	从 Date 对象以四位数字返回年份	setFullYear()	设置 Date 对象中的年份（四位数字）
getYear()	请使用 getFullYear()方法代替	setYear()	请使用 setFullYear() 方法代替
getHours()	返回 Date 对象的小时数 (0～23)	setHours()	设置 Date 对象中的小时数 (0～23)
getMinutes()	返回 Date 对象的分钟数 (0～59)	setMinutes()	设置 Date 对象中的分钟数 (0～59)
getSeconds()	返回 Date 对象的秒种数 (0～59)	setSeconds()	设置 Date 对象中的秒钟数 (0～59)
getMilliseconds()	返回 Date 对象的毫秒数(0～999)	setMilliseconds()	设置 Date 对象中的毫秒数 (0～999)
getTime()	返回从 1970 年 1 月 1 日至今的毫秒数	setTime()	以毫秒设置 Date 对象
getTimezoneOffset()	返回本地时间与格林威治标准时间 (GMT) 的分钟差	getUTCDay()	根据世界时从 Date 对象返回周中的一天 (0～6)
getUTCDate()	根据世界时从 Date 对象返回月中的一天(1~31)	setUTCDate()	根据世界时设置 Date 对象中月份的一天 (1～31)
getUTCMonth()	根据世界时从 Date 对象返回月份数 (0～11)	setUTCMonth()	根据世界时设置 Date 对象中的月份数 (0～11)
getUTCFullYear()	根据世界时从 Date 对象返回四位数的年份	setUTCFullYear()	根据世界时设置 Date 对象中的年份数 (四位数字)
getUTCHours()	根据世界时返回 Date 对象的小时数 (0～23)	setUTCHours()	根据世界时设置 Date 对象中的小时数 (0～23)
getUTCMinutes()	根据世界时返回 Date 对象的分钟数 (0～59)	setUTCMinutes()	根据世界时设置 Date 对象中的分钟数 (0～59)
getUTCSeconds()	根据世界时返回 Date 对象的秒钟数 (0～59)	setUTCSeconds()	根据世界时设置 Date 对象中的秒钟数 (0～59)
getUTCMilliseconds()	根据世界时返回 Date 对象的毫秒数 (0～999)	setUTCMilliseconds()	根据世界时设置 Date 对象中的毫秒数 (0～999)
parse()	返回从 1970 年 1 月 1 日午夜到指定日期（字符串）的毫秒数	toUTCString()	根据世界时，把 Date 对象转换为字符串
toSource()	返回该对象的源代码	toLocaleString()	根据本地时间格式，把 Date 对象转换为字符串
toString()	把 Date 对象转换为字符串	toLocaleTimeString()	根据本地时间格式，把 Date 对象的时间部分转换为字符串
toTimeString()	把 Date 对象的时间部分转换为字符串	toLocaleDateString()	根据本地时间格式，把 Date 对象的日期部分转换为字符串
toDateString()	把 Date 对象的日期部分转换为字符串	UTC()	根据世界时返回从 1970 年 1 月 1 日到指定日期的毫秒数
toGMTString()	请使用 toUTCString()方法代替	valueOf()	返回 Date 对象的原始值

【示例 6】 JavaScript Date 对象的简单应用

```
<h3>JavaScript Date 对象的简单应用</h3>
<script>
 var date = new Date();//获取当前日期、时间
 var year = date.getFullYear();//获取年份
 var month = date.getMonth()+1; //获取月份
 var day = date.getDate();//获取天数
```

```
    var week = date.getDay();//获取星期数
    alert("当前是"+year+"年"+""+month+"月"+day+"日，星期"+week);
  </script>
```

示例 6 在浏览器中的运行效果如图 3.6 所示。

5. Object（对象）

在 JavaScript 中，所有类型都是对象，例如字符串、数字、数组等，这些可以带有属性和方法的变量称为对象。例如 String 对象包含了 length 属性用于获取字符串长度，也包含了 subString()、indexOf()等方法用于处理字符串。

图 3.6　示例 6 运行效果

属性是与对象相关的值，方法是对象可执行的动作。例如，将学生作为现实中的对象，他具有学号、姓名、班级、专业等属性值，也可以具有选课、学习和考试等行为动作。

在 JavaScript 中创建 student 对象的写法如下：

```
var student = new Object();
student.name = "张三"; //姓名
student.id = "2019010212"; //学号
student.major = "计算机科学与技术"; //专业
//学习方法
student.study = function(){
    alert("开始学习");
};
```

获取对象中的指定属性有两种方法，一是对象变量名称后面加点(.)和属性名称（对象名.属性名）；二是对象变量名称后面使用中括号和引号包围属性名称（对象名["属性名"]）。仍然以上面的 student 对象为例，获取其中学生姓名的写法如下：

```
var result = student.name;
```

或：

```
var result = student["name"];
```

还可以用该方法直接修改对象中的属性值，例如将之前的学生姓名张三换成新内容：

```
student.name = "李四";
alert(student.name); //此时输出结果不再是张三，而是修改后的李四
```

【示例 7】　JavaScript Object 对象的简单应用

```
<h3>JavaScript Object 对象的简单应用</h3>
<p>自定义 ticket 对象表示电影票信息。</p>
<script>
    var ticket = new Object();//自定义 JavaScript 对象 ticket 表示电影票
    ticket.topic = "海底总动员";    //电影票主题
    ticket.time = "2019 年 10 月 1 日 14:30";        //电影票时间
    ticket.price = "25 元";    //电影票价格
    ticket.seat = "8 排 6 号";        //电影票座位号
    alert("电影主题: " + ticket.topic+"\n 电影时间: "
        + ticket.time+"\n 电影票价格: " + ticket.price+"\n 座位号: " + ticket.seat);
</script>
```

示例 7 在浏览器中的运行效果如图 3.7 所示。

图 3.7 示例 7 运行效果

3.1.2　内置对象

1. Global对象

在 JavaScript 中 Global 对象又称为全局对象，其中包含的属性和函数可以用于所有的本地 JavaScript 对象。Global 对象的全局属性和方法分别如表 3-7 和表 3-8 所示。

表 3-7 Global 对象的全局属性

方　　法	描　　述
Infinity	代表正的无穷大的数值
java	代表 java.* 包层级的一个 JavaPackage
NaN	指示某个值是不是数值类型
Packages	指根 JavaPackage 对象
undefined	指示未定义的值

表 3-8 Gobal 对象的全局方法

函　　数	描　　述	函　　数	描　　述
decodeURI()	解码某个编码的 URI	isFinite()	检查某个值是否为有穷大的数
decodeURIComponent()	解码一个编码的 URI 组件	isNaN()	检查某个值是否是数字
encodeURI()	把字符串编码为 URI	Number()	把对象的值转换为数字
encodeURIComponent()	把字符串编码为 URI 组件	parseFloat()	解析一个字符串并返回一个浮点数
escape()	对字符串进行编码	parseInt()	解析一个字符串并返回一个整数
eval()	计算 JavaScript 字符串，并把它作为脚本代码来执行	String()	把对象的值转换为字符串
getClass()	返回一个 JavaObject 的 JavaClass	unescape()	对由 escape()编码的字符串进行解码

> **说明**
>
> 全局对象是预定义的对象，作为 JavaScript 的全局函数和全局属性的占位符。通过使用全局对象，可以访问所有其他预定义的对象、函数和属性。全局对象不是任何对象的属性，所以它没有名称。
>
> 在顶层 JavaScript 代码中，可以用关键字 this 引用全局对象。但通常不必用这种方式引用全局对象，因为全局对象是作用域链的头，这意味着所有非限定性的变量和函数名都会作为该对象的属性来查询。例如，当 JavaScript 代码引用 parseInt()函数时，它引用的是全局对象的 parseInt 属性。全局对象是作用域链的头，还意味着在顶层 JavaScript 代码中声明的所有变量都将成为全局对象的属性。
>
> 全局对象只是一个对象，而不是类。既没有构造函数，也无法实例化一个新的全局对象。
>
> 将 JavaScript 代码嵌入到一个特殊环境中时，全局对象通常具有环境特定的属性。实际上，ECMAScript 标准没有规定全局对象的类型，JavaScript 的实现或嵌入的 JavaScript 都可以把任意类型的对象作为全局对象，只要该对象定义了这里列出的基本属性和函数。例如，在允许通过 LiveConnect 或相关的技术来脚本化 Java 的 JavaScript 实现中，全局对象被赋予了这里列出的 java 和 Package 属性以及 getClass()方法。而在客户端 JavaScript 中，全局对象就是 Window 对象，表示允许 JavaScript 代码的 Web 浏览器窗口。

2. Math对象

Math 对象提供了许多与数学相关的功能，它是 JavaScript 的一个全局对象，不需要创建，直接作为对象使用就可以调用其属性和方法。Math 对象的常用方法如表 3-9 所示。

表 3-9 Math 对象的常用方法

方　法	说　　明	示　　例
ceil()	对数进行上舍入	Math.ceil(25.5);　　//返回 26
		Math.ceil(-25.5);　　//返回-25
floor()	对数进行下舍入	Math.floor(25.5);　　//返回 25
		Math.floor(-25.5);　　//返回-26
round()	把数四舍五入为最接近的数	Math.round(25.5);　　//返回 26
		Math.round(-25.5);　　//返回-26
random()	返回 0~1 中的随机数	Math.random();　　// 例如，0.6273608814137365

random()方法返回的随机数包括 0，不包含 1，且都是小数，如果想选择一个 1~100 中的整数（包括 1 和 100），则代码如下所示：

```
var iNum=Math.floor(Math.random()*100+1);
```

如果希望返回的整数为 2~99，只有 98 个数字，第一个值为 2，则代码如下所示：

```
var iNum=Math.floor(Math.random()*98+2);
```

下面使用 ceil()和 random()随机选择颜色，代码如示例 8 所示。

【示例 8】　选择颜色

```
<!DOCTYPE html>
<html>
<head lang="en">
    <meta charset="UTF-8">
    <title>选择颜色</title>
    <style type="text/css">
        #color{font-family: "微软雅黑"; font-size: 16px; color: #ff0000; font-weight:
bold; }
    </style>
</head>
<body>
<div>
    本次选择的颜色是: <span id="color"></span>
    <input type="button" value="选择颜色" onclick="selColor();">
</div>
<script type="text/javascript">
    function selColor(){
        var color=Array("红色","黄色","蓝色","绿色","橙色","青色","紫色");
        var num=Math.ceil(Math.random()*7)-1;
        document.getElementById("color").innerHTML=color[num];
    }
</script>
</body>
</html>
```

在浏览器中打开示例 8，如图 3.8 所示，点击"选择颜色"按钮，随机显示一种颜色，如图 3.9 所示。

本次选择的颜色是: 选择颜色

图 3.8　打开页面

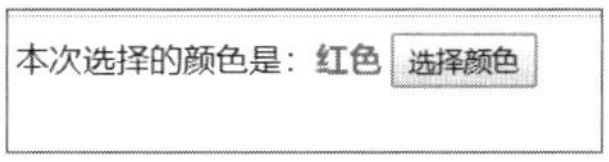

本次选择的颜色是: 红色 选择颜色

图 3.9　选择颜色

在 JavaScript 中 Math 对象用于数学计算，无须初始化创建，可以直接使用关键字 Math 调用其所有的属性和方法。Math 对象的常用属性和常用方法分别如表 3-10 和表 3-11 所示。

表 3-10　Math 对象常用属性

属　　性	描　　述
E	返回算术常量 e，即自然对数的底数（约等于 2.718）
LN2	返回 2 的自然对数（约等于 0.693）
LN10	返回 10 的自然对数（约等于 2.302）
LOG2E	返回以 2 为底的 e 的对数（约等于 1.414）
LOG10E	返回以 10 为底的 e 的对数（约等于 0.434）
PI	返回圆周率（约等于 3.14159）
SQRT1_2	返回 2 的平方根的倒数（约等于 0.707）
SQRT2	返回 2 的平方根（约等于 1.414）

表 3-11　Math 对象常用方法

方　　法	描　　述	方　　法	描　　述
abs(x)	返回数的绝对值	max(x,y)	返回 x 和 y 中的最高值
acos(x)	返回数的反余弦值	min(x,y)	返回 x 和 y 中的最低值
asin(x)	返回数的反正弦值	pow(x,y)	返回 x 的 y 次幂
atan(x)	以介于-PI/2 与 PI/2 弧度之间的数值来返回 x 的反正切值	random()	返回 0～1 之间的随机数
atan2(y,x)	返回从 x 轴到点(x,y)的角度（介于-PI/2 与 PI/2 弧度之间）	round(x)	把数四舍五入为最接近的整数
ceil(x)	对数进行上舍入	sin(x)	返回数的正弦值
cos(x)	返回数的余弦值	sqrt(x)	返回数的平方根值
exp(x)	返回 e 的指数值	tan(x)	返回角的正切值
floor(x)	对数进行下舍入	toSource()	返回该对象的源代码
log(x)	返回数的自然对数（底为 e）	valueOf()	返回 Math 对象的原始值

【示例 9】　JavaScript Math 对象的简单应用

```
<h3>JavaScript Math 对象的简单应用</h3>
<p>已知球体半径为100m，使用 Math 对象计算球体的体积。<br>
    公式：V = 4/3πR<sup>3</sup></p>
<script>
    var R = 100;    //初始化球体半径
    var V = 4/3*Math.PI*Math.pow(R,3);    //计算球体的体积
    //四舍五入后显示计算结果
    alert("半径为100的球体体积是："+Math.round(V)+"m³");
</script>
```

示例 9 在浏览器中的运行效果如图 3.10 所示。

图 3.10　示例 9 运行效果

3.1.3　宿主对象

宿主对象包括 HTML DOM（文档对象模型）和 BOM（浏览器对象模型）。具体内容和用法请

参考后面的章节内容。

3.1.4　技能训练

需求说明

利用 prompt()函数接收用户设置的年份，制作如图 3.11 所示的年历。

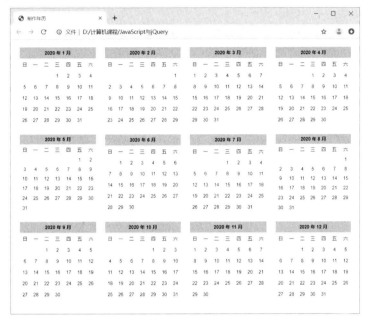

图 3.11　年历

代码实现思路

- ➢　利用 prompt()函数接收用户设置的年份。
- ➢　编写 calendar()函数，根据指定的年份生成年历。
- ➢　设计并输出日历的显示样式。
- ➢　获取指定年份 1 月 1 日的星期值，获取每个月共有多少天。
- ➢　循环遍历每个月中的日期。
- ➢　将日期显示到对应的星期下面。

3.2　JavaScript函数

3.2.1　常用定时函数

在前面的示例中，时间是静止的，不能动态更新。若要像电子表一样不停地动态改变时间，则需要使用将要学习的定时函数。JavaScript 中提供了两个定时函数 setTimeout()和 setInterval()。此外，还提供了用于清除定时器的两个函数 clearTimeout()和 clearInterval()。

1. setTimeout()

setTimeout()用于在指定的毫秒后调用函数或计算表达式，语法格式如下：

📄 **语法**

```
setTimeout("调用的函数名称",等待的毫秒数)
```

下面使用 setTimeout() 函数实现 3 秒后弹出提示框，代码如示例 10 所示。

🔵 **【示例 10】** *定时函数*

```
<input name="s" type="button" value="显示提示消息" onclick="timer()" />
<script type="text/javascript">
    function timer(){
        var t=setTimeout("alert('3 seconds')",3000);
    }
</script>
```

➢ 3000 表示 3000 毫秒，即 3 秒。

➢ 点击"显示提示消息"按钮调用 timer() 函数时，弹出一个警告提示框，由于使用了 setTimetout() 函数，因此调用函数 timer() 后，需要等待 3 秒，才能弹出警告提示框。

在浏览器中运行并点击"显示提示消息"按钮，等待 3 秒后，弹出如图 3.12 所示的警告提示框。

图 3.12 等待 3 秒弹出提示

2. setInterval()

setInterval() 可按照指定的周期（以毫秒计）来调用函数或计算表达式，语法格式如下：

📄 **语法**

```
setInterval("调用的函数名称",周期性调用函数之间间隔的毫秒数)
```

setInterval() 会不停地调用函数，直到窗口被关闭或被其他方法强制停止。在示例 10 的代码中将 setTimeout() 函数改为使用 setInterval() 函数，修改后的代码如下所示：

```
<!--省略部分 HTML 代码-->
<script type="text/javascript">
    function timer(){
        var t= setInterval("alert('3 seconds')",3000);
    }
</script>
```

在浏览器中重新运行上面的示例 10，点击"显示提示消息"按钮，等待 3 秒后，弹出如图 3.12 所示的提示框。关闭此提示框后，间隔 3 秒后又会弹出提示框……只要把弹出的提示框关闭，3 秒后就会再次弹出提示框。

📌 **提示**

setTimeout() 只执行一次函数，如果要多次调用函数，则需要使用 setInterval() 或者让被调用的函数再次调用 setTimeout()。

知道了函数 setInterval() 的用法，现在将示例 5 改成时钟特效的效果，使时钟"动起来"，实现思路就是每过 1 秒都要重新获得当前时间并显示在页面上，修改后的代码如示例 11 所示。

【示例 11】 *时钟特效动起来*

```
<div id="myclock"></div>
<script type="text/javascript">
    function disptime(){
        var today = new Date();           //获得当前时间
        var hh = today.getHours();        //获得小时、分钟、秒
        var mm = today.getMinutes();      //获得分钟
        var ss = today.getSeconds();      //获得秒
        /*设置 div 的内容为当前时间*/
        document.getElementById("myclock").innerHTML="现在是:"+hh +":"+mm+": "+ss;
    }
    var myTime = setInterval("disptime()",1000);   //使用 setInterval()每间隔指定毫秒后调
用 disptime()
</script>
```

在浏览器中运行此示例 11，时钟已经"动起来"，达到了真正的时钟特效。

3. clearTimeout()和clearInterval()

clearTimeout()函数用来清除由 setTimeout()函数设置的定时器，语法格式如下：

📋 **语法**

```
clearTimeout(setTimeout()返回的 ID 值);
```

clearInterval()函数用来清除由 setInterval()函数设置的定时器，语法格式如下：

📋 **语法**

```
clearInterval(setInterval()返回的 ID 值);
```

现在将示例 11 实现的效果加一个需求，即通过点击"停止"按钮停止时钟特效，代码修改如示例 12 所示。

【示例 12】 *清除时钟特效*

```
<div id="myclock"></div>
<input type="button" onclick="javaScript:clearInterval(myTime)" value="停止">
<script type="text/javascript">
    function disptime(){
        var today = new Date();           //获得当前时间
        var hh = today.getHours();        //获得小时、分钟、秒
        var mm = today.getMinutes();      //获得分钟
        var ss = today.getSeconds();      //获得秒
        /*设置 div 的内容为当前时间*/
        document.getElementById("myclock").innerHTML="现在是:"+hh +":"+mm+": "+ss;
    }
    var myTime = setInterval("disptime()",1000);    //使用 setInterval()每间隔指定毫秒后
调用 disptime()
</script>
```

3.2.2 技能训练1

上机练习2 *制作十二进制的时钟特效*

训练要点

➢ Date 对象的使用。

➢ setInterval()方法的使用。

需求说明

➢ 制作显示年、月、日、星期，并且显示上午（AM）和下午（PM）的十二进制的时钟，如图 3.13 所示。

代码实现思路及关键代码

(1) 创建一个 Date()对象，如 var today=new Date()。

(2) 通过 Date 对象的 getFullYear()方法获得年份数，

图 3.13　十二进制的时钟

通过 getMonth()方法获得月份数(0~11)，通过 getDate()方法获得天数，通过 getDay()方法获得一个星期中的第几天，从 0 开始到 6 结束。

(3) 通过 getHours()方法获得当前小时数，通过 getMinutes()方法获得当前分钟数，通过 getSeconds()方法获得当前秒数。

(4) 使用 if 语句判断当前小时是否大于 12，如果大于 12，则为下午；否则为上午。

(5) 使用 setInterval ()设置每间隔指定毫秒后调用 clock_12h()，代码如下所示。

```
var myTime = setInterval("clock_12h()",1000);
```

3.2.3　自定义函数

1. 函数的基本结构

函数是在调用时才会执行的一段代码块，可以重复使用。其基本语法结构如下：

语法
```
function 函数名称(参数 0, 参数 1, ……参数 N){
    待执行代码块
}
```

上述语法结构是由关键字 function、函数名称、小括号内的一组可选参数以及大括号内的待执行代码块组成的。其中函数名称和参数个数均可以自定义，待执行的代码块可以由一句或多句 JavaScript 代码组成。

➢ function 是定义函数的关键字，必须有。

➢ 函数名：可由大小写字母、数字、下划线（_）和$符号组成，但是函数名不能以数字开头，且不能是 JavaScript 中的关键字。

➢ 参数：是外界传递给函数的值，它是可选的，多个参数之间使用","分隔。参数 0、参数 1 等是函数的参数。因为 JavaScript 本身是弱类型，所以它的参数也没有类型检查和类型限定。函数中的参数是可选的，根据是否带参数，函数可分为无参函数和有参函数。

➢ "{"和"}"定义了函数的开始和结束。

➢ 函数体：是专门用于实现特定功能的主体，由一条或多条语句组成。

➢ 返回值：在调用函数后若想得到处理结果，可在函数体中用 return 关键字返回。

2. 参数设置

函数在定义时根据参数的不同，可分为两种类型，一种是无参函数，一种是有参函数。在定义有参函数时，设置的参数称为形参，函数调用时传递的参数称为实参。所谓形参指的就是形式参数，具有特定的含义；实参指的是实际参数，也就是具体的值。接下来将分别介绍几种常用的函数参数设置。

（1）无参函数

无参函数适用于不需要提供任何数据，即可完成指定功能的情况。

```
function 函数名(){
// JavaScript 语句;
}
```

具体示例如下：

```
function welcome(){
  alert("Welcome to JavaScript World");
}
```

上述代码定义了一个名称为 welcome 的函数，该函数的参数个数为 0。在待执行的代码部分只有一句 alert()方法，用于在浏览器中弹出提示框并显示双引号内的文本内容。

需要注意的是，在自定义函数时，即使函数的功能实现不需要设置参数，小括号"()"也不能够省略。

（2）有参函数

在项目开发中，若函数体内的操作需要用户传递数据，此时函数定义时需要设置形参，用于接收用户调用函数时传递的实参。如果需要弹出的提示框每次显示的文本内容不同，可以使用参数传递的形式：

```
function welcome(msg){
  alert(msg);
}
```

此时为之前的 welcome 函数方法传递了一个参数 msg，在待执行的代码部分修改原先的 alert()方法，用于在浏览器上弹出提示框并动态显示 msg 传递的文本内容。

（3）获取函数调用时传递的所有实参

在开发时若不能确定函数的形参个数，此时定义函数时可以不设置形参，在函数体中直接通过 arguments 对象获取函数调用时传递的实参，实参的总数可通过 length 属性获取，具体的实参值可通过数组遍历的方式进行操作，示例如下：

```
function transferParam() {
  console.log(arguments.length);
  console.log(arguments);
}
```

3. 函数的调用

函数可以通过使用函数名称的方法进行调用。例如：

```
welcome();
```

如果该函数存在参数，则调用时必须在函数的小括号内传递对应的参数值，如下所示：

```
welcome("Hello JavaScript!");
```

函数可以在 JavaScript 代码的任意位置进行调用，也可以在指定的事件发生时调用。例如在按钮的点击事件中调用函数：

```
<button onclick="welcome()">点击此处调用函数</button>
```

上述代码中的 onclick 属性表示元素被鼠标点击的状态触发等号右边的函数内容。

🌀【示例 13】　*JavaScript 函数的简单调用*

```
<h3>JavaScript 函数的简单应用</h3>
<button onclick="test()">点我调用函数</button>
```

```
<script>
    function test(){
        alert("test()函数被触发。");
    }
</script>
```

示例 13 在浏览器中的运行效果如图 3.14 所示。

图 3.14　示例 13 运行效果

4. 函数的返回值

相比 Java 而言，JavaScript 函数更加简便，无须特别声明返回值类型。JavaScript 函数如果存在返回值，直接在大括号内的代码块中使用 return 关键字后面紧跟需要返回的值即可。例如：

```
function total(num1, num2){
    return num1+num2;
}
var result = total(8,10); //返回值是 18
alert(result);
```

上述代码对两个数字进行了求和运算，使用自定义变量 result 获取 total 函数的返回值。此时在 total 函数的参数位置填入了两个测试数据，得到了正确的计算结果。函数也可以带有多个 return 语句：

```
function maxNum(num1, num2){
    if(num1>num2) return num1;
    else return num2;
}
var result = maxNum(99,100); //返回值是 100
alert(result);
```

上述代码对两个数字进行了比较运算，然后返回其中较大的数值。使用自定义变量 result 获取 maxNum 函数的返回值。此时在 maxNum 函数的参数位置填入了两个测试数据，得到了正确的计算结果。单独使用 return 语句可随时终止函数代码的运行。例如测试数值是否为偶数，如果是奇数则不提示，如果是偶数则弹出提示框：

```
function testEven(num){
    if(num%2!=0) return;
    alert(num +"是偶数！");
}
testEven(99); //不会弹出提示框
testEven(100); //会弹出提示框显示"100 是偶数！"
```

函数在执行到 return 语句时就直接退出了代码块，即使后续还有代码也不会被执行。本例中如果参数为奇数才能符合 if 条件然后触发 return 语句，因此后续的 alert()方法不会被执行到，从而做到只有在参数为偶数时才显示提示框。

【示例 14】　JavaScript 带有返回值函数的应用

```
<h3>JavaScript 带有返回值函数的应用</h3>
<p>在 JavaScript 中自定义 max 函数用于比较两个数的大小并给出较大值。</p>
<script>
//该函数用于两个数值之间的比大小，返回其中较大的数。
function max(x1, x2){
    if(x1>x2) return x1;
    else return x2;
```

```
}
alert("10 和 99 之间的最大值是:"+max(10,99));
</script>
```

示例 14 在浏览器中的运行效果如图 3.15 所示。

图 3.15　示例 14 运行效果

5. 函数简单应用

下面通过示例 15 和示例 16 来学习如何定义和调用函数。

【示例 15】　JavaScript 无参函数的应用

```
<input name="btn" type="button" value="显示 5 次欢迎学习 JavaScript" onclick="study()" />
<script type="text/javascript">
    function study(){
        for(var i=0;i<5;i++){
            document.write("<h4>欢迎学习 JavaScript</h4>");
        }
    }
</script>
```

study()是创建的无参函数,onclick 表示按钮的点击事件,当点击按钮时调用函数 study()。在浏览器中运行示例 15,如图 3.16 所示,点击"显示 5 次欢迎学习 JavaScript"按钮,调用无参函数 study(),在页面中循环输出 5 行"欢迎学习 JavaScript"。

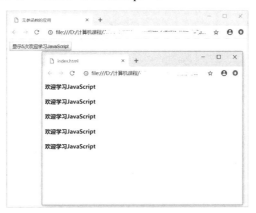

图 3.16　调用无参函数

在示例 15 中使用的是无参函数,运行一次,页面只能输出 5 行"欢迎学习 JavaScript",如果需要根据用户的要求每次输出不同行数,该怎么办呢?有参函数可以实现这样的功能。下面修改示例 15,把函数 study()修改成一个有参函数,使用 prompt()提示用户每次输出"欢迎学习 JavaScript"的行数,然后将 prompt()方法返回的值作为参数传递给函数 study()。

【示例 16】　JavaScript 有参函数的应用

```
<input name="btn" type="button" value="请输入显示欢迎学习 JavaScript 的次数"
        onclick="study(prompt('请输入显示欢迎学习 JavaScript 的次数:',''))" />
<script type="text/javascript">
    function study(count){
        for(var i=0;i<count;i++){
```

```
        document.write("<h4>欢迎学习 JavaScript</h4>");
    }
  }
</script>
```

count 表示传递的参数，不需要定义数据类型，将 prompt() 方法返回的值作为参数传递给函数 study (count)。

在浏览器中运行示例 16，点击页面上的按钮，弹出提示用户输入显示欢迎学习 JavaScript 次数的提示框，用户输入值后，根据用户输入的值在页面上输出欢迎学习 JavaScript，如图 3.17 所示。

6. 变量的作用域

与 Java 中的变量一样，在 JavaScript 中，根据变量作用范围不同，可分为全局变量和局部变量。JavaScript 中的全局变量，是在所有函数之外的脚本中声明的变量，作用范围是该变量定义后

图 3.17　动态显示欢迎学习 JavaScript

的所有语句，包括其后定义的函数中的代码，以及其后的\<script\>与\</script\>标签中的代码。

JavaScript 中的局部变量，是在函数内声明的变量，如示例 15 代码中 study() 函数中声明的"var i=0;"，只有在该函数中且位于该变量之后的代码中可以使用这个变量，如果在之后的其他函数中声明了与这个局部变量同名的变量，则后声明的变量与这个局部变量毫无关系。

请使用断点调试的方式运行示例，分析全局变量和局部变量的作用。

【示例 17】　JavaScript 变量的作用域

```
<body onload="second( )">
<script type="text/javascript">
    var i=20;
    function first( ){
        var i=5;
        for(var j=0;j<i;j++){
            document.write("    "+j);
        }
    }
    function second( ){
        var t=prompt("输入一个数","")
        if(t>i)
            document.write(t);
        else
            document.write(i);
        first( );
    }
</script>
</body>
```

运行示例，在 prompt() 弹出的输入框中输入 67，点击"确定"按钮，运行结果如图 3.18 所示。

这里使用了 onload 事件，onload 事件会在页面加载完成时立即发生。将断点设置在 var i=20;这一行，单步运行。我们会发现，先执行 var i=20，设置 i 为全局变量，再运行 onload 事件调用 second() 函数，在函数中，

图 3.18　变量的作用范围

因为输入的值 67 大于 20，所以执行 else 语句，即在页面中输出了 67。然后执行函数 first()，在函数 first()中，声明 i 为局部变量，它只作用于函数 first()，因此 for 循环输出了 0、1、2、3、4。

3.2.4　技能训练 2

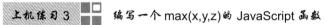 **上机练习 3**　　编写一个 max(x,y,z)的 JavaScript 函数

需求说明

➢　试创建一个名称为 max(x,y,z)的 JavaScript 函数，其返回值为 x、y、z 中的最大值

➢　使用 alert 语句显示 2、30、99 这三个数中的最大值。

上机练习 4　　字符串大小写转换

需求说明

➢　编写 HTML 表单，设置两个文本框和两个按钮，文本框显示转换前后数据，按钮用于转换。

➢　为按钮添加点击事件，并利用函数 deal()来处理。

➢　编写 deal()函数，根据传递的不同参数执行不同的转换操作。

➢　将转换后的数据显示到对应位置。

➢　运行后结果如图 3.19 所示。

图 3.19　字符串大小写转换

上机练习 5　　编写一个四则运算函数

需求说明

➢　点击页面上的按钮时，调用函数，使用 prompt()方法获取两个变量的值和一个运算符，如图 3.20 所示。

➢　运算结果使用 alert()方法显示出来，如图 3.21 所示。

➢　使用 switch 判断获取的运算符号。

图 3.20　输入数值和运算符　　　　　　　图 3.21　显示两数的运算结果

3.3 事件

从前面学习的内容来看，大家已经接触了事件，那么什么是事件呢？事件在 JavaScript 中的作用是什么呢？

3.3.1 事件概述

事件是指可以被 JavaScript 侦测到的交互行为，如在网页中滑动、点击鼠标、滚动屏幕、敲击键盘等。当发生事件以后，可以利用 JavaScript 编程来执行一些特定的代码，从而实现网页的交互效果，它对实现网页的交互效果起着重要的作用。在深入学习事件时，需要对一些非常基本又相当重要的概念有一定的了解。

1. 事件处理程序

事件处理程序指的就是 JavaScript 为响应用户行为所执行的程序代码。例如，用户点击 button 按钮时，这个行为就会被 JavaScript 中的 click 事件侦测到；然后让其自动执行，为 click 事件编写程序代码，如在控制台输出"按钮被点击了"。

2. 事件驱动式

事件驱动式是指在 Web 页面中 JavaScript 的事件，侦测到用户行为（如鼠标点击、鼠标移入等），并执行相应的事件处理程序的过程。

3. 事件流

事件发生时，会在发生事件的元素节点与 DOM 树根节点之间按照特定的顺序进行传播，这个事件传播的过程就是事件流。

3.3.2 事件的绑定方式

事件绑定指的是为某个元素对象的事件绑定事件处理程序。在 JavaScript 中提供了 3 种事件的绑定方式，分别为行内绑定式、动态绑定式和事件监听的方式。下面将针对以上 3 种事件绑定方式的语法以及相互之间的区别进行详细讲解。

1. 行内绑定式

事件的行内绑定式是通过 HTML 标签的属性设置实现的，具体语法格式如下：

```
<标签名    事件="事件的处理程序">
```

在上述语法中，标签名可以是任意的 HTML 标签，如<div>标签、< button >标签等；事件是由 on 和事件名称组成的一个 HTML 属性，如点击事件对应的属性名为 onclick；事件的处理程序指的是 JavaScript 代码，如匿名函数等。

需要注意的是，由于开发中提倡 JavaScript 代码与 HTML 代码相分离。因此，不建议使用行内式绑定事件。

2. 动态绑定式

动态的绑定方式很好地解决了 JavaScript 代码与 HTML 代码混合编写的问题。在 JavaScript 代码中，为需要事件处理的 DOM 元素对象添加事件与事件处理程序。具体语法格式如下：

```
DOM 元素对象.事件 = 事件的处理程序;
```

在上述语法中，事件的处理程序一般都是匿名函数或有名的函数。在实际开发中，相对于行内绑定式来说，事件的动态绑定式用得更多一些。行内绑定式与动态绑定式除了实现的语法不同以外，在事件处理程序中关键字 this 的指向也不同。前者的事件处理程序中的 this 关键字，用于指向 window 对象；后者的事件处理程序中的 this 关键字，用于指向当前正在操作的 DOM 元素对象。

除此之外，行内绑定式和动态绑定式是最原始的事件模型（也称 DOM0 级事件模型）提供的事件绑定方式，在该模型中没有事件流的概念，也就是说事件不能够传播。因此，同一个 DOM 对象的同一个事件只能有一个事件处理程序。

3. 事件监听

为了给同一个 DOM 对象的同一个事件添加多个事件处理程序，在 DOM2 级事件模型中引入了事件流的概念，可以让 DOM 对象通过事件监听的方式实现事件的绑定。由于不同浏览器采用的事件流实现方式不同，事件监听的实现存在兼容性问题。通常根据浏览器的内核可以划分为两大类，一类是早期版本的 IE 浏览器（如 IE6～IE8），一类是遵循 W3C 标准的浏览器（以下简称标准浏览器）。接下来，将根据不同类型的浏览器，分别介绍事件监听的实现方式。

（1）早期版本的 IE 浏览器

在早期版本的 IE 浏览器中，事件监听的语法格式如下：

```
DOM 对象.attachEvent(type, callback);
```

在上述语法中，参数 type 指的是为 DOM 对象绑定的事件类型，它是由 on 与事件名称组成的，如 onclick。参数 callback 表示事件的处理程序。

（2）标准浏览器

标准浏览器包括 IE8 版本以上的 IE 浏览器（如 IE9～IE11），新版的 Firefox、Chrome 等浏览器。具体语法格式如下：

```
DOM 对象.addEventListener(type, callback, [capture]);
```

在上述语法中，参数 type 指的是 DOM 对象绑定的事件类型，它是由事件名称设置的，如 click。参数 callback 表示事件的处理程序。参数 capture 默认值为 false，表示在冒泡阶段完成事件处理，将其设置为 true 时，表示在捕获阶段完成事件处理。

3.3.3　常见事件

在前面讲解 JavaScript 引入方式时已经演示过，如何为一个按钮添加点击事件，具体示例如下：

```
<input type="button" onclick ="alert('Hello'); " value="test" >
```

由于在开发中提倡 JavaScript 代码与 HTML 代码分离，因此该方法并不推荐。所以在学习对象以后，可以通过元素对象来添加事件，具体示例如下：

```
<body>
<input id="btn" type="button" value="test">
<script>
document.getElementByld('btn').onclick=function (){
    alert(this.value); //获取按钮的 value 属性，输出结果：test
}
</script>
</body>
```

上述代码中，通过 getElementById()创建元素对象以后，为该对象设置了 onclick 事件，当 JavaScript 检测到鼠标点击 id 为 "btn" 的按钮时自动执行。在 onclick 事件中，this 表示当前发生事件的元素对象，通过该对象的 value 属性可以获取元素在 HTML 中的 value 属性值。

　　事件是使用 JavaScript 实现网页特效的灵魂内容，当与浏览器进行交互的时候浏览器就会触发各种事件，来完成网页中的各种特效，事件的类别有 Window 事件、Form 事件、Keyboard 事件、Mouse 事件等常用事件，常见事件如表 3-12 所示。

表 3-12　HTML 常用事件属性一览表

属　　性	事　　件	描　　述
onload	Window 事件	页面结束加载之后触发
onmessage	Window 事件	在消息被触发时运行的脚本
onoffline	Window 事件	当文档离线时运行的脚本
ononline	Window 事件	当文档上线时运行的脚本
onblur	Form 事件	元素失去焦点时运行的脚本
onchange	Form 事件	在元素值被改变时运行的脚本
onfocus	Form 事件	当元素获得焦点时运行的脚本
onformchange	Form 事件	在表单改变时运行的脚本
onforminput	Form 事件	当表单获得用户输入时运行的脚本
oninput	Form 事件	当元素获得用户输入时运行的脚本
oninvalid	Form 事件	当元素无效时运行的脚本
onreset	Form 事件	当表单中的重置按钮被点击时触发，HTML5 中不支持
onselect	Form 事件	在元素中文本被选中后触发
onsubmit	Form 事件	在提交表单时触发
onkeydown	Keyboard 事件	在用户按下按键时触发
onkeypress	Keyboard 事件	在用户敲击按键时触发
onkeyup	Keyboard 事件	当用户释放按键时触发
onclick	Mouse 事件	元素上发生鼠标点击时触发
ondblclick	Mouse 事件	元素上发生鼠标双击时触发
ondrag	Mouse 事件	元素被拖动时运行的脚本
ondragend	Mouse 事件	在拖动操作末端运行的脚本
ondragenter	Mouse 事件	当元素已被拖动到有效拖放区域时运行的脚本
ondragleave	Mouse 事件	当元素离开有效拖放目标时运行的脚本
ondragover	Mouse 事件	当元素在有效拖放目标上正在被拖动时运行的脚本
ondragstart	Mouse 事件	在拖动操作开端运行的脚本
ondrop	Mouse 事件	当被拖元素正在被拖放时运行的脚本
onmousedown	Mouse 事件	当元素上按下鼠标按钮时触发
onmousemove	Mouse 事件	当鼠标指针移动到元素上时触发
onmouseout	Mouse 事件	当鼠标指针移出元素时触发
onmouseover	Mouse 事件	当鼠标指针移动到元素上时触发
onmouseup	Mouse 事件	当在元素上释放鼠标按钮时触发
onmousewheel	Mouse 事件	当鼠标滚轮正在被滚动时运行的脚本
onscroll	Mouse 事件	当元素滚动条被滚动时运行的脚本

　　在 JavaScript 中事件通常用于处理函数，如前面示例中点击按钮触发的 onclick 事件调用函数在页面中输出内容、前面示例中加载页面时触发的 onload 事件，网上注册、登录时，点击按钮时验证输入内容的合法性，在线看视频时通过全屏来观看，这些功能都是通过事件来触发函数实现各种各样炫酷的页面效果的。

【示例 18】　**改变网页背景色**

```
<input type="button" value="设为红色" onclick="color('red')">
<input type="button" value="设为黄色" onmouseover="color('yellow')">
<input type="button" value="设为蓝色" onmouseout="color('blue')">
<script>
    function color(str) {
        document.body.style.backgroundColor = str;
    }
</script>
```

在前面的例子中大家已了解事件的使用方法，在后面的章节中会时时用到事件，到时会再根据例子说明在实际开发中的不同应用。

3.3.4　技能训练

上机练习 6　　*统计考试科目的成绩*

需求说明

➢　点击按钮调用函数，统计考试成绩。

➢　使用 prompt()方法输入考试科目的数量，要求数量必须是非零、非负数的数值类型，否则给出相应提示并退出程序，如图 3.22 和图 3.23 所示。

图 3.22　输入不正确的科目数量　　　　　　　　图 3.23　输入不正确科目数量的提示信息

➢　根据考试科目的数量，使用 prompt()方法输入各科的考试成绩并累加，要求成绩必须是非负数的数值类型，否则给出相应提示并退出程序，如图 3.24 和图 3.25 所示。

图 3.24　输入不正确成绩后的提示信息　　　　　图 3.25　输入不正确的成绩

➢　如果各项输入正确，则弹出总成绩，如图 3.26 所示。

图 3.26　科目总成绩

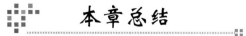

本章总结

➢　在 JavaScript 中，对象类型分为三种：本地对象、内置对象和宿主对象。

> 在 JavaScript 中，常用的对象有 Array 对象、Number 对象、Date 对象和对象 Object 等。
> 使用 Date 对象可以获得当前系统的日期、时间。
> 使用定时函数与 Date()对象可以制作时钟特效。
> setTimeout()用于在指定的毫秒后调用函数或计算表达式。
> setInterval()可按照指定的周期（以毫秒计）来调用函数或计算表达式。
> 事件当与浏览器进行交互的时候浏览器就会触发各种事件，来完成网页中的各种特效，事件的类别有 Window 事件、Form 事件、Keyboard 事件、Mouse 事件等常用事件。

 本章作业

一、选择题

1. 下列关于数组的说法错误的是（　　）。
    A. 数组是存储一系列值的变量集合　　　　　　B. 数组元素之间使用逗号（,）分隔
    C. 下标可以是整型、字符串型和浮点型　　　　D. 索引下标默认从 0 依次递增

2. 下面关于数组长度的说法中错误的是（　　）。
    A. 指定 length 后，添加的数组元素不能超过这个限制
    B. 数组在创建时可以指定数组的长度
    C. 若指定的 length 值小于数组元素个数，则多余的数组元素会被舍弃
    D. 若指定的 length 值大于数组元素个数，则没有值的元素会占用空存储位置

3. 如果有函数定义 function f(x,y){…}，那么以下正确的函数调用的是（　　）。
    A. f1,2　　　　　　B. f(1)　　　　　　C. f(1,2)　　　　　　D. f(,2)

4. 定义函数时，在函数名后面的圆括号内可以指定（　　）个参数。
    A. 0　　　　　　　B. 1　　　　　　　C. 2　　　　　　　D. 任意

5. 函数的参数之间必须用（　　）分隔。
    A. 逗号　　　　　　B. 句号　　　　　　C. 分号　　　　　　D. 空格

6. 下列关于 Date 对象的 getMonth()方法返回值的描述中，正确的是（　　）。
    A. 返回系统时间的当前月　B. 返回值为 1~12　　C. 返回系统时间的当前月　　D. 返回值为 0~11

7. setTimeout("adv()" ,20)表示的意思是（　　）。
    A. 间隔 20 秒后，adv()函数就会被调用　　　　　B. 间隔 20 分钟后，adv()函数就会被调用
    C. 间隔 20 毫秒后，adv()函数就会被调用　　　　D. adv()函数被持续调用 20 次

8. 下面关于函数参数的描述错误的是（　　）。
    A. arguments.length 可获取用户调用函数时传递的参数数量　　　　B. 函数的参数是外界传递给函数的值
    C. 无参函数名后的小括号可以省略　　　　　　D. arguments 对象可获取函数调用时传递的实参

9. 当用户点击输入文本框时，会触发（　　）事件。
    A. mouseover　　　B. focus　　　　　C. blur　　　　　　D. mouseout

10. 下列事件中，可以在 body 内所有标签都加载完成后才触发的是（　　）。
    A. load　　　　　　B. click　　　　　　C. blur　　　　　　D. focus

二、综合题

1. 试举出五种水果的名称，并使用 Array 数组对象进行存储。
2. 请使用 Date 对象获得今天的年月日。
3. 已知有字符串 var msg = "Merry Chrismas";请分别解答以下内容。
    (1) 试获取字符串长度。

(2) 试获取字符串中的第 5 个字符。

(3) 试分别使用 indexOf()和 exec()方法判断字符串中是否包含字母 a。

4. 试创建一个名称为 max(x,y,z)的 JavaScript 函数，其返回值为 x、y、z 中的最大值，并使用 alert 语句显示 2、30、99 这三个数中的最大值。

5. 编写一个函数，求 100 以内所有奇数的和。

6. 编写一个函数，实现获取指定范围内的随机数。

7. 使用 JavaScript 输出如图 3.27 所示的页面。

提示

➢ 使用 document.write()输出水平线。

➢ 使用循环控制每个水平线的长度。

8. 使用 prompt()方法在页面中弹出提示框，根据用户输入星期一～星期日的不同，弹出不同的信息提示框，要求使用函数实现，具体要求如下：

➢ 输入"星期一"时，弹出"新的一周开始了"。

➢ 输入"星期二"、"星期三"、"星期四"时，弹出"努力工作"。

➢ 输入"星期五"时，弹出"明天就是周末了"。

➢ 输入其他内容，如图 3.28 所示，弹出"放松的休息"，如图 3.29 所示。

图 3.27　打印倒正金字塔直线　　　　　　图 3.28　输入信息

图 3.29　弹出提示框

第4章
JavaScript 操作 BOM 对象

本章目标

◎ 掌握 JavaScript BOM 的用法
◎ 掌握 window 对象的用法
◎ 了解 screen 对象的用法
◎ 掌握 history 对象的用法
◎ 掌握 location 对象的用法
◎ 了解 navigator 对象的用法
◎ 掌握用 getElementById()、getElementsByName()、getElementsByTagName()方法访问 DOM
　元素
◎ 会使用定时函数和 Date 对象制作时钟特效

本章简介

　　JavaScript 是由 ECMAScript、BOM 和 DOM 组成的。在前面章节中已学习了 ECMAScript 的相关知识点，并通过编写 JavaScript 程序实现了一些简单的效果。本章开始讲解与 BOM 相关的一些对象，其中包括 window、document、location 和 history 对象。本章将针对 BOM 的使用进行详细讲解。

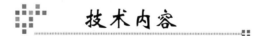

技术内容

4.1　什么是BOM对象

　　在实际开发中，JavaScript 经常需要操作浏览器窗口及窗口上的控件，实现用户和页面的动态交互。为此，浏览器提供了一系列内置对象，统称为浏览器对象；各内置对象之间按照某种层次组织起来的模型统称为 BOM 浏览器对象模型，如图 4.1 所示。

　　从图 4.1 中可以看出，window 对象是 BOM 的顶层（核心）对象，其他的对象都是以属性的方式添加到 window 对象下，也可以称为 window 的子对象。例如，document 对象（DOM）是 window 对象下面的一个属性，但是它同时也是一个对象。换句话说，document 相对于 window 对象来说，是一个属性，而 document 相对于 write()方法来说，是一个对象。

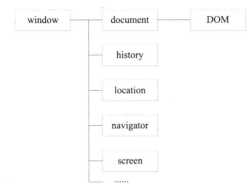

图 4.1 BOM 结构图

BOM 为了访问和操作浏览器各组件，在每个 window 子对象中都提供了一系列的属性和方法。下面将对 window 子对象的功能进行介绍，具体内容如下：

BOM 中的常用对象如下：

➢ window：浏览器窗口对象，其成员包括所有的全局变量、函数和对象。

➢ screen：屏幕对象，通常用于获取用户可用屏幕的宽和高，如屏幕的分辨率、坐标信息等。

➢ history：历史记录对象，其中包含了浏览器的浏览历史记录，也就是浏览网页的前进与后退功能。

➢ location：位置对象，用于获得当前页面的 URL 地址，还可以把浏览器重定向到新的指定页面。

➢ navigator：浏览器对象，通常用于获取用户浏览器的相关信息，也称为浏览器的嗅探器。

➢ document（文档对象）：也称为 DOM 对象，是 HTML 页面当前窗体的内容，同时它也是 JavaScript 的重要组成部分之一，将会在下一章中详细讲解，本章只做概要介绍。

值得一提的是，BOM 没有一个明确的规范，所以浏览器提供商通常会按照各自的想法随意去扩展 BOM。而各浏览器间共有的对象就成为了事实上的标准。不过在利用 BOM 实现具体功能时要根据实际的开发情况考虑浏览器之间的兼容问题，否则会出现不可预料的情况。

4.2　window对象

浏览器对象模型（BOM）是 JavaScript 的组件之一，它提供了独立于内容与浏览器窗口进行交互的对象，使用浏览器对象模型可以实现与 HTML 的交互。它的作用是将相关的元素组织包装起来，提供给程序设计人员使用，从而降低开发人员的劳动量，提高设计 Web 页面的能力。BOM 是一个分层结构，如图 4.2 所示。

window 对象是整个 BOM 的核心，在浏览器中打开网页后，首先看到的是浏览器窗口，即顶层的 window 对象；其次是网页文档内容，即 document（文档）。它的内容包括一些超链接（link）、表单（form）、锚（anchor）等，表单由文本框（text）、单选按钮（radio）、按钮（button）等表单元素组成。在浏览器对象结构中，除了 document 对象外，window 对象之下还有两个对象：地址对象（location）和历史对象（history），它们对应于浏览器地址栏和前进/后退按钮，我们可以利用这些对象的方法，实现类似的功能。使用 BOM 通常可实现如下功能：

➢ 弹出新的浏览器窗口。

➢ 移动、关闭浏览器窗口及调整窗口的大小。

➢ 在浏览器窗口中实现页面的前进、后退功能。

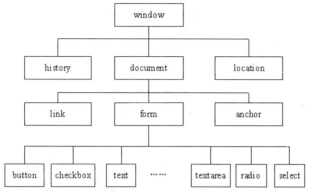

图 4.2 BOM 模型图

window 对象也称为浏览器对象。当浏览器打开 HTML 文档时，通常会创建一个 window 对象。如果文档定义了一个或多个框架，浏览器将为原始文档创建一个 window 对象，同时为每个框架另外创建一个 window 对象。

在 JavaScript 中，window 对象表示浏览器窗口，目前所有浏览器都支持该对象。JavaScript 中一切全局变量、函数和对象都自动成为 window 对象的内容。例如，用于判断变量是否为数字的全局方法 isNaN()就是 window 对象的方法，完整写法为 window.isNaN()。通常情况下 window 前缀可以省略不写。

🔵 【示例 1】 JavaScript BOM window 对象的应用

```
<script>
    var width = window.innerWidth;          //获取浏览器内部的可用宽度
    var height = window.innerHeight;         //获取浏览器内部的可用高度
    document.write("浏览器当前可用宽度为："+width+"<br>浏览器当前可用高度为："+height);
                                             //将结果输出到页面上
</script>
```

示例 1 在浏览器中的运行效果如图 4.3 所示。

下面我们就来学习 window 对象常用的属性和方法。

4.2.1 常用的属性

在 JavaScript 中，属性的语法格式如下：

语法

图 4.3 示例 1 运行效果

```
window.属性名="属性值"
```

window 对象的常用属性如表 4-1 所示。

表 4-1 window 对象的常用属性

名　称	说　明
history	有关客户访问过的 URL 的信息
location	有关当前 URL 的信息
screen	只读属性，包含有关客户端显示屏幕的信息

window.location= "http://www.baidu.com"，表示跳转到百度网站主页；screen.height 返回显示浏览器的屏幕的高度，单位为像素。history 和 location 这两个常用属性就是前面提到的 BOM 模型中的对

象，后面会详细介绍。

4.2.2　常用的方法

window 对象的常用方法如表 4-2 所示。

表 4-2　window 对象的常用方法

名　　　称	说　　　明
prompt()	显示可提示用户输入的提示框
alert()	显示一个带有提示信息和一个"确定"按钮的警示提示框
confirm()	显示一个带有提示信息、"确定"和"取消"按钮的提示框
close()	关闭浏览器窗口
open()	打开一个新的浏览器窗口，加载给定 URL 所指定的文档
focus()	把键盘焦点给予一个窗口
print()	打印当前窗口的内容
scrollBy()	按照指定的像素值来滚动内容
scrollTo()	把内容滚动到指定的坐标
setTimeout()	在指定的毫秒数后调用函数或计算表达式
setInterval()	按照指定的周期（以毫秒计）来调用函数或表达式

在 JavaScript 中，方法的使用格式如下：

📖 **语法**

```
window.方法名();
```

window 对象是全局对象，所以在使用 window 对象的属性和方法时，window 可以省略。例如，之前直接使用的 alert()，相当于写成 window.alert()。

1. confirm()

confirm()将弹出一个确认提示框，语法格式如下：

图 4.4　弹出确认对话框

📖 **语法**

```
window.confirm("提示框中显示的纯文本");
```

例如，window.confirm ("确认要删除此条信息吗?");，在页面上弹出如图 4.4 所示的提示框。

在 confirm()弹出的确认提示框中，有一条提示信息、一个"确定"按钮和一个"取消"按钮。如果用户点击"确定"按钮，则 confirm ()返回 true；如果点击"取消"按钮，则 confirm()返回 false。

在用户点击"确定"按钮或"取消"按钮将提示框关闭之前，它将阻止用户对浏览器的所有操作。也就是说，当调用 confirm()时，在用户做出应答（点击按钮或关闭提示框）之前，不会执行下一条语句，如示例 2 所示。

🌀 【示例 2】　confirm()确认提示框

```
<script type="text/javascript">
    var flag=confirm("确认要删除此条信息吗?");
```

```
    if(flag==true){
        alert("删除成功!");
    }else{
        alert("你取消了删除");
    }
</script>
```

在浏览器中运行示例 2，如果点击"确定"按钮，则弹出如图 4.5(a)所示的提示框；如果点击"取消"按钮，则弹出如图 4.5(b)所示的提示框。

　　　　(a) 点击"确定"按钮　　　　　　　　　　　　　　(b) 点击"取消"按钮

图 4.5 点击按钮效果

之前已经学习了 prompt()方法和 alert()方法的用法，与 confirm()方法相比较，虽然它们都是在页面上弹出提示框，但作用却不相同。

➢ alert()只有一个参数，仅显示警告提示框的消息，无返回值，不能对脚本产生任何改变。

➢ prompt()有两个参数，是输入提示框，用来提示用户输入一些信息，点击"取消"按钮则返回 null，点击"确定"按钮则返回用户输入的值，常用于收集用户关于特定问题而反馈的信息。

➢ confirm()只有一个参数，是确认提示框，显示提示框的消息、"确定"按钮和"取消"按钮，点击"确定"按钮返回 true，点击"取消"按钮返回 false，因此与 if else 语句搭配使用。

2. close()

close()方法用于关闭浏览器窗口，语法格式如下：

语法
```
window.close();
```

3. open()

在页面上弹出一个新的浏览器窗口，弹出窗口的语法格式如下：

语法
```
window.open("弹出窗口的ur1","窗口名称", "窗口特征");
```

窗口名称属性如表 4-3 所示。

表 4-3　name 可选值

name 可选值	含　　义
_blank	URL 加载到一个新的窗口，也是默认值
_parent	URL 加载到父框架
_self	URL 替换当前页面
_top	URL 替换任何可加载的框架集
name	窗口名称

窗口的特征属性如表 4-4 所示。

表 4-4　窗口的特征属性

名　　称	说　　明
height、width	窗口文档显示区的高度、宽度，以像素计
left、top	窗口的 x 坐标、y 坐标，以像素计
toolbar=yes | no | 1 | 0	是否显示浏览器的工具栏，默认是 yes
scrollbars=yes | no 11 | 0	是否显示滚动条，默认是 yes
location=yes | no 11 | 0	是否显示地址栏，默认是 yes
status=yes | no |1 | 0	是否添加状态栏，默认是 yes
menubar=yes | no |1 | 0	是否显示菜单栏，默认是 yes
resizable=yes | no |1 | 0	窗口是否可调节尺寸，默认是 yes
titlebar=yes | no | 1 | 0	是否显示标题栏，默认是 yes
fullscreen=yes | no 11 | 0	是否使用全屏模式显示浏览器，默认是 no

open()方法通常用在打开一个网页弹出广告页面或网站的信息声明页面等，并且很多网站的页面中有可以对当前窗口进行关闭的按钮，这些都是使用 open()方法和 close()方法实现的，但是当前各浏览器对窗口的特征属性参数的支持存在巨大差异，使用时需要小心谨慎。现在通过示例 3 让大家了解 open()方法和 close()方法的应用。

【示例 3】　window 对象操作窗口

```html
<body onload="open_adv();">
    <button onclick="close_plan();">关闭</button>
    <script type="text/javascript">
        /*弹出窗口*/
        function open_adv() {
            window.open("http://www.baidu.com");
        }
        /*关闭窗口*/
        function close_plan() {
            window.close();
        }
    </script>
</body>
```

示例 3 将 window 对象的事件、方法与前面学习的函数结合起来，实现了弹出窗口和关闭窗口的功能。首先创建两个函数实现弹出窗口和关闭窗口，然后通过事件来调用对应的函数，实现弹出窗口和关闭窗口。在浏览器中运行示例 3，结果如图 4.6 所示，页面加载完成触发 onload 事件，调用函数 open_adv()，弹出百度窗口。点击"关闭"按钮，调用了 close_plan()方法，将关闭当前窗口。

图 4.6　window 对象操作窗口

4.2.3　技能训练

上机练习 1　　制作简易的购物车页面

训练要点

➢　使用 close()方法关闭窗口。

➢　使用 confirm()方法进行信息确认。

➢　使用 alert()方法提示信息。

需求说明

➢ 购物车页面如图 4.7 所示。

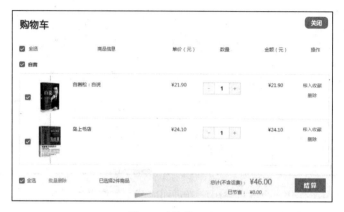

图 4.7 购物车页面

➢ 点击"关闭"按钮时，关闭当前页面。

➢ 点击商品右侧的"移入收藏"链接，弹出提示"移入收藏后，将不在购物车显示，是否继续操作？"窗口，如图 4.8 所示；点击"确定"按钮，弹出"移入收藏成功！"提示窗口，如图 4.9 所示。

图 4.8 确认收藏

图 4.9 收藏成功

➢ 点击商品右侧的"删除"链接，弹出提示"您确定要删除商品吗？"窗口，如图 4.10 所示；点击"确定"按钮，弹出"删除成功！"提示窗口，如图 4.11 所示。

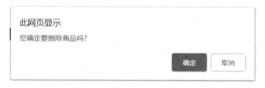

图 4.10 确认删除

图 4.11 删除成功

➢ 点击图 4.7 中的"结算"按钮，弹出结算信息提交成功窗口，如图 4.12 所示；点击"确定"按钮，弹出订单提交成功窗口，如图 4.13 所示。

图 4.12 确认结算信息

图 4.13 提交订单成功

实现思路及关键代码

（1）通过设置 window.close()关闭当前页面。

（2）使用 confirm()方法确定提示信息，使用"\n"换行显示。

（3）使用 alert()方法弹出提示信息。

（4）使用 onclick 事件调用函数。

4.3　screen对象

在 JavaScript 中，window.screen 对象可用于返回当前渲染窗口中与屏幕相关的属性信息，如屏幕的宽度和高度等。该对象在使用时通常可以省略 window 前缀，简写为 screen。screen 对象用于展示主流浏览器中支持的 screen 属性，如表 4-5 所示。

表 4-5　screen 对象的属性

名　　称	说　　明
height	返回整个屏幕的高
width	返回整个屏幕的宽
availHeight	返回浏览器窗口在屏幕上可占用的垂直空间，默认单位为像素（px）
availWidth	返回浏览器窗口在屏幕上可占用的水平空间，默认单位为像素（px）
colorDepth	返回屏幕的颜色深度
pixelDepth	返回屏幕的位深度/色彩深度

其中 avail 前缀来源于英文单词 available（可用的）。可用宽度或高度指的是去除界面上自带的内容（例如任务栏）后的实际可使用的宽度或高度。

【示例 4】　JavaScript BOM screen 对象的应用

```
<h3>JavaScript BOM screen 对象的应用</h3>
<script>
    var width = screen.availWidth;     //获取屏幕的可用宽度
    var height = screen.availHeight;    //获取屏幕的可用高度
    document.write("屏幕的可用宽度为："+width+"<br>屏幕的可用高度为："+height);    //将结果
输出到页面上
</script>
```

示例 4 在浏览器中的运行效果如图 4.14 所示。

图 4.14　示例 4 运行效果

4.4　history对象

在 JavaScript 的 BOM 中 window.history 对象可用于获取当前页面的 URL 或者将浏览器重定向到新的页面。该对象在使用时通常可以省略 windows 前缀，简写为 history。

4.4.1 历史记录跳转

history 对象提供用户最近浏览过的 URL 列表。但出于隐私安全方面的原因，history 对象不再允许脚本访问用户浏览过的 URL，但可以控制浏览器实现"后退"和"前进"的功能。history 对象已经访问过的实际 URL，可以使用 history 对象提供的、逐个返回访问过的页面的方法，具体相关的属性和方法如表 4-6 所示。

通常使用 history 对象实现浏览器上返回和前进按钮的相同功能。相关方法解释如下：

➤ back()方法会让浏览器加载前一个浏览过的文档，history.back()等效于浏览器中的"后退"按钮。

➤ forward()方法会让浏览器加载后一个浏览过的文档，history.forward()等效于浏览器中的"前进"按钮。

➤ go(n)方法中的 n 是一个具体的数字，当 $n>0$ 时，装入历史列表中往前数的第 n 个页面；当 $n=0$ 时，装入当前页面；当 n<0 时，装入历史列表中往后数的第 n 个页面。例如：

　◎ history.go(1)代表前进 1 页，相当于浏览器中的"前进"按钮，等价于 forward()方法。

　◎ history.go(-1)代表后退 1 页，相当于浏览器中的"后退"按钮，等价于 back()方法。

表 4-6　history 对象的属性和方法

分　类	名　　称	说　　明
属性	length	返回历史列表中的网址数
方法	back()	加载 history 列表中的前一个 URL
	forward()	加载 history 列表中的下一个 URL
	go()	加载 history 列表中的某个具体页面

【示例 5】　**JavaScript BOM History 对象的应用**

```
<h3>JavaScript BOM History 对象的应用</h3>
<button onclick="history.back()">后退</button>
<button onclick="history.forward()">前进</button>
```

示例 5 在浏览器中的运行效果如图 4.15 所示。

(a) 示例页面效果　　　　　　　(b) 前进或后退按钮触发效果

图 4.15　示例 5 运行效果

4.4.2 无刷新更改URL地址

HTML5 为 history 对象引入了 history.pushState()和 history.replaceState()方法，用来在浏览历史中添加和修改记录，实现无刷新更改 URL 地址。

```
pushState(state, title[, url])    // 添加历史记录
replaceState(state, title[, url]) //修改历史记录
```

在上述语法中，参数 state 表示一个与指定网址相关的状态对象，当 popstate 事件触发时，该对

象会传入回调函数。如果不需要这个对象，此处可以填 null 或空字符串。参数 title 表示新页面的标题，但是所有浏览器目前都忽略这个值，因此这里可以填 null 或空字符串。参数 url 表示新的网址，并且必须与当前页面处在同一个域中。方法执行后，浏览器的地址栏将显示最后添加或修改的网址。

接下来，通过一个示例演示 HTML5 为 history 对象提供的两个方法的使用，具体代码如下：

```
history.pushState(null, null, "?a=check");
history.pushState(null, null, "?a=login");
history.replaceState(null, null, "?p=1");
```

在上述代码中，pushState()方法向浏览器中新添加两条历史记录，参数分别为"?a=check"和"?a=login"，所以，此时的 URL 为"file:///C:/JavaScript/test.html?a=login"。又因为程序接着执行 replaceState()方法，将参数为"?a=login"的地址修改为"?p=1"。因此，上述示例中直接请求 test.html 文件后，地址栏中显示的地址为"file:///C:/JavaScript/test.html?p=1"。效果如图4.16 所示。点击"后退"后效果如图 4.17 所示。再点击"后退"，效果如图 4.18 所示。

图 4.16　第一次请求 test.html

图 4.17　第一次后退

从上述操作的结果可得出，pushState()方法会改变浏览器的历史列表中记录的数量，而replaceState()方法仅用于修改历史记录，历史记录列表的数量不变，与 location.replace()方法的功能类似。

图 4.18　第二次后退

4.5　location对象

4.5.1　更改URL

在 BOM 中，location 对象提供的方法可以更改当前用户在浏览器中访问的 URL，实现新文档的载入、重载以及替换等功能。接下来将对如何在 JavaScript 实现 URL 的更改进行详细讲解。

1. 认识URL

在 Internet 上访问的每一个网页文件，都有一个访问标记符，用于唯一标识它的访问位置，以便浏览器可以访问到，这个访问标记符称为 URL（Uniform Resource Locator，统一资源定位符）。在 URL 中，包含了网络协议、服务器的主机名、端口号、URI（Uniform Resource Identifier，统一资源标识符）、参数以及锚点，具体示例如下：

```
http://www.test.com:80/web/index.html?a=1&b=2#res
```

在上面的 URL 中，"http"表示传输数据所使用的协议，"www.test.com"表示要请求的服务器主机名，"80"表示要请求的端口号，"/web/index.html"表示要请求的资源，"a=1&b=2#res"表示用户传递的参数，"#res"表示页面内部的锚点。由于 80 是 Web 服务器的默认端口号，因此通常省略":80"。

2. 更改URL

location 对象提供当前页面的 URL 信息，可以重新装载当前页面或装入新页面，表 4-7 和表 4-8 列出了 location 对象的属性和方法。在表中 reload()方法的唯一参数，是一个布尔类型值，将其设置为 true 时，它会绕过缓存，从服务器上重新下载该文挡，类似于浏览器中的刷新页面按钮。

表 4-7　location 对象的属性

名　　称	描　　述
host	设置或返回主机名和当前 URL 的端口号
hostname	设置或返回当前 URL 的主机名
href	设置或返回完整的 URL

表 4-8　location 对象的方法

名　　称	描　　述
reload()	重新加载当前文档
replace()	用新的文档替换当前文档

在 JavaScript 中，window.location 对象可用于获取当前页面的 URL 或者将浏览器重定向到新的页面。该对象在使用时通常可以省略 windows 前缀，简写为 location。

location 的 href 属性可以用于重定向到其他 URL 地址。例如：

```
location.href("a.html");
```

【示例 6】　JavaScript BOM location 对象的应用

```
<h3>JavaScript BOM location 对象的应用</h3>
<script>
  //跳转 URL 地址
  location.href="http://www.baidu.com";
</script>
```

示例 6 在浏览器中的运行效果如图 4.19 所示。

图 4.19　示例 6 运行效果

location 对象常用的属性是 href，通过对此属性设置不同的网址，从而达到跳转功能。下面通过示例 7 来学习如何使用 JavaScript 来实现跳转功能。在示例 7 中有 main.html 和 flower.html 页面，main.html 页面显示鲜花介绍，实现查看鲜花情况的页面跳转和刷新本页面的功能，flower.html 页面可以查看鲜花的详细情况和返回主页面链接，关键代码如示例 7 所示。

【示例 7】　location 和 history 对象应用

```
//main.html 页面的代码如下：
<img src="images/flow.jpg" alt="鲜花" /><br />
<a href="javascript:location.href='flower.html'">查看鲜花详情</a>
```

```
<a href="javascript:location.reload()">刷新本页</a>

//flower.html 页面的代码如下：
<img src="images/flow.jpg" />
<p style="text-align:right;"><a href="javascript:history.back()">返回主页面</a></p>
<p>服务提示：</p>非节日期间，可指定时间段送达；并且允许指定送达收货人的最快时间为两小时；节日期间，
只保证当日送达。
……
```

在浏览器中运行示例 7，在 main.html 页面中点击"刷新本页"链接，可通过 location 对象的 reload()方法刷新本页；点击"查看鲜花详情"链接，如图 4.20 所示，通过 location 对象的 href 属性跳转到 flower.html 页面，如图 4.21 所示；在 flower.html 页面中点击"返回主页面"链接，可通过 history 对象的 back()方法跳转到主页面。

图 4.20　location 和 history 对象的使用效果图（一）

图 4.21　location 和 history 对象的使用效果图（二）

在示例 7 中使用了 location.href="url"实现页面跳转，这里也可省略 href，直接使用 location="url" 来实现页面跳转。之前使用<a href="url">的方式实现了页面跳转，但是这种方式跳转的是固定的页面，而使用 location 对象的 href 属性可以动态地改变链接的页面。

4.5.2　获取URL参数

在 Web 开发中，经常通过 URL 地址传递的参数执行指定的操作，如商品的搜索、排序等。此时，可以利用 location 对象提供的 search 属性返回 URL 地址中的参数。具体示例如下：

```
//假设用户在地址栏中访问：http://localhost/search.html?goods=books&price=40
location.search; //在控制台即可我取的参数为："?goods=books&price=40"
```

除此之外，location 对象还提供了其他属性，用于获取或设置对应的 URL 地址的组成部分，如服务器主机名、端口号、URL 协议以及完整的 URL 地址等。具体如表 4-9 所示。

表 4-9　location 对象的属性

属　　性	说　　明	属　　性	说　　明
hash	返回一个 URL 的锚部分	pathname	返回 URL 的路径名
host	返回一个 URL 的主机名和端口	port	返回一个 URL 服务器使用的端口号

续表

属　　性	说　　明	属　　性	说　　明
hostname	返回 URL 的主机名	protocol	返回一个 URL 协议
href	返回完整的 URL		

在表 4-9 中，通过"location.属性名"的方式，即可获取当前用户访问 URL 的指定部分。另外，通过"location.属性名＝值"的方式可以改变当前加载的页面。具体示例如下：

```
location.href;  //使用方式一：获取 URL 地址："file:///C:/JavaScript/test.html?name=Tom&age=12"
location.href="http://www.example.com";    //使用方式二：设置 URL 地址
```

4.5.3 技能训练

上机练习2　查看一年四季的变化

需求说明

➢ 制作查看一年四季变化的主页面，此页面实现刷新功能，如图 4.22 所示。

➢ 点击主页面中不同的链接进入对应的季节介绍页面，如图 4.23 所示。

➢ 在季节介绍页面，点击不同的页面链接进入对应的页面，点击"后退"或"前进"链接，显示访问过的前一个页面或后一个页面的内容。

➢ 使用 reload()方法实现页面自行刷新功能，使用 location 对象的 href 属性实现页面间的跳转，使用 back()方法、forward()方法或 go()方法实现页面的前进和后退。

图 4.22　查看一年四季页面

图 4.23　季节介绍页面

4.6　navigator对象

在 JavaScript 中，window.navigator 对象可用于获取用户浏览器的一系列信息，例如浏览器的名称、版本号等。该对象在使用时通常可以省略 window 前缀，简写为 navigator。navigator 对象的常用属性如表 4-10 所示。

注意

由于数据有可能被浏览器的使用者更改，因此来自 navigator 的信息仅作为参考，不能作为权威的依据。而且不同浏览器中 navigator 对象包含的属性也稍有差异。

表 4-10　navigator 对象的常用属性

属　性	描　述
appCodeName	返回浏览器的代码名
appMinorVersion	返回浏览器的次级版本
appName	返回浏览器的名称
appVersion	返回浏览器的平台和版本信息
browserLanguage	返回当前浏览器的语言
cookieEnabled	返回指明浏览器中是否启用 cookie 的布尔值
cpuClass	返回浏览器系统的 CPU 等级
onLine	返回指明系统是否处于脱机模式的布尔值
platform	返回运行浏览器的操作系统平台
systemLanguage	返回 OS 使用的默认语言
userAgent	返回由客户机发送服务器的 user-agent 头部的值
userLanguage	返回 OS 的自然语言设置

【示例 8】　JavaScript BOM navigator 对象的应用

```
<h3>JavaScript BOM navigator 对象的应用</h3>
<script>
    var msg = "浏览器代码名："+navigator.appCodeName;
    msg += "<br><br>浏览器名称："+navigator.appName;
    msg += "<br><br>浏览器版本："+navigator.appVersion;
    msg += "<br><br>浏览器是否允许使用 cookies："+navigator.cookieEnabled;
    msg += "<br><br>浏览器所在操作系统："+navigator.platform;
    msg += "<br><br>用户代理："+navigator.userAgent;
    msg += "<br><br>浏览器语言："+navigator.language;
    msg += "<br><br>浏览器品牌："+navigator.vendor;
    //将结果输出到页面上
    document.write(msg);
</script>
```

示例 8 在浏览器中的运行效果如图 4.24 所示。

图 4.24　示例 8 运行效果

4.7　document 对象

document 对象既是 window 对象的一部分，又代表了整个 HTML 文档，可用来访问页面中的所有元素。所以在使用 document 对象时，除了要适用于各种浏览器外，也要符合 W3C（万维网联盟）

的标准。本节主要学习 document 对象的常用属性和方法，下一章将详细讲解 DOM 对象，下面首先学习 document 对象的常用属性。

4.7.1 document对象的常用属性

document 对象的常用属性如表 4-11 所示。

表 4-11　document 对象的常用属性

属　　性	描　　述
referrer	返回载入当前文档的 URL
URL	返回当前文档的 URL

referrer 的语法格式如下：

📖 语法

```
document.referrer
```

当前文档如果不是通过超链接访问的，则 document.referrer 的值为 null。URL 的语法格式如下：

📖 语法

```
document.URL
```

上网浏览某个页面时，由于不是由指定的页面进入的，因此系统将会提醒不能浏览本页面或者直接跳转到其他页面，这样的功能实际上就是通过 referrer 属性来实现的。下面通过示例 9 来学习 referrer 的用法，代码如下所示。

【示例 9】　判断页面来源并跳转

```
index.html 页面关键代码如下：
<div class="prize">
    <h1><a href="praise.html">马上去领奖啦！</a></h1>
</div>
```

在 index.html 中点击"马上去领奖啦！"链接，进入 praise.html 页面，如图 4.25 所示。

图 4.25　index.html 页面

在 praise.html 页面中使用 referrer 属性获得链接进入本页的页面地址，然后判断是否从领奖页面进入，如果不是，则页面自动跳转到登录页面（login.html 页面），praise.html 页面的关键代码如下所示。

```
<body>
<script type="text/javascript">
    var preUrl=document.referrer.value;   //载入本页面文档的地址
        alert(preUrl);
    if(preUrl==""){
        document.write("<h2>您不是从领奖页面进入，5 秒后将自动跳转到登录页面</h2>");
        setTimeout("location.href='login.html'",5000);//使用 setTimeout 延迟 5 秒后自动跳转
    }
    else{
        document.write("<h2>大奖赶快拿啦！笔记本！数码相机！</h2>");
    }
```

```
</script>
</body>
```

提示

在 praise.html 页面的关键代码中使用的 setTimeout()是定时函数，具体用法将在后面学习，只需要知道它在这里的作用是延迟五秒后自动跳转到 login.html 即可。

如果上述页面直接在本地运行，则无论是否从本页面进入，referer 获取的地址都将是一个空字符串，因此需要在服务器环境中打开 index.html 页面，点击"马上去领奖啦！"链接，进入 praise.html 页面，如图 4.26 所示。

如果直接打开奖品显示页面，则出现如图 4.27 所示的页面，提示用户进入本页的链接地址不正确。五秒后自动进入用户登录页面。

大奖赶快拿啦！笔记本！数码相机！

您不是从领奖页面进入，5秒后将自动跳转到登录页面

图 4.26　奖品显示页面 　　　　　　　　　　图 4.27　错误地进入奖品显示页面

提示

由于 HBuilder 具有模拟网站服务器的功能，因此使用 HBuilder 打开 index.html 页面，单击"马上去领奖啦！"链接，进入 praise.html 页面，才能够获取当前文档的 url。该案例必须使用模拟网站服务器的方式进行。

4.7.2　document对象的常用方法

document 对象的常用方法如表 4-12 所示。

表 4-12　document 对象的常用方法

方法	描述
getElementById()	返回对拥有指定 id 的第一个对象的引用
getElementsByName()	返回带有指定名称的对象的集合
getElementsByTagName()	返回带有指定标签名的对象的集合
write()	向文档写文本、HTML 表达式或 JavaScript 代码

➢ getElementById()方法一般用于访问 div、图片、表单元素、网页标签等，但要求访问对象的 id 是唯一的。

➢ getElementsByName()方法与 getElementById()方法相似，但它访问的是具有 name 属性的元素，由于一个文档中的 name 属性可能不唯一，因此 getElememsByName()方法一般用于访问一组相同 name 属性的元素，如具有相同 name 属性的单选按钮、复选框等。

➢ getElementsByTagName()方法是按标签来访问页面元素的，一般用于访问一组相同的元素，如一组<input>、一组图片等。

下面通过示例来学习 getElementById()、getElementsByName()和 getElementsByTagName()的用法和区别，代码如示例 10 所示。

【示例 10】　**document 对象的应用**

```
<div class="content">
    <div class="r">
        <div id="book">书名：十万个为什么</div>
        <input name="changeBook" value="换换名称" type="button" onclick="alterBook();" /><br>
        四季名称：
        <input name="season" type="text" value="春" />
        <input name="season" type="text" value="夏" />
```

```
            <input name="season" type="text" value="秋" />
            <input name="season" type="text" value="冬" /><br><br>
            <input name="b2" type="button" value="input 内容" onclick= "all input()" />
            <input name="b3" type="button" value="四季名称" onclick="s input()" />
            <input name="b4" type="button" value="清空页面内容" onclick="clearAll()" />
            <p id="replace"></p>
        </div>
    </div>
    <script  type="text/javascript">
        function alterBook(){
            document.getElementById("book").innerHTML="现象级全球畅销书";
        }
        function all input(){
            var aInput=document.getElementsByTagName("input");
            var sStr="";
            for(var i=0;i<aInput.length;i++){
                sStr+=aInput[i].value+"  ";
            }
            document.getElementById("replace").innerHTML=sStr;
        }
        function s input(){
            var aInput=document.getElementsByName("season");
            var sStr="";
            for(var i=0;i<aInput.length;i++){
                sStr+=aInput[i].value+"  ";
            }
            document.getElementById("replace").innerHTML=sStr;
        }
        function clearAll(){
            document.write("");
        }
    </script>
```

示例 10 中有 1 个图片、4 个按钮、4 个文本框、3 个 div 层和 1 个<P>标签，在浏览器中打开的页面效果如图 4.28 所示。点击"换换名称"按钮，调用 alterBook()函数，在函数中使用 getElementById()方法改变 id 为 book 的层的内容为"现象级全球畅销书"，如图 4.29 所示。

图 4.28　页面效果图　　　　　　　　　　图 4.29　换换名称的效果图

innerHTML 是几乎所有的 HTML 元素都有的属性。它是一个字符串，用来设置或获取当前对象的开始标签和结束标签之间的 HTML。

点击"input 内容"按钮调用 all_input()函数，使用 getElementsByTagName()方法获取页面中所有标签为<input>的对象，即获取了 3 个按钮和 4 个文本框对象，然后将这些对象保存在数组 alnput 中。与 Java 中读取数组的方式相同，JavaScript 使用 length 属性获取 alnput 中元素的个数，使用 for 循环依次读取数组中对象的值并保存在变量 sStr 中，最后使用 getElementById()方法把变量 sStr 中的内容显示在 id 为 mplace 的<p>标签中，如图 4.30 所示。

点击"四季名称"按钮，调用 s_input()函数，使用 getElementsByName()方法获取 name 为 season 的标签对象，然后把这些对象的值使用 getElementById()方法显示在 id 为 replace 的 <P>标签中，如图 4.31 所示。

图 4.30　显示所有 input 的内容

图 4.31　显示四季名称

点击"清空页面内容"按钮，调用 clearAll()函数，使用 write()方法把页面中的所有内容清除。

以上学习了 document 对象的属性和方法，在实际工作中，常将 document 对象应用于获取页面元素与改变页面内容，或者改变页面元素样式等。

4.7.3　技能训练

 完善购物车页面

训练要点

➢ 使用 getElementById()方法访问页面元素。

➢ 使用 getElementsByName()方法访问页面元素。

➢ 使用 for 循环计算购物车中商品总价。

➢ 使用 innerHTML 设置页面标签的内容。

需求说明

➢ 在练习 1 的基础上完善购物车页面，如图 4.32 所示，所有商品总计是根据每个商品的单价和数量计算得到的。

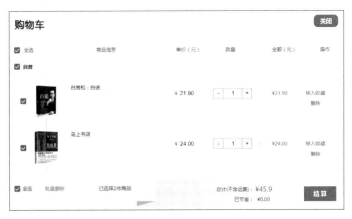

图 4.32　购物车页面

➢ 点击购物车页面商品数量的"+"、"-"按钮，可改变当前商品的数量、当前商品的金额和所有商品的总计，点击第二个商品的"+"按钮，可增加商品数量，改变商品金额和总计金额，如图 4.33 所示。

➢ 当减少商品数量时，数量最少为 1，低于 1 就要弹出提示，显示"不能再减了，再减就没有啦！"。

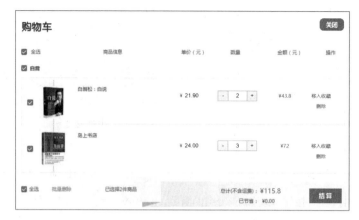

图 4.33 增加商品数量

实现思路及关键代码

（1）创建计算所有商品总计的函数，使用 getElementsByName()方法和 for 循环获取每个商品的单价和数量，计算所有商品总计数，使用 innerHTML 设置商品总计数，关键代码如下：

```javascript
function total(){
    var prices=document.getElementsByName("price");
    var count=document.getElementsByName("amount");
    var sum=0;
    for(var i=0; i<prices.length;i++){
        sum+=prices[i].value*count[i].value;
    }
    document.getElementById("totalPrice").innerHTML="¥" +sum;
}
```

（2）创建减少商品、增加商品数量的有参函数，使用 getElementsByName()获取商品单价，设置商品数量，改变商品金额，当商品数量小于 1 时给予提示，参数表示当前点击的按钮在数组中的位置，关键代码如下：

```javascript
var prices=document.getElementsByName("price")[num].value;
var count=parseInt(document.getElementsByName("amount")[num].value)-1;
if(count<1){
    alert("不能再减了，再减就没有啦！");
}
else{
    document.getElementsByName("amount")[num].value=count;
    var totals=parseFloat(prices*count);
    document.getElementById("price"+num).innerHTML="¥" +totals;
    total();
}
```

本章总结

- ➢ 使用 window 对象可以实现弹出窗口、关闭当前窗口、弹出页面消息框等效果。
- ➢ 使用 history 和 location 对象的相关属性和方法可以轻松地实现浏览器中"后退""前进""刷新"按钮的功能。
- ➢ document 对象的 getElementById()方法用于访问唯一的元素。
- ➢ document 对象的 getElementsByName()方法用于访问相同 name 属性的一组元素。
- ➢ document 对象的 getElementsByTagName()方法用于访问相同标签的一组元素。

本章作业

一、选择题

1. 下列选项中，（　　）可以打开一个页面。

    A．window.open("advert. html"); 　　　　B．window.close("advert.html");

    C．window.alert("advert.html"); 　　　　D．window.confirm("advert.html");

2. 下列（　　）方法可以使窗口显示前一个页面。（选择两项）

    A．back( ) 　　　　B．forward( ) 　　　　C．go(1) 　　　　D．go(-1)

3. 某页面中有一个 id 为 mobile 的图片，下面（　　）能够正确获取此图片对象。

    A．document.getElementsByName("mobile"); 　　B．document.getElementById("mobile");

    C．document.getElementsByTagName("mobile"); 　　D．以上选项都可以

4. 下面（　　）不是 document 对象的方法。

    A．getElementsByTagName() 　　B．getElementById() 　　C．write() 　　D．reload()

5. 下面（　　）可实现刷新当前页面的功能。

    A．reload ( ) 　　　　B．replace( ) 　　　　C．href 　　　　D．referrer

6. 下面关于 go()方法描述错误的是（　　）。

    A．当参数值是一个负整数时，表示"后退"指定的页数

    B．当参数值是一个正整数时，表示"前进"指定的页数

    C．可根据参数的不同设置完成历史记录的任意跳转

    D．以上说法都不正确

7. 下列选项中，（　　）用于关闭打开的窗口。

    A．close() 　　　　B．closed 　　　　C．open() 　　　　D．focus()

8. 下列对象中，（　　）可以获取屏幕的宽度和高度。

    A．document 　　　　B．history 　　　　C．location 　　　　D．screen

二、综合题

1. 简述 prompt()、alert()和 confirm()三者的区别，并举例说明。

2. setTimeout()和 setInterval()在用法上有什么区别？

3. 模拟计算机病毒效果，当打开一个页面时，会不停地弹出窗口，如图 4.34 所示。

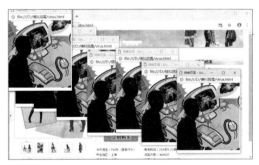

图 4.34　病毒页面效果

> **提示**
> ➢ 在页面中添加函数，编写弹出窗口的代码。
> ➢ 使用定时函数 setInterval()定时调用弹出窗口的函数。

4. 根据 Date()对象获取当前的日期和时间，根据不同时间显示不同的问候语，如图 4.35 所示，要求如下：

    ➢ 如果当前时间小于 12 点（含），则显示"上午好"。

    ➢ 如果当前时间大于 12 点，小于 18 点（含），则显示"下午好"。

    ➢ 如果当前时间大于 18 点，则显示"晚上好"。

➤ 使用 getElementById () 和 innerHTML 设置页面的问候语。

5. 模拟随机发放水果功能，水果品种固定，每次只发放一种，如图 4.36 所示。

图 4.35　显示问候语

图 4.36　随机发放水果

提示

➤ 使用数组存储水果名称。

➤ 使用 random() 随机得到数组索引值，范围是 0~(数组长度-1)。

6. 编写程序，实现电子时钟自动走时的效果，并提供一个按钮控制电子时钟是否停止走时。

第 5 章
JavaScript 操作 DOM 对象

本章目标

◎ 了解 DOM 的概念、分类和节点间的关系

◎ 熟练使用 JavaScript 操作 DOM 节点

◎ 熟练使用 JavaScript 访问 DOM 节点

◎ 能够熟练地进行节点的创建、添加、删除和替换等

◎ 能够熟练地设置元素的样式

◎ 能够灵活运用 JavaScript 获取元素位置的属性来完成网页效果

本章简介

　　DOM（Document Object Model，文档对象模型）可以用于完成 HTML 和 XML 文挡的操作，是一个和 JavaScript 进行内容交互的 API，它为文档提供了一个层次化的节点树，开发人员可以通过访问、添加、修改和删除这个节点树中的某一部分来修改文档的某一部分。本章通过操作 DOM 改变文档（如 HTML、XML 等）的内容和展现形式，实现页面的各种效果，其中，在 JavaScript 中利用 DOM 操作 HTML 元素和 CSS 样式是最常用的功能之一，例如，改变盒子的大小、标签栏的切换、使用购物车等。本章将针对如何在 JavaScript 中进行 DOM 操作进行详细讲解。

技术内容

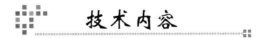

5.1 DOM操作

　　DOM 是 Document Object Model 的缩写，即文档对象模型，是基于文档编程的一套 API 接口。1998 年，W3C 发布了第一级的 DOM 标准，这个标准允许访问和操作 HTML 页面中的每个单独元素，如网页的表格、图片、文本和表单元素等。由于大部分主流的浏览器都执行了这个标准，因此基本解决了浏览器兼容性的问题。

　　通过这些标准，开发人员可以让网页真正地动起来，动态地增加、修改、删除数据，使用户与计算机的交互更加便捷、更加丰富。下面，大家就一起学习使用 JavaScript 操作 DOM 吧。

5.1.1 DOM操作分类

使用 JavaScript 操作 DOM 时通常分为三类：DOM Core（核心）、HTML-DOM 和 CSS-DOM。

1. DOM Core

DOM Core 不是 JavaScript 的专属品，任何一种支持 DOM 的编程语言都可以使用它，它的用途不仅限于处理一种使用标记语言编写出来的文档，如 HTML。在前面章节中学习过的 getElementById()、getElementsByTagName()等方法都是 DOM Core 的组成部分。例如，使用 document.getElementsByTagName("input")可获取页面中的<input>元素。

2. HTML-DOM

使用 JavaScript 和 DOM 为 HTML 文档编写脚本时，有许多专属的 HTML-DOM 属性，HTML-DOM 出现的比 DOM Core 更早，它提供了一些更简单的标记来描述各种 HTML 元素的属性，如 document.forms，获取表单对象。

需要提醒大家注意的是，获取 DOM 模型中的某些对象、属性，既可以使用 DOM Core 实现，也可以使用 HTML-DOM 实现，相对于 DOM Core 获取对象、属性而言，当使用 HTML-DOM 时，代码通常较为简短，只是它的应用范围没有 DOM Core 广泛，仅适用于处理 HTML 文档。

3. CSS-DOM

CSS-DOM 是针对 CSS 的操作，在 JavaScript 中，CSS-DOM 技术的主要作用是获取和设置 style 对象的各种属性，即 CSS 属性，通过改变 style 对象的各种属性，可以使网页呈现出各种不同的效果，如 element.style.color= "red"（设置文本为红色）。

以上大家知道了什么是 DOM、DOM 在网页制作中的作用，以及如何与 JavaScript 相结合制作网页效果，下面来看看 DOM 中的节点及节点之间的关系。

5.1.2 节点和节点关系

DOM 是树状结构组织的 HTML 文档，根据 DOM 概念，我们可以知道，HTML 文档中每个标签或元素都是一个节点，在 DOM 中是这样规定的。

> ➢ 整个文档是一个文档节点。
> ➢ 每个 HTML 标签是一个元素节点。
> ➢ 包含在 HTML 元素中的文本是文本节点。
> ➢ 每个 HTML 属性是一个属性节点。
> ➢ 注释属于注释节点。

一个 HTML 文档是由各个不同的节点组成的，为了让大家理解文档结构，请看示例 1 的 HTML 文档。

🔄 【示例 1】 *文档结构*

```html
<!DOCTYPE html>
<html>
  <head>
    <meta charset="UTF-8">
    <title>测试</title>
  </head>
  <body>
    <a href="#">链接</a>
```

```
      <p>段落...</p>
  </body>
</html>
```

在上述代码中，DOM 根据 HTML 中各节点的不同作用，将其分为标签节点、文本节点和属性节点。其中，标签节点也被称为元素节点，HTML 文档中的注释则单独叫作注释节点。示例 1 的文档由<html>、<head>、<title>、<body>、<a>、<p>及文本节点组成，这些节点都存在着层次关系，节点树中各节点之间的关系如图 5.1 所示。

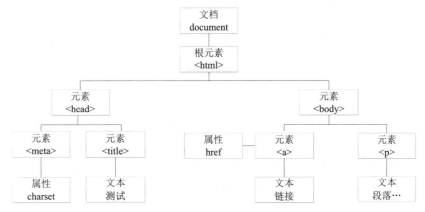

图 5.1 DOM HTML 节点树

使用父（parent）、子（child）和兄弟（同胞，sibling）等术语来描述这些节点的层次关系，父节点拥有子节点，同级的子节点被称为兄弟（同胞）节点，下面以<head>、<body>与<html>节点为例进行介绍，它们的关系如下。

（1）根节点：在节点树中，顶部节点被称为根（root），如<html>节点。<html>标签是整个文挡的根节点，有且仅有一个。

（2）父节点：指的是某一个节点的上级节点，每个节点都有父节点，除了根（它没有父节点），例如，<html>元素是<head>和<body>的父节点，文本节点"段落..."的父节点是<p>节点。

（3）子节点：指的是某一个节点的下级节点，一个节点可以拥有任意数量的子节点，例如，<head>和<body>节点是<html>节点的子节点，<body>节点的子节点有<a>和<p>。

（4）兄弟（同胞）节点：拥有相同父节点的节点，例如，<head>和<body>互为兄弟节点，<a>和<p>互为兄弟节点。

由于 HTML 文档中的标签、元素等都是一个节点，并且各个节点之间都存在着关系，因此 JavaScript 可以通过访问或改变节点的方式来改变页面的内容。使用 JavaScript 操作节点主要是访问节点、在文档中创建和增加节点、删除节点、替换节点，以及操作节点属性和样式等，下面首先学习一下如何访问节点。

5.1.3 访问节点

使用 DOM Core 访问 HTML 文档的节点主要有两种方式，一种是使用 getElement 系列方法访问指定节点，另外一种是根据节点的层次关系访问节点。

1. 使用getElement系列方法访问指定节点

在 JavaScript 中有 4 种方式可以查找 HTML 元素：通过 HTML 元素的 id 名称查找、通过 HTML 元素的名称查找、通过 HTML 元素的标签名称查找、通过 HTML 元素的类名称查找。在 HTML 文档中，访问节点的标准方法就是我们之前学习的 getElement 系列方法，具体如表 5-1 所示。

表 5-1　document 对象的方法

方　　法	描　　述
getElementById()	返回按 id 属性查找的第一个对象的引用
getElementsByName()	返回按指定名称 name 查找的对象的集合，由于一个文档中可能会有多个同名节点（如复选框、单选按钮），因此返回的是元素数组
getElementsByTagName()	返回按指定标签名称 TagName 查找的对象的集合，由于一个文档中可能会有多个同类型的标签节点（如图片组、文本输入框），因此返回元素数组
getElementsByClassName()	返回带有指定类名称的对象集合（不支持 IE 6-8）

（1）通过 id 名称查找 HTML 元素

一般默认不同的 HTML 元素使用不一样的 id 名称以示区别，因此通过 id 名称找到指定的单个元素。在 JavaScript 中语法如下：

语法
```
document.getElementById("id 名称");
```

其中 getElementById()方法遵照驼峰命名法，即第一个单词全小写，后面的每一个单词首字母大写。这种命名方法在 JavaScript 中比较普遍。如果未找到该元素，则返回值为 null；如果找到该元素，则会以对象的形式返回。

例如，查找 id="test"的元素，并获取该元素内部的文本内容：

```
//根据 id 名称获取元素对象
var test = document.getElementById("test");
//获取元素内容
var result = test.innerHTML;
```

为简便代码阅读效果，使用了与 id 名称同名的变量 test 来获取指定元素，该变量名称也可以是其他自定义变量名，不影响运行效果。innerHTML 可以用于获取元素内部的 HTML 代码，关于 innerHTML 的更多用法请参考后面内容。

（2）通过标签名称查找 HTML 元素

HTML 元素均有固定的标签名称，因此通过标签名称可以找到指定的单个或一系列元素。在 JavaScript 中语法如下：

语法
```
document.getElementsByTagName("标签名称");
```

此时方法中的 Elements 是复数形式，因为要考虑到有可能存在多个元素符合要求。同样，如果未找到符合条件的元素，则返回值为 null；如果有多个符合条件的元素，则返回值是数组的形式。

例如，查找所有的段落元素<p>，并获取第一个段落标签内部的文本内容：

```
var p = document.getElementsByTagName("p");
var result = p[0].innerHTML;
```

因为有多个段落标签，因此变量返回值是数组的形式。其中第一个段落标签对应的是 p[0]，以此类推，最后一个元素对应的索引号为数组长度减 1。

（3）通过类名称查找 HTML 元素

document.getElementsByClassName()方法可用于根据类名称获取 HTML 元素。在 JavaScript 中语法如下：

语法

```
document.getElementsByClassName("类名称");
```

此时方法中的 Elements 是复数形式，因为要考虑到有可能存在多个元素符合要求。同样，如果未找到符合条件的元素，则返回值为 null；如果有多个符合条件的元素，则返回值是数组的形式。

注意

该方法在 IE 5、6、7、8 版本中使用均无效，为考虑各个版本浏览器的兼容性，如果不能保证用户使用 IE 5、6、7、8 版本以外的浏览器则不建议使用此方法来获取 HTML 元素。

【示例 2】　JavaScript DOM 查找元素的应用

```html
<!DOCTYPE html>
<html>
    <head>
        <meta charset="utf-8">
        <title>JavaScript DOM 查找元素的简单应用</title>
        <style>
        p{width:130px; height:50px; border:1px solid; }
        .coral{ background-color:coral; }
        </style>
    </head>
    <body>
        <h3>JavaScript DOM 查找元素的简单应用</h3>
        <hr />
        <p id="p01">这是第一个段落。</p>
        <p id="p02" class="coral">这是第二个段落。</p>
        <p id="p03">这是第三个段落。</p>
        <script>
        var p01 = document.getElementById("p01");          //根据 id 名称查找指定的元素
        var p = document.getElementsByTagName("p");        //根据标签名称查找指定的元素
        var p02 = document.getElementsByClassName("coral"); //根据类名称查找指定的元素
        alert("id 名称为 p01 的段落内容是: \n"+p01.innerHTML +"\n\n 第 3 个段落的内容是:
\n"+p[2].innerHTML
                +"\n\n 类名称为 coral 的段落内容是: \n"+p02[0].innerHTML);
        </script>
    </body>
</html>
```

示例 2 在浏览器中的运行效果如图 5.2 所示。

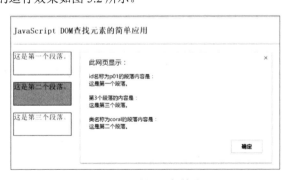

图 5.2　示例 2 运行效果

（4）HTML5 新增的 document 对象方法

在 HTML5 中，为更方便地获取操作的元素，为 document 对象新增了两个方法，分别为 querySelector()和 querySelectorAll()。querySelector()方法用于返回文档中匹配到指定的元素或 CSS 选择器的第 1 个对象的引用。querySelectorAll()方法用于返回文档中匹配到指定的元素或 CSS 选择器的对象集合。

由于这两个方法的使用方式相同，下面以 document.querySelector()方法为例，演示如何获取 div 元素。

【示例 3】 JavaScript DOM 中使用 querySelector()查找元素的应用

```
<div id="box">box</div>
<div class="bar">bar</div>
<div name="main">main</div>
<script>
    console.log(document.querySelector('div'));        // 获取匹配到的第 1 个 div
    console.log(document.querySelector('#box'));        // 获取 id 为 box 的第 1 个 div
    console.log(document.querySelector('.bar'));        // 获取 class 为 bar 的第 1 个 div
    console.log(document.querySelector('div[name]'));   // 获取含有 name 属性的第 1 个 div
    console.log(document.querySelector('div.bar'));     // 获取文档中 class 为 bar 的第 1 个 div
    console.log(document.querySelector('div#box'));     // 获取文档中 id 为 box 的第 1 个 div
</script>
```

从上述代码可以看出，在利用 document.querySelector()方法获取操作的元素时，直接书写标签名称或 CSS 选择器名称即可。但在获取指定类名称前要加上点"."，指定 id 前要加上"#"。最后的输出结果如图 5.3 所示。

图 5.3 document.querySelector()的用法

2. 根据层次关系访问节点

通过 getElementById()、getElementsByName()和 getElementsByTagName()等方法可查看 HTML 文档中的任何元素，但是这三种方法都会忽略文档的结构，因此在 HTML DOM 中提供了如表 5-2 所示的一些节点属性，这些属性可遵循文档的结构，在文档的局部"短距离地查找元素"。

表 5-2 节点属性

属性名称	描　　述
parentNode	返回当前元素节点的父节点
childNodes	访问当前元素节点的所有子节点的集合，childNodes[i]
firstChild	返回节点的第一个子节点，最普遍的用法是访问该元素的文本节点
lastChild	返回节点的最后一个子节点
nodeName	访问当前节点名称
nodeValue	访问当前节点的值
nextSibling	返回同一树层级中指定节点之后紧跟的节点
previousSibling	返回同一树层级中指定节点的前一个节点

在表 5-2 中，childNodes 属性与前面学习过的 children 属性虽然都可以获取某元素的子元素，但是两者之间有一定的区别。前者用于节点操作，返回值是 nodelist 对象的集合，后者用于元素操作，返回的是 HTMLCollection 对象的集合。因此，childNodes 属性在获取子元素时还会包括空格、换行等文本节点。

需要注意的是，childNodes 属性在 IE 6～8 中不会获取文本节点，在 IE 9 及以上版本和主流浏览器中则可以获取文本节点。此外，由于 document 对象继承自 node 节点对象，因此 document 对象也可以进行以上的节点操作，具体示例如下：

```
// 访问 document 节点的第 1 个子节点
document.firstChild;              // 访问结果: <!DOCTYPE html>
// 访问 document 节点的第 2 个子节点
document.firstChild.nextSibling;        // 访问结果: <html>……</html>
```

大家在使用上述代码时可能会发现功能无法实现，在 JavaScript 中给大家提供一组可兼容不同浏览器的 element 属性，可以消除这种因空行、换行等出现的无法准确访问到节点的情况。element 属性如表 5-3 所示。

表 5-3　element 属性

属性名称	描述
firstElementChild	返回节点的第一个子节点，最普遍的用法是访问该元素的文本节点
lastElementChild	返回节点的最后一个子节点
nextElementSibling	返回下一个节点
previousElementSibling	返回上一个节点

需要获取不同的节点时，使用节点属性和 element 属性的写法如下所示，oParent 表示当前节点。

```
oNext = oParent.nextElementSibling || oParent.nextSibling        //获取下一个节点
oPre = oParent.previousElementSibling || oParent.previousSibling    //获取上一个节点
oFirst = oParent.firstElementChild || oParent.firstChild        //获取第一个子节点
oLast = oParent.lastElementChild || oParent.lastChild        //获取最后一个子节点
```

例如，获取列表<ul>中的第一个节点，代码如下所示：

```
var obj=document.getElementById("news");
var str=obj.lastElementChild.firstElementChild.innerHTML||obj.lastChild.firstChild.
innerHTML;
alert(str);
```

节点属性在网页中应用也非常多，大家注意观察示例 4 中的关键 HTML 代码。

【示例 4】　访问节点

```
<section id="news">
 <header>新闻快报<a href="#">更多 > </a></header>
 <ul>
   <li><a href="#">新闻标题 1</a></li>
   <li><a href="#">新闻标题 2</a></li>
   <li><a href="#">新闻标题 3</a></li>
   <li><a href="#">新闻标题 4</a></li>
   <li><a href="#">新闻标题 5</a></li>
 </ul>
</section>
```

在这段 HTML 代码中，各节点之间的关系如下：

➢　<section>的子节点（childNodes）是<header>和<ul>。

➢　<hcader>和<ul>的父节点是<section> (parentNode)，<header>是<section>的第一个子节点 (firstChild)，<ul>是<section>节点的最后一个子节点（lastChild）。

➢　在<ul>中，<ul>是<li>的父节点，<li>是<ul>的子节点。

➢　节点 "<li><a href= "#" >新闻标题 5</a></li>" 的上一个节点(previousSibling）是 "<li><a href="#"> 新闻标题 4 </a></li>"。

> ➤ 节点"`<li><a href="#">新闻标题 1</a></li>`"的下一个节点（nextSibling）是"`<li><a href="#">新闻标题 2</a></li>`"。

现在使用节点的层次关系，访问`<ul>`节点并提示，代码如下所示：

```
var obj=document.getElementById("news");
var str=obj.lastElementChild.innerHTML;
alert(str);
```

在浏览器中打开页面，弹出的提示窗口如图 5.3 所示。

图 5.3　使用层次关系访问节点内容

现在使用节点的层次关系，访问"`<li><a href="#">新闻标题 2</a></li>`"并提示，代码如下所示：

```
var obj=document.getElementById("news");
var str2=obj.lastElementChild.firstElementChild.nextElementSibling.innerHTML;
alert(str2);
```

弹出如图 5.4 所示的窗口。

在 IE 下支持 firstChild、lastChild、previousSibling、nextSibling，但是由于在 Firefox 下会把标签之间的空格、换行等当成文本节点，因此为了准确地找到相应的元素，使用 firstElementChild、lastElementChild、previousElementSibling、nextElementSibling 来兼容浏览器。

图 5.4　增加空行后的提示内容

5.1.4　节点信息

节点是 DOM 层次结构中的任何类型的对象的通用名称，每个节点都拥有包含着关于节点某些信息的属性，这些属性如下：

> ➤ nodeName（节点名称）。
> ➤ nodeValue（节点值）。
> ➤ nodeType（节点类型）。

nodeName 属性包含某个节点的名称，元素节点的 nodeName 是标签名称，属性节点的 nodeName 是属性名称，文本节点的 nodeName 永远是#text，文档节点的 nodeName 永远是#document。

对于文本节点，nodeValue 属性包含文本；对于属性节点，nodeValue 属性包含属性值；nodeValue 属性对于文档节点和元素节点是不可用的。

nodeType 属性可返回节点的类型，是一个只读属性，如返回的是元素节点、文本节点、注释节点等，如表 5-4 所示。

表 5-4　节点类型

节点类型	NodeType 值	节点类型	NodeType 值
元素（element）	1	注释（comments）	8
属性（attr）	2	文档（document）	9
文本（text）	3		

下面通过一个例子来看看这几个属性的用法，关键代码如示例 5 所示。

【示例 5】　节点信息

```html
<ul id="nodeList">
    <li>nodeName</li>
    <li>nodeValue</li>
    <li>nodeType</li>
</ul>
<p></p>
<script>
    var nodes = document.getElementById("nodeList");
    var type1 = nodes.firstElementChild.nodeType;
    var type2 = nodes.firstElementChild.firstChild.nodeType;
    var name1 = nodes.firstElementChild.firstChild.nodeName;
    var str = nodes.firstElementChild.firstChild.nodeValue;
    var con = "type1: " + type1 + "<br/>type2: " + type2
        + "<br/>name1: " + name1 + "<br/>str: " + str;
    document.getElementById("nodeList").nextElementSibling.innerHTML = con;
</script>
```

在浏览器中打开页面，如图 5.5 所示，可以看出<ul>是一个元素节点，第 1 个<li>中的文本是一个文本节点，其文本节点的内容为 nodeName。

图 5.5　节点信息

5.1.5　技能训练

上机练习 1　访问购物车页面节点

需求说明

➢ 制作如图 5.6 所示的购物车页面。

➢ 点击"结算"按钮，使用节点的层次关系访问节点，在页面下方显示各个商品的价格和所有商品的总价，如图 5.7 所示。

➢ 使用节点属性和 element 属性消除浏览器兼容性。

提示

JavaScript 中的四舍五入函数 toFixed(n)中，参数 n 表示保留几位小数，如：

```
var total=2.15678;
total.toFixed(2)的返回值为 2.16。
```

图 5.6　当当购物车页面

图 5.7　显示商品信息

5.2　DOM HTML

在网页开发中，如果想动态地改变网页内容，如改变文档中一个图片的路径、动态增加一个图片、删除网页中的一些内容、动态改变网页内容样式，都需要对网页中的节点进行操作，主要是对节点属性、节点内容、节点样式进行操作，下面一一进行讲解。

5.2.1　操作HTML元素内容

JavaScript 中，若要对获取的元素内容进行操作，则可以利用 DOM 提供的属性和方法实现。

表 5-5　操作元素内容

分　类	名　称	说　明
属性	innerHTML	设置或返回元素开始和结束标签之间的 HTML
	innerText	设置或返回元素中去除所有标签的内容
	textContent	设置或者返回指定节点的文本内容
方法	document.write()	向文档写入指定的内容
	document.writeln()	向文档写入指定的内容并换行

在表 5-5 中，属性属于 element 对象，方法属于 document 对象。属性在使用时有一定的区别，innerHTML 在使用时会保持编写的格式以及标签样式，而 innerText 则是去掉所有格式以及标签的纯文本内容，textContent 属性在去掉标签后会保留文本格式。在 JavaScript 中，使用 document.write()方法可以往 HTML 页面动态输出内容。例如：

```
<body>
  <script>
    document.write("Hello JavaScript");
  </script>
</body>
```

上述代码片段表示将在空白页面上动态输出字符串"Hello JavaScript"。需要注意的是，alert()方法中的换行符\n 在这里是无效的，如果需要输出换行，直接使用 HTML 换行标签
即可。

【示例6】　DOM 创建动态内容
```
<h3>JavaScript DOM 动态创建内容</h3>
<script>
```

```
        var date = new Date();
        document.write("本段文字为动态生成。" +date.toLocaleString());
    </script>
```

示例 6 在浏览器中的运行效果如图 5.8 所示。

图 5.8　示例 6 运行效果

innerHTML 可以获取元素内容，也可以改变元素内容。使用 innerHTML 属性获取或更改的元素内容可以包括 HTML 标签本身。获取元素内容的语法结构如下：

语法
```
var 变量名 = 元素对象.innerHTML;
```

更改元素内容的语法结构如下：

语法
```
元素对象.innerHTML = 新的内容;
```

这里的元素对象可以使用 document 对象的 getElementById("id 名称")方法获取。

【示例 7】　JavaScript DOM 修改元素内容

```
<h3>JavaScript DOM 修改元素内容</h3>
<p id="test"><i>Hello JavaScript</i></p>
<script>
    var p = document.getElementById("test");          //获取 id="test"的段落元素对象
    var msg = p.innerHTML;                             //获取该段落元素对象的初始内容
    p.innerHTML = "<strong>Hello jQuery</strong>";     //改变该段落元素对象的内容
    alert("段落元素的初始内容是：\n"+msg);
</script>
```

示例 7 在浏览器中的运行效果如图 5.9 所示。

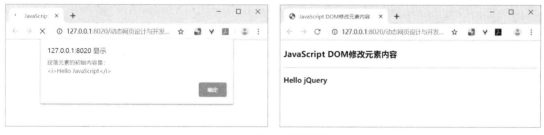

图 5.9　示例 7 运行效果

5.2.2　操作节点的属性

在 DOM 中，为了方便 JavaScript 获取、修改和遍历指定 HTML 元素的相关属性，提供了操作的属性和方法，具体如表 5-6 所示。

表 5-6　元素属性

分类	名称	说明
属性	attributes	返回一个元素的属性集合
方法	setAttribute(name, value)	设置或者改变指定属性的值
	getAttribute(name)	返回指定元素的属性值
	removeAttribute(name)	从元素中删除指定的属性

在表 5-6 中，利用 attributes 属性可以获取一个 HTML 元素的所有属性，以及所有属性的个数 length。在 JavaScript 中还可以根据属性名称动态地修改元素属性。其语法结构如下：

📋 **语法**

```
元素对象.attribute = 新的属性值;
```

例如，更改 id="image"的图片地址 src 属性：

```
var img = document.getElementById("image");
img.src = "image/newpic.jpg";
```

HTML DOM 提供了获取及改变节点属性值的标准方法，如下所示：

📋 **语法**

```
元素对象.getAttribute("属性名");//用来获取属性的值。
元素对象.setAttribute("属性名","属性值");//用来设置属性的值。
```

例如，更改 id="image"的图片地址 src 属性的代码修改后如下：

```
var img = document.getElementById("image");
img.setAttribute("src" ,"image/newpic.jpg");
```

🔍 【**示例 8**】　JavaScript DOM 修改元素属性

```
<h3>JavaScript DOM 修改元素属性</h3>
<h4>原始状态: </h4>
<img id="img01" src="image/sunflower.jpg" alt="向日葵" />
<h4>使用 JavaScript 修改 src 属性后: </h4>
<img id="img02" src="image/sunflower.jpg" alt="向日葵" />
<script>
    var img = document.getElementById("img02");//获取 id="img02"的图片元素
    img.src = "image/lily.jpg";//更改其 src 和 alt 属性值
    img.alt = "百合";
</script>
```

示例 8 在浏览器中的运行效果如图 5.10 所示。

图 5.10　示例 8 运行效果

修改示例 8，使用访问节点的几种方法，结合 getAttribute()和 setAttribute()来读取、设置属性的值，动态地改变页面内容，关键代码如示例 9 所示。

【示例 9】 JavaScript DOM 操作节点属性

```
<h3>JavaScript DOM 操作节点属性</h3>
<hr />
<p>选择你喜欢的花:
    <input type="radio" name="flower" onclick="flower()">向日葵
    <input type="radio" name="flower" onclick="flower()">百合
</p>
<div><img src="" alt="" id="image" onclick="img()"><br><span></span></div>
<script>
function flower() {
    var ele = document.getElementsByName("flower");
    var img = document.getElementById("image");
    if(ele[0].checked) {
        img.setAttribute("src", "image/sunflower.jpg");
        img.setAttribute("alt", "向日葵");
        img.nextSibling.nextSibling.innerHTML = "向日葵";
    } else if(ele[1].checked) {
        img.setAttribute("src", "image/lily.jpg");
        img.setAttribute("alt", "百合");
        img.nextSibling.nextSibling.innerHTML = "百合";
    }
}
function img() {
    var alt = document.getElementById("image").getAttribute("alt");
    alert("图片的alt: " + alt)
}
</script>
```

在浏览器中打开页面，页面效果如图 5.11 所示，页面中仅有一段文字和两个单选按钮。

图 5.11　未选择喜欢的花

选择第一个单选按钮"向日葵"，页面显示如图 5.12 所示，显示当前选择的花图片和花标题，点击图片弹出如图 5.13 所示的提示框。

图 5.12　选择第一个单选按钮

图 5.13　显示第一个图片的 alt

同样选择第二个单选按钮"百合"，页面显示如图 5.14 所示，显示当前选择的花图片和花的标题，点击图片弹出如图 5.15 所示的提示框。

图 5.14　选择第二个单选按钮　　　　　　　图 5.15　显示第二个图片的 alt

由以上选择单选按钮和图片显示不同的内容可以知道，使用 getElementById()方法获取元素，使用 getAuribute("alt")获取当前图片的属性 alt，使用 setAttribute("src", "image/lily.jpg")设置当前图片的路径，使用 setAttribute("alt", "百合")设置当前图片的属性 alt，使用 nextSibling 获取当前元素的下一个节点元素，使用 innerHTML 设置当前元素的内容。

📄 **经验**

当使用 getAttribute()方法读取属性值时，如果属性不存在，则 getAttribute()返回 null。

5.2.3　创建和插入节点

使用 JavaScript 操作 DOM 有很多方法可以创建或增加一个新节点，主要方法如表 5-7 所示。

表 5-7　创建节点

名　称	描　述
createElement(tagName)	创建一个标签名称为 tagName 的新元素节点
A.appendChild(B)	把 B 节点追加至 A 节点的末尾
insertBefore(A,B)	把 A 节点插入 B 节点之前
cloneNode(deep)	复制某个指定的节点

🐌 **注意**

insertBefore(A,B)中有两个参数。A 是必选项，表示新插入的节点；B 是可选项，表示新节点被插入 B 节点的前面。cloneNode(deep)中的参数 deep 为布尔值，若 deep 值为 true，则复制该节点及该节点的所有子节点；若 deep 值为 false，则只复制该节点和其属性。

添加 HTML 元素有两个步骤，先创建需要添加的 HTML 元素，然后将其追加到一个已存在的元素中去。使用 document 对象的 createElement()方法可以创建新的元素，其语法结构如下：

📄 **语法**

```
document.createElement("元素标签名");
```

例如，创建一个新的段落标签<p>：

```
document.createElement("p");
```

使用 appendChild()方法可以将创建好的元素追加到已存在的元素中，其语法结构如下：

语法

已存在的元素对象.appendChild(需要添加的新元素对象);

例如，将上一个示例中创建的段落标签<p>追加到 id="test"的<div>标签中去：

```
var p = document.createElement("p");
var test = document.getElementById("test");
test.appendChild(p);
```

【示例 10】　JavaScript DOM 添加 HTML 元素

```
<!DOCTYPE html>
<html>
    <head>
        <meta charset="utf-8">
        <title>JavaScript DOM 添加 HTML 元素</title>
        <style>
        p{width:100px; height:100px; border:1px solid; padding:10px; margin:10px; float:left;}
        </style>
    </head>
    <body>
        <h3>JavaScript DOM 添加 HTML 元素</h3>
        <hr />
        <p>未添加元素的参照段落。</p>
        <p id="container">将被添加新元素的段落。</p>
        <script>
        var p = document.getElementById("container");  //获取 id="container"的段落元素对象
        var box = document.createElement("div"); //创建新元素
        box.style.backgroundColor = "yellow";       //设置新元素的背景颜色为黄色
        box.innerHTML = "这是动态添加的 div 元素。"; //设置新元素的内容
        p.appendChild(box);              //将新创建的元素添加到 id="container"的段落元素中
        </script>
    </body>
</html>
```

示例 10 在浏览器中的运行效果如图 5.16 所示。

修改示例 9 的代码，使用创建、插入和复制节点的方法在页面中插入图片，代码如示例 11 所示，选择单选按钮，使用 createElement()创建一个图片节点，使用 setAttribute()设置图片的路径、alt 属性和 onclick属性，使用 appendChild()在页面中插入图片；点击图片时，使用 cloneNode()复制图片，使用 insertBefore()把图片插入到指定的图片之前。

图 5.16　示例 10 运行效果

【示例 11】　JavaScript DOM 操作节点

```
<!--省略部分代码-->
<p>选择你喜欢的花：
<input type="radio" name="book" onclick="book()">向日葵
<input type="radio" name="book" onclick="book()">百合
</p>
<div></div>
<script>
    function book(){
        var ele=document.getElementsByName("book");
        var bName=document.getElementsByTagName("div")[0];
        if(ele[0].checked){
            var img=document.createElement("img");
            img.setAttribute("src","images/dog.jpg");
            img.setAttribute("alt","向日葵");
            bName.appendChild(img);
        }
```

```
        else if(ele[1].checked){
            var img=document.createElement("img");
            img.setAttribute("src","images/mai.jpg");
            img.setAttribute("alt","百合");
            img.setAttribute("onclick","copyNode()")
            bName.appendChild(img);
        }
    }
    function copyNode(){
        var bName=document.getElementsByTagName("div")[0];
        var copy=bName.lastChild.cloneNode(false);
        bName.insertBefore(copy,bName.firstChild);
    }
</script>
```

在浏览器中查看页面，分别选择第一个、第二个单选按钮，页面如图 5.17 所示，现在点击第二个图片运行函数 copyNode()，复制最后一个图片并插入到第一个图片之前，页面如图 5.18 所示。

图 5.17　插入两个图片

图 5.18　复制图片

查看页面源代码，如图 5.19 所示，可以看到在<div>标签中有三个<img>标签，通过cloneNode(false)复制图片时复制了图片的节点和它的属性。通过上面的例子，我们学习了创建新节点的方法，但是在实际工作中，并不是只需要创建或增加节点，在适当的时候我们也需要删除或替换页面中的节点，那该怎么办呢？

图 5.19　插入和复制图片的代码

5.2.4　删除和替换节点

使用 Core HTML 删除和替换节点的方法如表 5-8 所示。

表 5-8　删除和替换节点的方法

名　　称	描　　述
removeChild(node)	删除指定的节点
replaceChild(newNode, oldNode)	用其他的节点替换指定的节点

方法 replaceChild(newNode,oldNode)中的两个参数：newNode 是替换的新节点，oldNode 是要被替换的节点。

删除已存在的 HTML 元素也需要两个步骤：首先使用 document 对象的 getElementById("id 名称")方法获取该元素，然后使用 removeChild()和 removeAttributeNode()方法将其从父元素中删除，它们的返回值是被移出的元素节点或属性节点。

其父元素如果有明确的 id 名称，同样可以使用 getElementById()方法获取。例如，在知道父元素 id 名称的情况下删除其中 id="p01"的子元素：

```
var test = document.getElementById("test"); //获取父元素
var p = document.getElementById("p01"); //获取子元素
test.removeChild(p); //删除子元素
```

若父元素无对应的 id 名称获取，可以使用子元素的 parentNode 属性获取其父元素对象，效果相同。例如，在不知道父元素 id 名称的情况下删除其中 id="p01"的子元素：

```
var p = document.getElementById("p01"); //获取子元素
var test = p.parentNode;                 //获取父元素
test.removeChild(p);                     //删除子元素
```

【示例 12】　JavaScript DOM 删除 HTML 元素

```
<!DOCTYPE html>
<html>
    <head>
        <meta charset="utf-8">
        <title>JavaScript DOM删除HTML元素</title>
        <style>
        div{width:100px; height:100px;border:1px solid; padding:10px; margin:10px; float:left; }
        p{background-color:pink; width:100px; }
        </style>
    </head>
    <body>
        <h3>JavaScript DOM 删除 HTML 元素</h3>
        <hr />
        <div>
            未删除子元素的参照 div。
            <p>这是未被删除的段落元素</p>
        </div>
        <div id="container">
            删除子元素的 div。
            <p id="box">这是将被删除的段落元素</p>
        </div>
        <script>
        //获取id="container"的div元素对象
        var container = document.getElementById("container");
        //获取id="box"的段落元素对象
        var box = document.getElementById("box");
        //删除子元素
        container.removeChild(box);
        </script>
    </body>
</html>
```

示例 12 在浏览器中的运行效果如图 5.20 所示。

下面我们使用上述方法删除图 5.21 中的第一个图片，并且把第二个图片替换为另一个图片，具体代码如示例 13 所示。

图 5.20　示例 12 运行效果

图 5.21　删除和替换节点原始页面

【示例 13】　JavaScript DOM 删除和替换节点

```html
<!DOCTYPE html>
<html>
    <head>
        <meta charset="utf-8">
        <title>JavaScript DOM 删除和替换节点</title>
        <style>
            * { padding: 0; margin: 0; font-size: 12px; }
            ul, li { list-style: none; }
            li { float: left; text-align: center; width: 300px; }
        </style>
    </head>
    <body>
        <ul>
            <li>
                <img src="image/sunflower.jpg" id="first">
                <p><input type="button" value="删除我吧" onclick="del()"></p>
            </li>
            <li>
                <img src="image/lily.jpg" id="second">
                <p><input type="button" value="换换我吧" onclick="rep()"></p>
            </li>
        </ul>
        <script>
            function del() {
                var delNode = document.getElementById("first");
                delNode.parentNode.removeChild(delNode);
            }
            function rep() {
                var oldNode = document.getElementById("second");
                var newNode = document.createElement("img");
                newNode.setAttribute("src", "image/sunflower.jpg");
                oldNode.parentNode.replaceChild(newNode, oldNode);
            }
        </script>
    </body>
</html>
```

从代码中可以看出，点击"删除我吧"按钮，调用 del()函数，此函数首先访问第一个图片，然后使用 parentNode 获取当前图片的父级，使用 removeChild()删除当前图片，删除后页面如图 5.22 所示；点击"换换我吧"按钮，调用 rep()函数，此函数首先访问第二个图片，然后使用 createElement()新建节点，使用 setAttribute()添加属性，最后使用 parentNode 获取当前图片的父级，使用 replaceChild()替换当前图片，替换后页面如图 5.23 所示。

图 5.22　删除第一个图片后

图 5.23　替换第二个图片后

5.2.5　技能训练

上机练习 2　　**访问购物车页面节点**

需求说明

➢ 在如图 5.24 所示的购物车页面基础上，操作页面。

➢ 点击"删除"按钮，使用 parentNode 访问当前节点的父节点等，使用 removeChild()删除当前商品，如删除第二个商品后的页面如图 5.25 所示。

图 5.24　购物车页面

图 5.25　删除第二个商品后

5.3　DOM CSS

5.3.1　操作节点样式

　　CSS 在页面中应用得非常频繁，使用这些样式可以实现页面中不同样式的特效，但是这些特效都是静态的，不能随着鼠标指针的移动或者键盘操作来动态地改变，使页面实现更炫的效果。例如，当鼠标指针放在如图 5.26 所示的"我的购物车"上时，页面变为如图 5.27 所示的内容，当鼠标指针移出图片时，内容恢复，这样的效果怎样实现呢？其实我们可以使用已经学过的 getElement 系列方法访问页面的节点，通过改变节点的样式属性，来实现这样的效果，在 JavaScript 中，有两种方式可以动态地改变样式的属性，一种是使用样式的 style 属性，另一种是使用样式的 className 属性，下面

图 5.26　我的购物车

图 5.27　显示购物车中的商品

主要介绍这两种属性的用法。

1. style属性

在 HTML 的 DOM 中，style 是一个对象，代表一个单独的样式声明，可通过应用样式的文档或元素访问 style 对象，使用 style 属性改变样式的语法如下：

📖 **语法**
```
HTML 元素.style.样式属性="值";
```

这里的元素对象可以使用 document 对象的 getElementById("id 名称")方法获取。属性指的是在 CSS 样式中的属性名称，等号右边填写该属性更改后的样式值。例如，更改 id="test"的元素背景颜色为蓝色：

```
var test = document.getElementById("test");
test.style.backgroundColor = "blue";
```

上述代码也可以连成一句，写法如下：

```
var test = document.getElementById("test").style.backgroundColor = "blue";
```

在页面中有一个 id 为 titles 的 div，改变 div 中的字体颜色为红色，字体大小为 13px，代码如下：

```
document.getElementById("titles").style.color="#ff0000";
document.getElementById("titles").style.fontSize="25px";
```

看到上面代码，有人可能会指出，字体大小属性不是 font-size 吗？在 JavaScript 中使用 CSS 样式与在 HTML 中使用 CSS 稍有不同，在 JavaScript 中"-"表示减号，如果样式属性名称中带有"-"，则要省去"-"，并且"-"后的首字母要大写，因此 font-size 对应的 style 对象的属性名称应为 fontSize。需要注意的是，这里元素 CSS 属性名称需要修改成符合驼峰命名法的写法，即首个单词全小写，后面的每个单词首字母均大写。而属性值在定义时需要加上双引号。在 style 对象中有许多样式属性，但是常用的样式属性主要是背景、文本、边框等，如表 5-9 所示。

表 5-9　style 对象的常用属性

类　　别	属　　性	描　　述
background（背景）	backgroundColor	设置元素的背景颜色
	backgroundImage	设置元素的背景图像
	backgroundRepeat	设置是否及如何重复背景图像
text（文本）	fontSize	设置元素的字体大小
	fontWeight	设置字体的粗细
	textAlign	排列文本
	textDecoration	设置文本的修饰
	font	设置同一行字体的属性
	color	设置文本的颜色
padding（边距）	padding	设置元素的填充
	paddingTop paddingBottom paddingLeft paddingRight	设置元素的上、下、左、右填充
border（边框）	border	设置四个边框的属性
	borderTop borderBottom borderLeft borderRight	设置上、下、左、右边框的属性

使用这些样式可以动态地改变背景，字体的大小、颜色等。例如，浏览网站时经常遇到的菜单特效，当鼠标指针移到菜单上时，菜单的背景，字体颜色、样式、大小等发生变化。

【示例 14】　JavaScript DOM 修改元素 CSS 样式

```
<h3>JavaScript DOM 修改元素 CSS 样式</h3>
<p id="test">Hello JavaScript! </p>
<script>
    var p = document.getElementById("test"); //获取 id="test"的段落元素对象
    p.style.backgroundColor = "orange";      //修改该段落元素的样式
    p.style.color = "white";
    p.style.fontWeight = "bold";
    p.style.textAlign = "center";
</script>
```

示例 14 在浏览器中的运行效果如图 5.28 所示。

对于如图 5.26 和图 5.27 所示的购物车特效，可以使用 style 属性来实现，但是如何控制鼠标指针的移进移出呢？在前面的章节中已经学习过一些事件，这些事件能够触发浏览器中的行为。例如，当点击某个按钮时，会调用一段 JavaScript 代理，在 JavaScript 中常用的事件如表 5-10 所示。

图 5.28　示例运行效果

表 5-10　常用事件

名　称	描　述
onclick	当用户点击某个对象时调用事件
onmouseover	鼠标移到某元素之上
onmouseout	鼠标从某元素移开
onmousedown	鼠标按钮被按下

使用这些事件，可以实现鼠标指针在移至元素上、移出元素时动态地改变页面的样式，下面就使用 onmouseover 和 onmouseout 这两个事件来实现如图 5.26 和图 5.27 所示的效果，HTML 代码如示例 15 所示。

【示例 15】　我的购物车

```
<!--省略部分代码-->
<section id="shopping">
    <div id="cart"onmouseover="over()"onmouseout="out()">我的购物车<span>1</span></div>
    <div id="cartList">
        <h2>最新加入的商品</h2>
        <ul>
            <li><img src="image/makeup.jpg"></li>
            <li>倩碧经典三部曲套装（液体皂 200ml+明肌 2 号水 200ml+润肤乳 125ml）</li>
            <li>¥558.00×1<br/>删除</li>
        </ul>
        <div class="footer">共 1 件商品<span>共计¥558.00</span> <span>去购物车</span></div>
    </div>
</section>
<!--省略部分代码-->
```

在浏览器中打开页面，如图 5.29 所示。

结合 HTML 代码和"我的购物车"初始状态图可以看到，这是两个完整的部分，鼠标指针移至"我的购物车"上时，其背景颜色变为白色、无下边框，且显示购物车中的商品，鼠标指针离开"我的购物车"时，购物车中商品所在的层被隐藏、"我的购物车"恢复原来状态，其实现思路如下：

图 5.29　"我的购物车"初始状态

（1）鼠标指针移至和离开"我的购物车"，使用 onmouseover 事件和 onmouseout 事件。

（2）在页面打开时，使用 style 属性隐藏购物车中的商品。

（3）鼠标指针移至"我的购物车"，使用 style 属性设置其背景颜色为白色、无下边框，并且设置当前所在层的 z-index，使其覆盖购物车中商品所在的层：设置购物车商品所在层显示，并且使用 position 设置其位置向上移 1px。

（4）鼠标指针离开"我的购物车"，一切恢复原来的状态。

实现上述效果，代码如下所示，首先在"我的购物车"增加 onmouseover 事件和 onmouseout 事件。

```
<div id="cart" onmouseover="over()"onmouseout="out()">我的购物车……</div>
```

使用 JavaScript 和 style 属性实现我的购物车效果。

```
<script>
    document.getElementById("cartList").style.display="none";
    function over(){
        document.getElementById("cart").style.backgroundColor="#ffffff";
        document.getElementById("cart").style.zIndex="100";
        document.getElementById("cart").style.borderBottom="none";
        document.getElementById("cartList").style.display="block";
        document.getElementById("cartList").style.position="relative";
        document.getElementById("cartList").style.top="-1px";
    }
    function out(){
        document.getElementById("cart").style.backgroundColor="#f9f9f9";
        document.getElementById("cart").style.borderBottom="solid 1px #dcdcdc";
        document.getElementById("cartList").style.display="none";
    }
</script>
```

在浏览器中查看，可实现如图 5.26 和图 5.27 所示的页面动态效果。使用上述代码虽然实现了理想的效果，但是对每个节点都多次使用 style 属性，如果要实现更复杂的效果，是否意味着要编写更多的代码吗？其实，在 JavaScript 中还提供了 className 属性，它的出现可以减少很多 JavaScript 代码。

2. className 属性

在 HTML DOM 中，className 属性可设置或返回元素的 class 样式，语法如下：

📖 **语法**

```
HTML 元素.className="样式名称"
```

现在我们修改示例 15，使用 className 属性实现示例 15 的效果，实现思路如下：

（1）设置四个样式 cartOver、cartListOver、cartOut 和 cartListOut，分别表示鼠标指针移至和离开"我的购物车"时的效果。

（2）使用后代选择器设置 cartOver、cartListOver、cartOut 和 cartListOut 四个样式，并且设置 cartList 层默认为隐藏状态，代码如下所示。

```
#cartList{display: none;}
#shopping.cartOver{background-color: #ffffff; z-index: 100; border-bottom: none; }
#shopping.cartListOver{display:block; position:relative; top:-1px; }
#shopping.cartOut{background-color:#f9f9f9; border-bottom:solid 1px #dcdcdc;}
#shopping.cartListOut{display:none; }
```

使用 JavaScript 和 className 属性实现"我的购物车"效果，代码如下所示。在浏览器中查看，实现如图 5.26 和图 5.27 所示的效果。

```
function over(){
```

```
        document.getElementById("cart").className="cartOver";
        document.getElementById("cartList").className="cartListOver";
    }
    function out(){
        document.getElementById("cart").className="cartOut";
        document.getElementById("cartList").className="cartListOut";
    }
```

5.3.2　获取元素的样式

在上面的例子中学习了使用 style 属性和 className 属性设置元素的样式，那么想要获取某个元素的属性值，该如何实现呢？在 JavaScript 中可以使用 style 属性获取样式的属性值，语法如下所示。

语法

```
HTML 元素.style.样式属性；
```

例如，要实现示例 15 中的当鼠标指针移至"我的购物车"上时，元素 cartList 为显示状态，可在 over()中增加如下代码：

```
alert(document.getElementById("cartList").display);
```

在浏览器中运行代码，弹出如图 5.30 所示的提示窗口，为什么会出现这样的情况呢？

在 JavaScript 中，使用"HTML 元素.style.样式属性"的方式只能获取内联样式的属性值，无法获取内部样式表或外部样式表中的属性值，但是在实际工作中样式和内容通常是分离的，所以实际工作中并不用"HTML 元素.style.样式属性"这种方式获取样式表中的属性值，那么如何获取样式表中的属性值呢？

图 5.30　没有获取 display 的值

微软为每个元素提供了一个 currentStyle 对象，它包含了所有元素的 style 对象的特性和任何未被覆盖的 CSS 规则的 style 特性，currentStyle 对象与 style 对象的使用方式一样，语法如下：

语法

```
HTML 元素.currentStyle.样式属性；
```

修改上面代码为 alert(document.getElementById("cartList").currentStyle.display)，在 IE 浏览器中运行代码，弹出如图 5.31 所示的提示窗口，说明使用 currentStyle 正确地获取了样式表中属性的值，但是 currentStyle 对象的特性是只读的，如果要给样式属性赋值，则必须使用前面学习过的 style 对象。

虽然使用 currentStyle 可以获取样式属性的值，但是它只局限于 IE 浏览器，其他浏览器却无法获取样式的属性值，不过 DOM 提供了一个 getComputedStyle()方法，这个方法接收两个参数，需要获取样式的属性值，语法如下：

语法

```
document.defaultView.getComputedStyle(元素,null).属性；
```

修改上述代码，如下所示：

```
var cartList=document.getElementById("cartList");
alert(document.defaultView.getComputedStyle(cartList,null).display);
```

在浏览器中运行代码，在 Firefox 中弹出如图 5.32 所示的提示窗口，表明正确地获取了样式的属性值。

图 5.31 在 IE 浏览器中获取属性值　　　　　　图 5.32 用 Firefox 浏览器获取属性值

 注意

虽然 getComputedStyle()方法是 DOM 提供的，但是 IE 浏览器却不支持，而 Firefox、Opera、Safari、Chrome 浏览器是支持的。

在 IE 浏览器下还是需要使用 currentStyle 来获取样式的属性值的。

5.3.3　技能训练

 **制作论坛发帖页面**

训练要点

➤　使用 createElement 创建节点元素。

➤　使用 setAttribute()设置节点的属性。

➤　使用 appendChild()向指定节点之后插入节点元素。

➤　使用 insertBefore()向指定节点之前插入节点元素。

➤　使用 value 获取表单元素的值。

➤　使用 style 属性设置元素的显示和隐藏。

需求说明

制作如图 5.33 所示的论坛发帖页面，按要求实现如下效果：

➤　点击"我要发帖"按钮，弹出发帖界面，如图 5.34 所示。

➤　在标题框中输入标题，选择所属版块，输入帖子内容，如图 5.35 所示。

➤　点击"发布"按钮，新发布的帖子显示在列表的第一个，如图 5.36 所示，新帖子显示头像、标题、版块和发布时间。

图 5.33　论坛帖子列表页面

图 5.34　发帖默认界面

图 5.35　输入帖子内容　　　　　　　图 5.36　新帖子显示在第一个

实现思路及关键代码

(1) 使用数组保存发帖者的头像，代码如下：

```
var tou=new Array("tou01.jpg","tou02.jpg","tou03.jpg","tou04.jpg")
```

(2) 创建新的<li>节点，把头像、标题等内容插入<li>中。

(3) 使用函数 floor()和 random()随机获取发帖者的头像。

(4) 设置头像，获取标题、版块、当前发帖时间，关键代码如下：

```
var titleH1=document.createElement("h1");//创建标题所在的标签 h1
var title=document.getElementById("title").value; //获取标题
titleH1.innerHTML=titie;               //将标题内容放在 h1 标签中
```

(5) 使用 appendChild()把头像、标题、版块、时间插入到<li>节点中。

(6) 使用 insertBefore()把<li>节点插入到<ul>列表中。

(7) 设置 value 值为空来清空当前输入框中的内容。

(8) 使用 style 属性隐藏发新帖界面。

5.4　DOM事件

JavaScript 还可以在 HTML 页面状态发生变化时执行代码，这种状态的变化称为 DOM 事件（Event）。

例如用户点击元素会触发点击事件，使用事件属性 onclick 就可以捕获这一事件。为元素的 onclick 属性添加需要的 JavaScript 代码，即可做到用户点击元素时触发动作。

```
<button onclick="alert('hi')">点我会弹出提示框</button>
```

JavaScript 代码可以直接在 onclick 属性的双引号中添加，也可以写到 JavaScript 函数中，在 onclick 属性的双引号中调用函数名称。例如上述代码可以改写为：

```
<button onclick="test()">点我会弹出提示框</button>
<script>
function test(){
    alert("hi");
}
</script>
```

以上两种方法效果完全相同，可根据代码量决定采用哪种方式，假如点击事件触发后需要执行的代码较多，则建议使用函数调用的方式。

【示例 16】 DOM 事件的简单应用

```
<h3>JavaScript DOM 事件的简单应用</h3>
<p id="p1">这是一个段落元素。</p>
<!--按钮元素-->
<button onclick="change()">点击此处更改段落内容</button>
<script>
  function change(){
    document.getElementById("p1").
        innerHTML="onclick 事件被触发，从而调用了 change()函数修改了此段文字内容。";
  }
</script>
```

示例 16 在浏览器中的运行效果如图 5.37 所示。

图 5.37 示例 16 运行效果

5.5 获取元素位置

使用 currentStyle 对象或 getComputedStyle()可以获得元素的属性值，即可以获取元素在网页中的位置，大家在上网时经常会看到有一些网页的左侧、右侧或右下底部的广告图片，无论滚动条如何滚动，这些内容一直在浏览器的固定位置，如图 5.38 所示，这样的效果该如何实现呢？这就涉及获取滚动条滚动的距离了。

图 5.38 随滚动条滚动的广告图片

5.5.1 元素属性应用

表 5-11 中的一些属性可以获取滚动状态下元素的一些属性。

在网页中实现图 5.38 所示的效果就要获取滚动条滚动距离，这就需要使用 scrollTop、scrollLeft 这两个属性，获得的数值单位是像素（px），对于不滚动的元素，这两个属性值总是 0。

表 5-11　HTML 中元素的属性

属　性	描　述
offsetLeft	返回当前元素左边界到它上级元素的左边界的距离，只读属性
offsetTop	返回当前元素上边界到它上级元素的上边界的距离，只读属性
offsetHeight	返回元素的高度
offsetWidth	返回元素的宽度
offsetParent	返回元素的偏移容器，即对最近的动态定位的包含元素的引用
scrollTop	返回匹配元素的滚动条的垂直位置
scrollLeft	返回匹配元素的滚动条的水平位置
clientWidth	返回元素的可见宽度
clientHeight	返回元素的可见高度

这两个属性获取滚动条在窗口中滚动的距离，语法如下：

语法

```
document.documentElement.scrollTop;
document.documentElement.scrollLeft;
```

或者：

```
document.body.scrollTop;
document.body.scrollLeft;
```

以上两种写法的两句代码分别可以获取滚动条距窗口顶端和左侧滚动的距离，这两种写法稍有不同，标准浏览器只认识 document.documentElement.scrollTop 这种写法，但是 Chrome 却不认识该写法，在有文档声明时，Chrome 只认识 document.body.scrollTop，所以这两种写法在同一个浏览器中只会有一个值生效。例如，当 document.body.scrollTop 能取到值时，document.documentElement.scrollTop 就会始终为 0；反之亦然。所以要想得到网页真正的 scrollTop 值，可以这样写：

```
var sTop=document.documentElement.scrollTop||document.body.scrollTop;
```

这样，两个值总会有一个恒为 0，所以不用担心会对真正的 scrollTop 造成影响。但是仅仅使用这两个属性还无法完成随鼠标滚动的图片效果，还需要有事件来触发。在 JavaScript 中，一个是 onload 页面加载事件，在前面的章节中已经学习；另外一个是 onscroll 事件，用于捕捉页面垂直或水平的滚动。下面制作随鼠标滚动的广告图片，代码如示例 17 所示。

【示例 17】　随鼠标滚动的广告图片

```
<div id="adver"><img src="images/adv.jpg"/></div>
<div id="main"><img src="images/main1.jpg"/>
    <img src="images/main2.jpg"/>
    <img src="images/main3.jpg"/>
</div>
<script>
    var adverTop; //层距页面顶端距离
    var adverLeft;
    var adverObj; //层对象
    function inix(){
        adverObj=document.getElementById("adver"); //获得层对象
        if(adverObj.currentStyle){
            adverTop=parseInt(adverObj.currentStyle.top);
            adverLeft=parseInt(adverObj.currentStyle.left);
        }
        else{
```

```
            adverTop=parseInt(document.defaultView.getComputedStyle(adverObj,null).top);
            adverLeft=parseInt(document.defaultView.getComputedStyle(adverObj,null).left);
        }
    }
    function move(){
      var sTop=parseInt(document.documentElement.scrollTop||document.body.scrollTop);
      var sLeft=parseInt(document.documentElement.scrollLeft||document.body.scrollLeft);
        adverObj.style.top=adverTop+sTop+"px";
        adverObj.style.left=adverLeft+sLeft+"px";
    }
    window.onload=inix;
    window.onscroll=move;
</script>
```

在浏览器中运行示例 17，实现如图 5.38 所示的网页效果。

5.5.2　技能训练

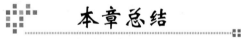
上机练习 4　　制作带关闭按钮的广告

需求说明

➢　在如图 5.39 所示的页面中有一个图片和一个关闭按钮。

➢　当滚动条向下或向右移动时，图片和关闭按钮随滚动条移动，相对于浏览器的位置固定。

➢　点击"关闭"按钮，页面中的图片和关闭按钮不显示。

图 5.39　随滚动条滚动的图片

本章总结

➢　DOM 操作分为 DOM Core、HTML-DOM 和 CSS-DOM 三个方面。

➢　在 HTML DOM 中查找节点的标准方法是 getElement 系列方法，也可以使用 parentNode、firstChild、lastChild、nextSibling、previousSibling 按层次关系查找节点，为避免浏览器兼容性问题，也使用 firstElementChild、lastElementChild、nextElementSibling、previousElementSibling 按层次关系查找节点。

➢　在 Core DOM 中访问和设置节点属性值的标准方法是 getAttribute()和 setAttribute()。

➢　创建和增加节点的方法是 insertBefore()、appendChild()、createElement()和 cloneNode，删除和替换节点的方法是 removeChild()和 replaceChild()。

> ➤ 使用 JavaScript 改变样式的两种方法是使用 style 属性和 className 属性。
> ➤ 使用 style 对象获取内联样式属性值，使用 currentStyle 对象在 IE 浏览器中获取样式中的属性值，DOM 提供了 getComputedStyle()方法以获取样式中的属性值。
> ➤ 制作随鼠标滚动的广告图片。

本章作业

一、选择题

1. 某页面中有一个 id 为 pdate 的文本框，下列（   ）能把文本框中的值改为"2020-10-12"。（选择 2 项）

   A．document.getElementById("pdate").setAttribute("value","2020-10-12");

   B．document.getElementById("pdate").value="2020-10-12";

   C．document.getElementById("pdate").getAttribute("2020-10-12");

   D．document.getElementById("pdate").text="2020-10-12";

2. 某页面中有一个 id 为 main 的 div，div 中有两个图片及一个文本框，下列（   ）可复制节点 main 及 div 中所有的内容。

   A．document.getElementById("main").cloneNode(true) ;　B．document.getElementById("main").cloneNode(false) ;

   C．document.getElementById("main").cloneNode() ;　　　D．main.cloneNode() ;

3. 在 JavaScript 中，下面（   ）能把一个\<div\>插入到列表\<ul\>的前面。

   A．appendChild()　　　B．insertBefore()　　　C．cloneNode()　　　D．CreateElement()

4. 页面中有一个 id 为 price 的层，使用 id 选择器 price 设置层 price 的样式，在 IE 浏览器中运行，下面（   ）能正确获取层的背景颜色。

   A．document.getElementById("price").currentStyle.backgroundColor

   B．document.getElementById("price").currentStyle.background-color

   C．document.getElementById("price").style.backgroundColor

   D．var divObj=document.getElementById("price");

   　　document.defaultView.getComputedStyle(divObj , null).background;

5. 下面选项中，（   ）能够获取滚动条距离页面顶端的距离。

   A．onscroll　　　　　B．scrollLeft　　　　　C．scrollTop　　　　　D．top

6. HTML5 提供的 querySelector()方法利用 id 获取元素的正确写法是（   ）。

   A．document.querySelector([id 名称])　　　　　　B．document.querySelector('id 名称')

   C．document.querySelector('.id 名称')　　　　　　D．document.querySelector('#id 名称')

7. 下列选项中，（   ）的返回值是一个对象的引用。

   A．document.getElementById()　　　　　　　　B．document.getElementsByName()

   C．document.getElementsByTagName()　　　　　D．document.getElementsByClassName()

8. 下列选项中，可以获取当前元素节点的兄弟节点的是（   ）。（选择 2 项）

   A．parentNode　　　　B．nextSibling　　　　C．previousSibling　　　　D．childNodes

二、综合题

1. 已知某页面有唯一段落元素\<p id="test01" class="style01"\>测试段落\</p\>，如何分别通过 id 和标签名称查找该元素？
2. 如何在空白 Web 页面上动态输出字符串"Hello JavaScript"？
3. 如何修改 HTML 元素的内容、属性以及 CSS 样式？
4. 已知有 id="test"的\<div\>元素，如何创建一个段落元素\<p\>并将其追加到\<div\>元素中去？
5. 已知父元素的 id 名称是"parent01"，如何删除其中 id="p01"的子元素？
6. 浏览器对象模型 BOM 中有哪些常用对象？
7. 如何获得当前浏览器的名称与版本？

8. 简述 Core DOM 与 HTML DOM 访问和修改节点属性值的方法。

9. 简述 style、className 设置元素样式的异同。

10. 制作如图 5.40 所示的页面，其中有一个图片和 5 个数字链接，点击不同的数字链接显示不同的图片。

提示
- 默认显示一个图片，5 个超链接调用同一个有参函数，传递图片名称。
- 使用 setAttribute() 的方式改变图片的名称。

11. 制作如图 5.41 所示的页面，点击"再上传一个文件"按钮就增加一行，可以增加许多相同的文件上传行。

提示
- 使用 cloneNode() 选择文件上传的第一个内容。
- 使用 appendChild() 或 insertBefore() 把复制的内容插入到页面中。

图 5.40　点击数字显示不同的图片　　　　　　　　图 5.41　增加上传文件

12. 制作如图 5.42 和图 5.43 所示的 Tab 切换效果，当鼠标指针放在"小说"、"非小说"或"少儿"上时，标题背景改变为另外一个图片，鼠标指针变为手状，并且下面的图书标题变为对应类别下的标题。

图 5.42　显示小说　　　　　　　　　　　　　图 5.43　显示非小说

提示
- 当鼠标指针放在不同图书类别上时，使用 onmouseover 事件触发。
- 使用 className 属性设置背景样式的改变。
- 使用 style 和 display 属性设置图片类别的显示或隐藏。

第6章
JavaScript 面向对象

本章简介

面向对象是软件开发领域中非常重要的一种编程思想，通过面向对象可以使程序的灵活性、健壮性、可重用性、可扩展性、可维护性得到提升，尤其在大型项目设计中可以发挥巨大的作用。JavaScript 是一种基于对象的语言，在 JavaScript 中遇到的所有东西几乎都是对象，但是它又不是一种真正的面向对象的编程语言，而是通过构造函数、原型链实现的一种基于对象的面向对象的语言。本章将围绕 JavaScript 开发中的面向对象设计思想，带领大家学习什么是对象，如何创建对象，以及对构造函数、原型链、继承在开发中的应用和原理进行讲解。

技术内容

6.1 对象

在 JavaScript 中，所有的事物都是对象，如字符串、数值、数组、函数，所以本章在讲解对象之前，先回顾一下学习过的 JavaScript 数据类型。

6.1.1 回顾JavaScript数据类型

在前面的章节学习中，大家已经知道，在 JavaScript 中提供了常用的基本数据类型，这些数据类型如下所示：

➤ number（数值类型）。

> ➢ string（字符串类型）。
> ➢ boolean（布尔类型）。
> ➢ null（空类型）。
> ➢ undefined（未定义类型）。
> ➢ object：一种复杂的数据类型，该类型实例化的对象是一组数据和功能的集合。

大家在学习 JavaScript 数据类型时，要区分一下 null、undefined 和 object 这几个类型，null 表示无值，默认为空值 null；使用 typeof 运算符判断数据类型时不会返回 null 这个类型。例如，声明一个变量 fruit 后，未赋值，它默认是一个 null 值，但没有定义类型，这时 fruit 就是一个 undefined，如果这个 fruit 是为了保存对象，则修改其默认的初始化的值为 null，那么使用 typeof 运算符检测其类型时会显示为 object 类型。

6.1.2 对象是什么

在 Java 中大家已经学习了对象的概念，知道了对象是什么，那么 JavaScript 中的对象与 Java 中的对象一样，对象是包含相关属性和方法的集合体。

在 JavaScript 中的所有事物都是对象，如字符串、数字、数组、日期等，在前面的学习中大家已经知道，日期对象、字符串对象都拥有自己的方法。综上所述，在 JavaScript 中，对象是拥有属性和方法的数据。属性是与对象相关的值，方法是能够在对象上执行的动作。

了解了对象，大家可能会问，那么什么是面向对象呢？以完成一件事来说明什么是面向过程与面向对象。

> ➢ 面向过程的解决办法：注重的是具体的步骤，只有按照步骤一步一步地执行，才能够完成这件事情。
> ➢ 面向对象的解决办法：注重的是一个个对象，这些对象各司其职，我们只要发号施令，即可指挥这些对象帮我们完成任务。

对于面向过程思想，我们扮演的是执行者，凡事都要靠自己完成。对于面向对象思想，我们扮演的是指挥官，只要找到相应的对象，让它们帮我们做具体的事情即可。实际上，面向对象仅仅是一个概念或者编程思想而已，它不应该依赖于某个语言存在，JavaScript 语言是通过一种叫作原型的方式来实现面向对象编程的。

面向过程思想的劣势：编写的代码都是一些变量和函数，随着程序功能的不断增加，变量和函数就会越来越多，此时容易遇到命名冲突的问题，由于各种功能的代码交织在一起，导致代码结构混乱，变得难以理解、维护和复用。

面向对象思想的优势：可以将同一类事物的操作代码封装成对象，将用到的变量和函数作为对象的属性和方法，然后通过对象去调用，这样可以使代码结构清晰、层次分明。

6.1.3 面向对象及特征

面向对象的特征主要可以概括为封装性、继承性和多态性，下面进行简要介绍。

1. 封装性

封装指的是隐藏内部的实现细节，只对外开放操作接口。接口就是对象的方法，无论对象的内部多么复杂，用户只需知道这些接口怎么使用即可。例如，计算机是非常高精密的电子设备，其实现原理也非常复杂，而用户在使用时并不需要知道这些细节，只要操作键盘和鼠标就可以了。

封装的优势在于，无论一个对象内部的代码经过了多少次修改，只要不改变接口，就不会影响使用这个对象时编写的代码。正如计算机上的 USB 接口，只要接口兼容，用户可以随意更换鼠标。

2. 继承性

继承是指一个对象继承另一个对象的成员，从而在不改变另一个对象的前提下进行扩展。例如，猫和狗都属于动物，程序中便可以描述猫和狗继承自动物。同理，波斯猫和巴厘猫都继承自猫科，沙皮狗和斑点狗都继承自犬科。它们之间的继承关系如图 6.1 所示。

图 6.1　动物继承关系图

在图 6.1 中，从波斯猫到猫科，再到动物，是一个逐渐抽象的过程。通过抽象可以使对象的层次结构清晰。例如，当指挥所有的猫捉老鼠时，波斯猫和巴厘猫会听从命令，而犬科动物不受影响。

在 JavaScript 中，String 对象就是对所有字符串的抽象，所有字符串都具有 toUpperCase()方法，用来将字符串转换为大写，这个方法其实就是继承自 String 对象。由此可见，利用继承一方面可以在保持接口兼容的前提下对功能进行扩展，另一方面增强了代码的复用性，为程序的修改和补充提供便利。

3. 多态性

多态指的是同一个操作作用于不同的对象，会产生不同的执行结果。实际上 JavaScript 被设计成一种弱类型语言（即一个变量可以存储任意类型的数据），就是多态性的体现。例如，数字、数组、函数都具有 toString()方法，当使用不同的对象调用该方法时，执行结果不同，示例代码如下：

```
var obj = 123;
console.log(obj.toString());     // 输出结果: 123
obj = [1, 2, 3];
console.log(obj.toString());     // 输出结果: 1,2,3
obj = function() {};
console.log(obj.toString());     // 输出结果: function () {}
```

在面向对象中，多态性的实现往往离不开继承，这是因为当多个对象继承了同一个对象后，就获得了相同的方法，然后根据每个对象的需求来改变同名方法的执行结果。

虽然面向对象提供了封装、继承、多态这些设计思想，但并不表示只要满足这些特征就可以设计出优秀的程序，开发人员还需要考虑如何合理地运用这些特征。例如，在封装时，如何给外部调用者提供完整且最小的接口，使外部调用者可以顺利得到想要的功能，而不需要研究其内部的细节；在进行继承和多态设计时，对于继承了同一个对象的多种不同的子对象，如何设计一套相同的方法进行操作。

面向对象编程思想，初学者仅靠文字介绍是不能完全理解的，必须通过大量的实践思考，才能真正领悟。希望大家带着面向对象的思想学习后续的课程，来不断加深对面向对象的理解。

6.1.4　创建对象

了解什么是对象和面向对象，那么下面首先详细讲解如何在 JavaScript 中创建对象。

在 JavaScript 中，有 Date、Array、String 等这样的内置对象，在前面的章节中已经学习过，这些内置对象的功能强大简单，非常实用，真的是达到了人见人爱的程度，但是在处理一些复杂的功能时，内置对象就无能为力了，这时就需要开发人员自定义对象了，所以在 JavaScript 中，对象分为内置对象、自定义对象两种。

1. 内置对象

JavaScript 的内置对象是一种特殊的数据，常见的内置对象如下：

➢ String（字符串）对象。

➢ Date（日期）对象。

➢ Array（数组）对象。

➢ Boolean（逻辑）对象。

➢ Math（数学）对象。

➢ RegExp 对象。

其中，String、Date、Array、Boolean 和 Math 对象，我们在前面的章节中已经学习过，下面简单地回顾一下。

字符串是 JavaScript 中一种基本的数据类型，String 对象的 length 属性声明了该字符串中的字符数，String 类定义了大量的操作字符串的方法，一般分为查找子字符串、截取和拼接字符串、匹配正则表达式、改变字符串样式等，如已学习的 indexOf()方法、replace()方法。

Date 对象用于处理日期和时间，Date 对象会自动把当前日期和时间保存为其初始值，Date 对象的大部分方法由如下几类组成：

➢ get×××：获取年、月、日、时、分、秒等。

➢ set×××：设置年、月、日、时、分、秒等。

数组对象的作用是使用单独的变量名来存储一系列的值，数组的常用属性是 length，代表了这个数组中元素的个数。数组常用的方法有排序、添加和删除元素，拼接另一个数组，转成字符串，如 sort()、concat()、join()方法等。

Boolean 对象用于将非逻辑值转换为逻辑值（true 或者 false)，在 JavaScript 中，布尔值是一种基本的数据类型，Boolean 对象是一个将布尔值打包的布尔对象。Boolean 对象主要用于提供将布尔值转换成字符串的 toString()方法。当调用 toString()方法将布尔值转换成字符串时，JavaScript 会将这个布尔值转换成一个临时的 Boolean 对象，然后调用这个对象的 toString()方法。

Math 对象的作用是执行常见的算数任务。Math 对象并不像 Date 和 String 那样的对象，因此没有构造函数 Math()，像 Math.round()这样的函数只能是函数，不能作为某个对象的方法使用。Math 对象中最常用的方法有向上（向下）取整、四舍五入取整、随机数、返回两个数中大数或小数，如 round()、max()和 min()方法等。

RegExp 对象对我们来说比较陌生，RegExp 是正则表达式的缩写，当需要检索某个文本时可以使用一种模式来描述要检索的内容，RegExp 就是这种模式。简单的模式可以是一个单独的字符，复杂的模式包括了更多的字符，并可用于解析、格式检查和替换等，RegExp 对象将在后面的表单验证章节中详细讲解，这里不再赘述。

2. 自定义对象

与 Java 中创建对象一样，创建自定义对象的最简单的方式就是使用操作符 new 创建一个 object 的实例，然后通过为其添加属性和方法，创建对象的语法如下：

📋 **语法**

```
var 对象名称=new Object();
```

在创建对象后，通过 "." 可以访问对象的成员。JavaScript 中的对象具有动态特征，如果一个对象没有成员，用户可以手动赋值属性或方法来添加成员。另外，由于 JavaScript 允许在代码执行时动态地给对象增加成员，因此可以实现将用户输入的内容添加到对象的成员中。

为了让大家理解如何创建对象，并为其添加属性和方法，下面创建一个名为 dog 的对象，并为 dog 添加四个属性（name、genera、area 和 uses）和一个方法（showName()），其中，方法 showName()用来显示 name 的值，代码如示例 1 所示。

【示例 1】　创建对象

```
<script>
    var dog=new Object();
    dog.name="中华田园犬";
    dog.genera="犬科 犬属";
    dog.area="中国各地，亚洲周边等地";
    dog.uses="家犬、伴侣犬等";
    dog.showName=function(){
        alert(this.name);
    }
    dog.showName();
</script>
```

在浏览器中运行示例 1，页面如图 6.2 所示，弹出窗口显示 this.name 的值，即对象 dog 的 name 值，从这里可以看到，this.name 解析的是 dog.name，所以在这里 this 指的是 dog 对象。

上述方式是基于 Object 对象的方式创建对象的，在 JavaScript 中还有一种使用字面量赋值的方式在定义对象的时候为其添加属性和方法，这样创建的对象，其方法和属性可以直接使用对象引用，如使用字面量赋值方法实现示例 1 的效果，代码如示例 2 所示。

图 6.2　显示 this.name 的值

【示例 2】　字面量创建对象

```
<script>
    var dog={
        name:"中华田园犬",
        genera:"犬科 犬属",
        area:"中国各地，亚洲周边等地",
        uses:"家犬、伴侣犬 等",
        showName:function(){
            alert(this.name);
        }
    }
    dog.showName();
</script>
```

在浏览器中运行示例 2，页面效果如图 6.2 所示，这说明两种方式实现的效果是一样的。

📝 说明

"{ }"语法又称为对象的字面量语法，所谓字面量是指在源代码中直接书写的一个表示数据和类型的量，如 123（数值型）、'123'（字符型）、[123]（数组）都是字面量。

6.1.5　技能训练

上机练习 1　　创建 person 对象

需求说明

➤　基于 Object 对象的方式创建 person 对象。

> ➢ 为对象 person 添加属性 name、age、job 和 address，即一个人的姓名、年龄、工作和住址。
> ➢ 添加方法 intro()在页面上显示对象属性 name、age、job 和 address 的值。
> ➢ 完成的页面效果如图 6.3 所示。

图 6.3 显示 person 对象的属性值

实现思路及关键代码

(1) 使用 new 创建对象 person，代码如下：

```
var person=new Object();
```

(2) 使用添加属性，部分代码如下：

```
    person.name="张三";
    person.age="28";
```

(3) 使用 "+" 把各属性的值拼接起来，使用 innerHTML 为页面元素赋值，代码如下所示。

```
var str="姓名: "+this.name+"<br/>年龄: "+this.age+"......;
document.getElementById("intro").innerHTML=str;
```

6.2 构造函数

6.2.1 为什么使用构造函数

从创建对象的两个例子可以看到，无论是基于 Object 创建对象，还是使用字面量赋值的方式创建对象，都有一个非常明显的缺点，那就是使用同一个接口需要创建很多对象，这样会产生大量的重复代码，但是构造函数的出现解决了这一问题，下面看看什么是构造函数，在实际开发中是如何使用的。构造函数是 JavaScript 创建对象的另外一种方式。相对于字面量 "{}" 的方式，构造函数可以创建出一些具有相同特征的对象。例如，通过水果构造函数创建苹果、香蕉、西瓜对象。其特点在于这些对象都基于同一个模板创建，同时每个对象又有自己的特征。

在以 Java 为代表的面向对象编程语言中，引入了类（class）的概念，用来以模板的方式构造对象。也就是说，通过类来定义一个模板，在模板中决定对象具有哪些属性和方法，然后根据模板来创建对象。其中，通过类创建对象的过程称为实例化，创建出来的对象称为该类的实例。

JavaScript 在设计之初并没有 class 关键字，但可以通过函数来实现相同的目的，如下所示：

```
function factory(name, age) {
var o = {};              //创建一个空对象
o.name= name;            //添加 name 属性
o.age= age;              //添加 age 属性
return o;                //将对象返回
var o1 = factory ('Jack', 18);
var o2 = factory ('Alice' , 19);
```

```
console.log(o1); //输出结果:  Object{name :'Jack', age: 18)
console.log(o2); //输出结果:  Object{name :'Alice', age: 19)
```

在上述示例中，我们将专门用于创建对象的 factory()函数称为工厂函数。通过工厂函数，虽然可以创建对象，但是其内部是通过字面量"{}"的方式创建对象的，还是无法区分对象的类型。

此时，可以采用 JavaScript 提供的另外一种创建对象的方式——通过构造函数创建对象。

6.2.2　JavaScript 内置的构造函数

在学习如何自定义构造函数之前，先来看一下 JavaScript 内置的构造函数如何使用。JavaScript 提供了 Object、String、Number 等构造函数，通过"new 构造函数名()"即可创建对象。人们习惯将使用 new 关键字创建对象的过程称为实例化，实例化后得到的对象称为构造函数的实例。具体示例如下：

```
// 通过构造函数创建对象
var obj = new Object();           // 创建 Object 对象
var str = new String('123');       // 创建 String 对象
// 查看对象是由哪个构造函数创建的
console.log(obj.constructor); // 输出结果: function Object() { [native code] }
console.log(str.constructor);  // 输出结果: function String() { [native code] }
console.log({}.constructor);   // 输出结果: function Object() { [native code] }
```

在上述示例中，obj 和 str 对象的 constructor 属性指向了该对象的构造函数，通过 console.log()输出时，［native code］表示该函数的代码是内置的，因此，此函数为 JavaScript 的内置构造函数。

另外，通过字面量"{}"创建的对象是 Object 对象的实例，具体示例如下：

```
console.log({}.constructor) ; / /输出结果:  function Object() { [native code] }
```

6.2.3　自定义构造函数

除了直接使用内置构造函数，用户也可以自己编写构造函数，在定义时应注意以下事项。

（1）构造函数的命名推荐采用帕斯卡命名规则，即所有的单词首字母大写。

（2）在构造函数内部，使用 this 来表示刚刚创建的对象。

构造函数可用来创建特定类型的对象，像 Object 和 Array 这样的原生构造函数，在运行时会自动出现在执行环境中，此外，也可以创建自定义的构造函数。由此可知，所谓的"构造函数"就是一个普通函数，但是内部使用了 this 变量，对构造函数使用 new 操作符，就能生成实例，并且 this 变量会绑定在实例对象上，从而定义自定义对象类型的属性和方法。

例如，可以使用构造函数将示例 1 重写，如示例 3 所示。

【示例 3】　构造函数

```
<!DOCTYPE html>
<html>
<head lang="en">
    <meta charset="UTF-8">
    <title>构造函数</title>
</head>
<body>
  <script>
    function Dog(name,genera,area,uses){
        this.name=name;
        this.genera=genera;
        this.area=area;
        this.uses=uses;
        this.showName=function(){
```

```
        alert(this.name);
      }
    }
    var dog1=new Dog("中华田园犬","犬科 犬属","中国各地，亚洲周边等地","家犬、伴侣犬等");
    dog1.showName();
  </script>
</body>
</html>
```

在浏览器中运行此代码，弹出内容与示例 1 显示的内容一样，这说明使用构造函数实现了与示例 1 一样的效果，并且使用构造函数可以创建多个对象，如创建对象 dog2 和 dog3，代码如下所示：

```
var dog2=new Dog("拉布拉多猎犬","犬科 犬属","全世界","导盲犬、地铁警犬、搜救犬和其他工作犬等");
dog2.showName();
var dog3=new Dog("贵宾犬","犬科 犬属","原产欧洲，今分部世界各地 ","家犬、伴侣犬等");
dog3.showName();
```

在浏览器中打开页面，弹出的窗口如图 6.4 和图 6.5 所示，由此可知使用构造函数可以创建多个对象，比直接创建对象减少了很多重复的代码。从示例 3 中可以看到，Dog()中没有显式的创建对象，直接将属性和方法赋给了 this 对象。

大家需要注意的是，函数名 Dog 第一个字母使用的是大写字母 D，按照惯例，构造函数通常以一个大写字母开头，而非构造函数以一个小写字母开头，这个做法借鉴其他面向对象语言，主要是为了区别于 ECMAScript 中的其他函数，因为构造函数本身也是函数，只不过可以用来创建对象。使用构造函数创建新实例，必须使用 new 操作符，以这种方式调用构造函数实际上会经历以下四个步骤：

（1）创建一个新对象。

（2）将构造函数的作用域赋给新对象（this 就指向了这个新对象）。

（3）执行构造函数中的代码。

（4）返回新对象。

图 6.4　对象 dog2 弹出内容　　　　　图 6.5　对象 dog3 弹出内容

在前面的例子中，dog1、dog2 和 dog3 分别保存着 Dog 的一个不同的实例，这三个对象都有一个 constructor 属性，该属性指向 Dog，如在示例 3 中添加如下代码。

```
alert(dog1.constructor==Dog);
alert(dog2.constructor==Dog);
alert(dog2.constructor==Dog);
```

在浏览器中运行此代码，这三行代码均返回 true，如图 6.6 所示。对象的 constructor 属性最初是用来标识对象类型的，但是提到检测对象类型，还是 instanceof 操作符要更可靠一些，在示例 3 中创建的所有对象既是 Object 的实例，也是 Dog 的实例，这一点通过 instanceof 操作符可以得到验证，

图 6.6　constructor 属性指向 Dog

代码如下所示：

```
alert(dog1 instanceof Object);
alert(dog1 instanceof Dog);
alert(dog2 instanceof Object);
alert(dog2 instanceof Dog);
alert(dog3 instanceof Object);
alert(dog3 instanceof Dog);
```

　　在浏览器中运行此代码，这几行代码均返回 true，说明这三个对象既是 Object 的实例，也是 Dog 的实例。创建自定义的构造函数意味着将来可以将它的实例标识为一种特定的类型，而这正是构造函数的优点。

　　构造函数虽然很好，但也并非没有缺点。使用构造函数的主要问题就是每个方法都要在每个实例上重新创建一遍，在示例 3 中，dog1、dog2、dog3 都有一个名为 showName() 的方法，这三个方法不是同一个 Function 的实例，从完成任务的角度来说，创建三个完成同样任务的 Function 实例完全没必要，况且有 this 这个对象在，根本不用在执行代码前就把函数绑定到特定对象上面，可以通过把函数定义转移到构造函数外部来解决这个问题，代码如示例 4 所示。

【示例 4】　构造函数优化

```
<script>
    function Dog(name,genera,area,uses){
        this.name=name;
        this.genera=genera;
        this.area=area;
        this.uses=uses;
        this.showName=showName;
    }
    function showName(){
        alert(this.name);
    }
    var dog1=new Dog("中华田园犬","犬科 犬属","中国各地,亚洲周边等地","家犬、伴侣犬 等");
    var dog2=new Dog("拉布拉多猎犬","犬科 犬属","全世界","导盲犬、地铁警犬、搜救犬和其他工作
犬等");
    var dog3=new Dog("贵宾犬","犬科 犬属","原产欧洲,今分部世界各地 ","家犬、伴侣犬 等");
    dog1.showName();
    dog2.showName();
    dog3.showName();
    alert(dog1 instanceof Object);
    alert(dog1 instanceof Dog);
    alert(dog2 instanceof Object);
    alert(dog2 instanceof Dog);
    alert(dog3 instanceof Object);
    alert(dog3 instanceof Dog);
    alert(dog1.constructor==Dog);
    alert(dog2.constructor==Dog);
    alert(dog3.constructor==Dog);
</script>
```

　　在示例 4 中，把 showName() 函数的定义转移到了构造函数外部，而在构造函数内部，将 showName 属性设置成等于全局的 showName 函数，这样一来，由于 showName 包含的是一个指向函数的指针，因此 dog1、dog2、dog3 对象就共享了在全局作用域中定义的同一个 showName() 函数。这样做确实解决了三个函数做同一件事的问题，可是新问题又来了，在全局作用域中定义的函数实际上只能被某个对象调用，这让全局作用域有点名不副实。而更让人无法接受的是，如果对象需要定义很多方法，那么就要定义很多个全局函数，于是这个自定义的引用类型就丝毫没有封装性可言了，但是，由于原型对象的出现这些问题就完全可以解决了。

> **提示**
> 在学习 JavaScript 时，初学者经常会对一些相近的名词感到困惑，如函数、方法、构造函数、构造方法、构造器等。实际上，它们都可以统称为函数，只不过在不同使用场景下的称呼不同。根据习惯，对象中定义的函数称为对象的方法。而对于构造函数，也有一部分人习惯将其称为构造方法或构造器，我们只需明白这些称呼所指的是同一个事物即可。

6.2.4 私有成员

在构造函数中，使用 var 关键字定义的变量称为私有成员，在实例对象后无法通过"对象.成员"的方式进行访问，但是私有成员可以在对象的成员方法中访问。具体示例如下：

```
function Person() {
  var name = 'Jim';
  this.getName = function () {
    return name;
  };
}
var p = new Person();      // 创建实例对象p
console.log(p.name);       // 访问私有成员，输出结果：undefined
p.getName();               // 访问对外开放的成员，输出结果：Jim
```

从上述代码可知，私有成员 name 体现了面向对象的封装性，即隐藏程序内部的细节，仅对外开放接口 getName()，防止内部的成员被外界随意访问。

> **注意**
> 构造函数中的 return 关键字：由于构造函数也是函数，因此构造函数中也可以使用 return 关键字，但是在使用时与普通函数有一定的区别，若使用 return 返回一个数组或对象等复合类型数据，则构造函数会直接返回该数据，而不会返回原来创建的对象；如果返回的是基本类型数据，则返回的数据无效，依然会返回原来创建的对象，具体示例如下：

```
// 返回基本类型数据
function Person() {
  obj = this;
  return 123;
}
var obj, p = new Person();
console.log(p === obj);   // true
// 返回引用类型数据
function Person() {
  obj = this;
  return {};
}
var obj, p = new Person();
console.log(p === obj);   // false
```

上述代码通过函数外部的变量 obj 保存了构造函数中新创建的对象引用，然后通过对比 obj 和构造函数实际返回的对象是否相同，来比较 return 在构造函数中使用时的两种返回值情况。

6.2.5 函数中的this指向

在 JavaScript 中，函数有多种调用的环境，如直接通过函数名调用、作为对象的方法调用、作为构造函数调用等。根据函数不同的调用方式，函数中的 this 指向会发生改变。下面将针对 this 的指向问题进行分析，并讲解如何手动更改 this 的指向。

1. 分析this指向

在 JavaScript 中，函数内的 this 指向通常与以下 3 种情况有关：

①使用 new 关键字将函数作为构造函数调用时，构造函数内部的 this 指向新创建的对象。

②直接通过函数名调用函数时，this 指向的是全局对象（在浏览器中表示 window 对象）。

③如果将函数作为对象的方法调用，this 将会指向该对象。

在上述 3 种情况中，第①种情况前面已经讲过，下面演示第②、③种情况，具体示例如下：

```
function foo() {
  return this;
}
var o = {name: 'Jim', func: foo};
console.log(foo() === window);     // 输出结果: true
console.log(o.func() === o);       // 输出结果: true
```

从上述代码可以看出，对于同一个函数 foo()，当直接调用时，this 指向 window 对象，而作为 o 对象的方法调用时，this 指向的是 o 对象。

2. 更改 this 指向

除了遵循默认的 this 指向规则，函数的调用者还可以利用 JavaScript 提供的两种方式手动控制 this 的指向。一种是通过 apply()方法，另一种是通过 call()方法。具体示例如下：

```
function method() {
console.log(this.name);
}
// 输出结果: 张三
method.apply({name: '张三'});
// 输出结果: 李四
method.call({name: '李四'});
```

通过上述示例可以看出，apply()和 call()方法都可以更改函数内的 this 指向，它们的第 1 个参数表示将 this 指向哪个对象，因此在 method()函数中通过 this.name 即可访问传入对象的 name 属性。apply()和 call()方法的区别在于第 2 个参数，apply()的第 2 个参数表示调用函数时传入的参数，通过数组的形式传递；而 call()则使用第 2～N 个参数来表示调用函数时传入的函数。具体示例如下：

```
function method(a, b) {
console.log(a + b);
}
// 数组方式传参，输出结果: 12
method.apply({}, ['1', '2']);
// 参数方式传参，输出结果: 34
method.call({}, '3', '4');
```

6.3 原型对象

6.3.1 为什么使用原型

通过前面的学习可知，JavaScript 中存在大量的对象，用户也可以自己创建一些对象。但若没有一种机制让这些对象联系起来，则难以实现面向对象编程中的许多特征。为此，JavaScript 提供了原型的机制，作为 JavaScript 面向对象编程的一个重要体现。

利用原型可以提高代码的复用性。假设有 p1、p2 两个对象，都是由构造函数 Person 创建的。如果我们在 Person 中定义一个 introduce()方法，则 p1、p2 两个对象都有了 introduce()方法。但是，这种方式存在一个缺点，就是每个基于 Person 创建的对象都会重复地保存这些完全相同的方法，带来不必要的浪费。下面的代码演示了这种情况：

```
function Person() {
    this.name = name;
    this.introduce = function(){};
}             // 定义函数
```

```
var p1= new Person('Jim');
var p2 = new Person('Alice');
console.log(p1.introduce == p2.introduce);  // 输出结果: false
```

从上述代码可以看出，虽然 p1 和 p2 都有 introduce()方法，但它们本质上不是同一个方法。为了解决这个问题，JavaScript 为函数提供了一个原型对象，通过原型对象来共享成员。利用原型对象可以保存一些公共的属性和方法。当访问某个对象中的一个不存在的属性或方法时，会自动调用原型中的属性和方法。也就是说，基于原型创建的对象会自动拥有原型的属性和方法。

6.3.2　原型对象的使用方法

在 JavaScript 中，每定义一个函数，就随之有一个对象存在，函数通过 prototype 属性指向该对象。这个对象称之为原型对象，简称原型，具体示例如下：

```
function Person() {}              // 定义函数
console.log(typeof Person.prototype);      // 输出结果: object
```

上述代码中，Person 函数的 prototype 属性指向的对象，就是 Person 的原型对象。

在利用构造函数创建对象时，每个对象都默认与这个原型对象连接，连接后就可以访问到原型对象中的属性和方法了，具体示例如下：

```
function Person(name) {
    this.name = name;
}
Person.prototype.introduce = function() {};
var p1= new Person('Jim');
var p2 = new Person('Alice');
console.log(p1.introduce);  // 输出结果: function() {}
console.log(p1.introduce == p2.introduce);  // 输出结果: false
```

通过示例可以看出，构造函数 Person 原本没有 introduce()方法，但是在为 Person 的原型对象添加了该方法后，基于 Person 函数创建的 p1、p2 对象都具有了相同的 introduce()方法。

在 JavaScript 中创建的每个函数都有一个 prototype 属性，这个属性是一个指针，指向一个对象，而这个对象的用途是包含可以由特定类型的所有实例共享的属性和方法。按照字面意思理解，prototype 就是通过调用构造函数而创建的那个对象实例的原型对象，使用原型对象的好处就是可以让所有对象实例共享它所有的属性和方法，也就是说不必在构造函数中定义对象实例的信息，可以将这些信息直接添加到原型对象中，如示例 5 所示。

【示例5】　原型对象

```
<script>
    function Dog(){
    }
    Dog.prototype.name="中华田园犬";
    Dog.prototype.genera="犬科 犬属";
    Dog.prototype.area="中国各地，亚洲周边等地";
    Dog.prototype.uses="家犬、伴侣犬等";
    Dog.prototype.showName=function() {
        alert(this.name);
    }
    var dog1=new Dog();
    dog1.showName();
    var dog2=new Dog();
    dog2.showName();
    alert(dog1.showName==dog2.showName);
</script>
```

在示例 5 中，将 showName() 方法和所有属性直接添加到了 Dog 的 prototype 属性中，构造函数变成了空函数，这样也仍然可以通过调用构造函数来创建新对象，而且新对象还会有相同的属性和方法，但与构造函数不同的是，新对象的这些属性和方法是由所有实例共享的，也就是说 dog1 和 dog2 访问的都是同一组属性和同一个 showName() 函数，所以运行示例 5，dog1.showName() 和 dog2.showName() 的返回值都为 "中华田园犬"，最后一句代码 alert(dog1.showName==dog2.showName) 的返回值为 true。

在默认的情况下，所有的原型对象都会自动获得一个 constructor（构造函数）属性，这个属性包含一个指向 prototype 属性所在函数的指针，在示例 5 中，Dog.prototype.constructor 指向 Dog，而通过这个构造函数还可以继续为原型对象添加其他属性和方法。

创建了自定义的构造函数之后，其原型对象默认会取得 constructor 属性，其他方法则都是从 Object 对象继承而来的。当调用构造函数创建一个新实例后，该实例的内部将包含一个指针，指向构造函数的原型对象。在很多实现中，这个内部属性的名字是 _proto_，而且通过脚本可以访问到（在 Firefox、Safari、Chrome 和 Flash 的 ActionScript 中，都可以通过脚本访问 _proto_），以前面示例中 Dog 构造函数和 Dog.prototype 创建的实例的代码为例，各个对象之间的关系如图 6.7 所示。

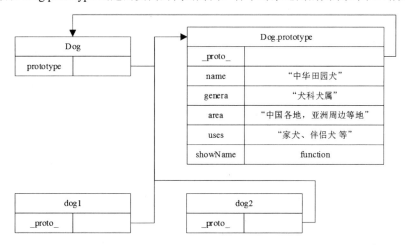

图 6.7　各个对象之间的关系

图 6.7 展示了 Dog 构造函数、Dog 的原型属性及 Dog 现有的两个实例之间的关系。Dog.prototype 指向了原型对象，而 Dog.prototype.constructor 又指回了 Dog，原型对象中除了包含 constructor 属性，还包括后来添加的其他属性。Dog 的每个实例 dog1 和 dog2 都包含一个内部属性，该属性仅仅指向了 Dog.prototype，也就是说，它们与构造函数没有直接的关系。虽然这两个实例都不包含属性和方法，但却可以调用 dog1.showName()。

由以上代码可知，虽然可以通过对象实例访问保存在原型中的值，但却不能通过对象实例重写原型中的值，如果在实例中添加一个属性，而该属性与实例原型中的一个属性同名，那就在实例中创建该属性，该属性将会屏蔽原型中的那个属性。修改示例 5 中的代码，如下所示：

```
function Dog(){
}
Dog.prototype.name="中华田园犬";
Dog.prototype.genera="犬科 犬属";
Dog.prototype.area="中国各地，亚洲周边等地";
Dog.prototype.uses="家犬、伴侣犬 等";
Dog.prototype.showName=function() {
    alert(this.name);
}
var dog1=new Dog();
```

```
    var dog2=new Dog();
    dog1.name="贵宾犬";
    alert(dog1.name);
    alert(dog2.name);
```

在上面代码中，dog1 中的 name 被一个新值给屏蔽了，但无论访问 dog1.name 还是访问 dog1.name 都能够正常返回值，分别为"贵宾犬"（来自对象实例）和"中华田园犬"（来自原型）。当在 alert()中访问 dog1.name 时需要读取它的值，因此就会在这个实例上搜索一个名为 name 的属性，这个属性确实存在，于是返回它的值而不必再搜索原型，当以同样的方式访问 dog1.name 时，并没有在实例上发现该属性，因此就会继续搜索原型，结果在那里找到了 name 属性。

当为对象实例添加一个属性时，这个属性就会屏蔽原型对象中保存的同名属性，也就是说，添加这个属性只会阻止我们访问原型中的这个值，但不会修改那个属性，即使将这个属性设置为 null，也只会在实例中设置这个属性，而不会恢复其指向原型的链接。

6.3.3 技能训练

上机练习 2 创建 Person 函数

需求说明

➢ 使用构造函数和原型对象的方式完成练习 1。
➢ 使用构造函数创建 Person 函数。
➢ 使用原型对象的方法添加属性和方法。
➢ 在页面中显示原型对象的属性值。

6.4 继承

在现实生活中，继承一般指的是子女继承父辈的财产。而在 JavaScript 中，继承是在已有对象的基础上进行扩展，增加一些新的功能，得到一个新的对象。继承是面向对象语言中一个常常被提及的概念，许多面向对象语言都支持两种继承方式：接口继承和实现继承。接口继承只继承方法签名，而实现继承则继承实际的方法，由于函数没有签名，在 ECMAScript 中无法实现接口继承，ECMAScript 中只支持实现继承，而且其继承主要是依靠原型链来实现的。

6.4.1 JavaScript继承的实现

接下来，将针对 JavaScript 继承的 4 种实现方式进行详细讲解。

1. 利用原型对象实现继承

原型对象是 JavaScript 实现继承的传统方式。如果一个对象中本来没有某个属性或方法，但是可以从另一个对象中获得，就实现了继承，具体示例如下：

```javascript
function Person(name) {
  this.name = name;
}
Person.prototype.sayHello = function() {
  console.log('你好，我是' + this.name);
}
var p1 = new Person('Jim');
var p2 = new Person('Tom');
// 输出结果: 你好，我是Jim
p1.sayHello();
```

```
// 输出结果：你好，我是 Tom
p2.sayHello();
```

在上述代码中，对象 p1、p2 原本没有 sayHello()成员，但是在为构造函数 Person 的原型对象添加了 sayHello()成员后，p1、p2 也就拥有了 sayHello()成员。因此，上述代码可以理解为 p1、p2 对象继承了原型对象中的成员。

2. 替换原型对象实现继承

JavaScript 实现继承的方式很灵活，我们可以将构造函数的原型对象替换成另一个对象 A，基于该构造函数创建的对象就会继承新的原型对象，具体示例如下：

```
function Person() {}          //构造函数 Person 原本有一个原型对象 prototype
Person.prototype = {          //将构造函数的 prototype 属性指向一个新的对象
  sayHello: function () {          // 在新的对象中定义 4 个 sayHello()方法用于测试
    console.log('你好，我是新对象');
  }
}
var p = new Person();
p.sayHello();          //输出结果：你好，我是新对象
```

需要注意的是，在基于构造函数创建对象时，代码应写在替换原型对象之后，否则创建的对象仍然会继承原来的原型对象，具体示例如下：

```
function Person() {}
Person.prototype.sayHello = function() {
  console.log('原来的对象');
}
var p1 = new Person();
Person.prototype = {
  sayHello: function(){
    console.log('替换后的对象');
  }
}
var p2 = new Person();
p1.sayHello();          // 输出结果：原来的对象
p2.sayHello();          // 输出结果：替换后的对象
```

从上述代码可以看出，在替换原型对象之前创建的对象 p1，其 sayHello()方法继承原来的原型对象。由此可见，在通过替换原型对象的方式实现继承时，应注意代码编写的顺序。

3. 利用 Object.create()实现继承

Object 对象的 **create()** 方法是 ES5 中新增的一种继承实现方式，其使用方法如下：

```
var obj = {
  sayHello: function(){
    console.log('我是一个带有 sayHello 方法的对象');
  }
};
var newObj = Object.create(obj);
newObj.sayHello();          // 输出结果：我是一个带有 sayHello 方法的对象
newObj.__proto__ === obj;          // 返回结果：true
```

上述代码将 obj 对象作为 newObj 对象的原型，因此 newObj 对象继承了 obj 对象的 sayHello()方法。

4. 混入继承

混入就是将一个对象的成员加入到另一个对象中，实现对象功能的扩展。实现混入继承最简单的方法就是将一个对象的成员赋值给另一个对象，具体示例如下：

```
var o1 = {};
var o2 = {name: 'Jim'};
o1.name = o2.name;            // o1 继承 o2 的 name 属性
console.log(o1.name);         // 输出结果：Jim
```

当对象的成员比较多时，如果为每个成员都进行赋值操作，会非常麻烦，因此可以编写一个函数专门实现对象成员的赋值，函数通常命名为 mix（混合）或 extend（扩展），具体示例如下：

```
// 编写 extend 函数
function extend(o1, o2) {
  for (var k in o2) {
    o1[k] = o2[k];
  }
}
// 测试 extend 函数
var o1 = {name: 'Jim'};
var o2 = {age: 16, gender: 'male'};
extend(o1, o2);                    // 将 o2 的成员添加给 o1
console.log(o1.name);              // 输出结果：Jim
console.log(o1.age);               // 输出结果：16
```

混入式继承和原型继承还可以组合在一起使用，实现以对象的方式传递参数，或以对象的方式扩展原型对象的成员，具体示例如下：

```
1 |   function Person(options) {
2 |       // 调用前面编写的 extend()，将传入的 options 对象的成员添加到实例对象中
3 |       extend(this, options);
4 |   }
5 |   Person.fn = Person.prototype;     // 将 prototype 属性简化为 fn 方便代码书写
6 |   Person.fn.extend = function(obj) {
7 |       extend(this, obj);            // 此处的 this 相当于 Peron.prototype
8 |   };
9 |   Person.fn.extend({
10 |     sayHello: function() {
11 |       console.log('你好，我是' + (this.name || '无名'));
12 |     }
13 |   });
14 |   var p1 = new Person();
15 |   var p2 = new Person({name: '张三', age:16});
16 |   p1.sayHello();     // 输出结果：你好，我是无名
17 |   p2.sayHello();     // 输出结果：你好，我是张三
```

在上述代码中，第 15 行在通过 Person 构造函数创建对象时传入了对象形式的参数，这种传递参数的方式相比传递多个参数更加灵活。例如，当一个函数有 10 个参数时，如果想省略前面的参数，只传入最后一个参数时，由于前面的参数不能省略，这就会导致代码编写非常麻烦。而如果以对象的形式传递参数，对象成员的个数、顺序都是灵活的，只要确保成员名称与函数要求的名称一致即可。

第 9~13 行代码演示了以对象的方式扩展原型对象的成员，当需要为原型对象一次添加多个成员时，使用这种方式会非常方便，不需要每次都书写 Person.prototype，只需要将这些成员保存到一个对象中，然后调用 extend()方法来继承即可。

6.4.2　静态成员

静态成员指由构造函数所使用的成员，与之相对的是由构造函数创建的对象所使用的实例成员。下面通过代码演示静态成员与实例成员的区别，代码如下：

```
function Person(name) {
  this.name = name;
```

```
    this.sayHello = function() {
      console.log(this.name);
    };
  }
  // 为 Person 对象添加静态成员
  Person.age = 123;
  Person.sayGood = function() {
    console.log(this.age);
  };
  // 构造函数使用的成员是静态成员
  console.log(Person.age);          // 使用静态属性 age，输出结果：123
  Person.sayGood();                 // 使用静态方法 sayGood()，输出结果：123
  // 由构造函数创建的对象使用的成员是实例成员
  var p = new Person('Tom');
  console.log(p.name);              // 使用实例属性 name，输出结果：Tom
  p.sayHello();                     // 使用实例方法 sayHello()，输出结果：Tom
```

从上述代码可以看出，实例成员需要先创建对象才能使用，而静态成员无须创建对象，直接通过构造函数即可使用。

在实际开发中，对于不需要创建对象即可访问的成员，推荐将其保存为静态成员。例如，构造函数的 prototype 属性就是一个静态成员，可以在所有实例对象中共享。

6.4.3　属性搜索原则

当对象访问某一个属性的时候，首先会在当前对象中搜索是否包含该成员，如果包含则使用，如果不包含，就会自动在其原型对象中查找是否有这个成员，这就是属性搜索原则。

在搜索属性时，如果当前对象没有，原型对象中也没有，就会寻找原型对象的原型对象，一直找下去。如果直到最后都没有找到，就会返回 undefined。下面的代码演示了这个属性的搜索顺序：

```
  function Person() {
    this.name = '张三';
  }
  Person.prototype.name = '李四';
  var p = new Person();
  console.log(p.name);              // 输出结果：张三
  delete p.name;                    // 删除对象 p 的 name 属性
  console.log(p.name);              // 输出结果：李四
  delete Person.prototype.name;     // 删除原型对象的 name 属性
  console.log(p.name);              // 输出结果：undefined
```

需要注意的是，属性搜索原则只对属性的访问操作有效，对于属性的添加或修改操作，都是在当前对象中进行的。具体示例如下：

```
  function Person() {}
  Person.prototype.name = '李四';
  var p = new Person();
  p.name = '张三';
  console.log(p.name);                      // 输出结果：张三
  console.log(Person.prototype.name);       // 输出结果：李四
```

从上述代码可以看出，为对象 p 的 name 属性赋值"张三"后，原型对象中同名的 name 属性的值没有发生改变。

6.4.4　原型链

在 JavaScript 中，对象有原型对象，原型对象也有原型对象，这就形成了一个链式结构，简称原型链。通过学习这部分内容，就能理解 JavaScript 复杂的对象继承机制。下面将针对原型链进行分析和讲解。

1. 对象的构造函数

在原型对象中，存在一个 constructor 属性，指向该对象的构造函数，具体示例如下：

```
function Person() {}
Person.prototype.constructor === Person;        // 返回结果：true
```

基于 Person 构造函数创建的实例对象，原本没有 constructor 属性，但因为链接到了 Person 函数的原型对象，就可以访问到 constructor 属性，示例代码如下：

```
function Person() {}
new Person().constructor === Person;            // 返回结果：true
```

因此，通过对象的 constructor 属性，即可查询该对象的构造函数。

2. 对象的原型对象

由于对象可以通过 constructor 属性访问构造函数，构造函数可以通过 prototype 属性访问原型对象，因此使用"对象.constructor.prototype"的方式即可访问对象的原型对象，具体示例如下：

```
function Person() {}
new Person().constructor.prototype === Person.prototype;        // 返回结果：true
```

3. 函数的构造函数

由于函数本质上就是对象，所以函数也有构造函数。在 JavaScript 中，自定义函数以及 String、Number、Object 等内置构造函数的构造函数都是 Function 函数，而 Function 函数的构造函数是 Function 自身。通过 toString() 方法可以查看函数的信息，具体示例如下：

```
function Person() {}
Person.constructor.toString();        // 返回结果：function Function() { [native
code] }
Person.constructor === Function;      // 返回结果：true
String.constructor === Function;      // 返回结果：true
Number.constructor === Function;      // 返回结果：true
Object.constructor === Function;      // 返回结果：true
Function.constructor === Function;    // 返回结果：true
```

通过示例可以看出，JavaScript 中的每个函数都是构造函数 Function 的实例，构造函数 Function 本身也是由自己创建出来的。值得一提的是，用户还可以通过实例化 Function 构造函数的方式来创建函数。该构造函数的参数数量是不固定的，最后一个参数表示用字符串保存的新创建函数的函数体，前面的参数（数量不固定）表示新创建函数的参数名称，具体示例如下：

```
// new Function('参数1', '参数2', ..., '参数N', '函数体');
var func = new Function('a', 'b', 'return a + b;');
console.log(func(100, 200));        // 输出结果：300
```

上述代码将新创建的函数保存为 func 变量，然后调用 func(100, 200) 计算了 100+200 的结果。以上创建函数的方式相当于执行了如下代码：

```
var func = function(a, b) {
  return a + b;
};
```

4. 原型对象的原型对象

通过前面的学习可知，访问对象的原型对象可以使用"对象.constructor.prototyper"，由于构造函数的 prototype 属性指向原型对象，原型对象的 constructor 属性又指回了构造函数，这就构成了一个循环。因此，通过这种方式无法访问到原型对象的原型对象。

为了解决这个问题，一些浏览器为对象增加了一个新的属性_proto_，用于在开发工具中方便地查看对象的原型。由于该属性不是 JavaScript 原有的属性，因此前后加了两个下划线来区分。目前，一些新版的浏览器都支持了_proto_属性，如 Firefox、Chrome 等。下面通过代码演示该属性的使用。

```
function Person() {}
new Person().__proto__ === Person.prototype;
// 返回结果: true
```

接下来通过_proto_访问到原型对象的原型对象，效果如图 6.8 所示。在图 6.8 中访问到的对象，实际上是构造函数 Object 的原型对象，具体示例如下：

```
Person.prototype.__proto__ === Object.prototype;        // 返回结果: true
```

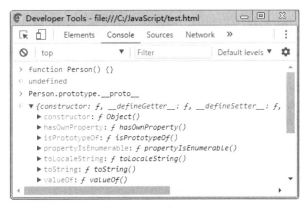

图 6.8　查看原型对象

如果继续访问 Object.prototype 的原型对象，则结果为 null。另一方面，构造函数 Object 的原型对象是构造函数 Function 的原型对象，具体示例如下：

```
Object.prototype.__proto__;                   // 返回结果: null
Object.__proto__ === Function.prototype;      // 返回结果: true
```

5. 原型链的结构

通过前面的分析，关于原型链的结构可以总结为以下 4 点。

➢　自定义函数以及 Object、String、Number 等内置函数，都是由 Function 函数创建的，Function 函数是由 Function 函数自身创建的。

➢　每个构造函数都有一个原型对象，构造函数通过 prototype 属性指向原型对象，原型对象通过 constructor 属性指向构造函数。

➢　由构造函数创建的实例对象，继承自构造函数的原型对象。通过实例对象的_proto_属性可以直接访问原型对象。

➢　构造函数的原型对象，继承自 Object 的原型对象，而 Object 的原型对象的_proto_属性为null。

为了更直观地表现原型链的结构，我们通过图 6.9 展示。

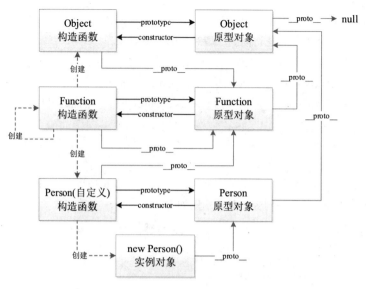

图 6.9 原型链结构

6. 原型链案例

在 JavaScript 中，每个构造函数都拥有一个原型对象，原型对象都包含一个指向构造函数的指针（constructor），实例都包含一个指向原型对象的内部指针（_proto_）。原型链是实现继承的主要方法，下面通过示例 6 详细讲解原型链。

⚫ 【示例 6】 *原型链*

```
<script>
    function Humans(){
        this.foot=2;
    }
    Humans.prototype.getFoot=function(){
        return this.foot;
    }
    function Man(){
        this.head=1;
    }
    Man.prototype=new Humans();
    Man.prototype.getHead=function(){
        return this.head;
    }
    var man1=new Man();
    alert(man1.getFoot());
    alert(man1.getHead());
    alert(man1 instanceof Object);
    alert(man1 instanceof Humans);
    alert(man1 instanceof Man);
</script>
```

以上代码定义了两个类型，分别为 Humans 和 Man，每个类型分别有一个属性和一个方法，它们的主要区别是 Man 继承了 Humans，而继承是通过创建 Humans 的实例，并将这个实例赋值给 Man.prototype 实现的。实际上就是重写原型对象，赋值于一个新类型的实例，也就是说，原来存在于 Humans 的实例中的所有属性和方法，现在也存在于 Man.prototype 中了，在确立了继承关系之后，又给 Man.prototype 添加了一个方法，这样就在继承了 Humans 的属性和方法的基础上又添加了一个新方法，示例 6 中的实例及构造函数和原型之间的关系如图 6.10 所示。

在上面的代码中，没有使用 Man 默认提供的原型，而是给它换了一个新原型，这个新原型就是 Humans 的实例。于是，新原型不仅具有作为一个 Humans 的实例所拥有的全部属性和方法，而且内部还有一个指针，指向了 Humans 的原型。

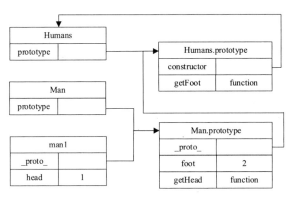

图 6.10　构造函数和原型之间的关系

最终 man1 指向了 Man 的原型，Man 的原型又指向 Humans 的原型。getFoot()方法仍然还在 Humans.prototype 中，但是 foot 则位于 Man.prototype 中，这是因为 foot 是一个实例属性，而 getFoot() 则是一个原型方法，既然 Man.prototype 现在是 Humans 的实例，那么 foot 当然就位于该实例中了。

通过实现原型链，本质上实现了前面讲解的原型搜索机制，大家应该还记得，当访问一个实例属性时，首先会在实例中搜索该属性，如果没有找到该属性，则会继续搜索实例的原型。在通过原型链实现继承的情况下，搜索过程就是沿着原型链继续向上，以示例 6 为例，调用 man1.getFoot()会经历如下三个步骤：

（1）搜索实例。

（2）搜索 Man.prototype。

（3）搜索 Humans.prototype。

最后一步才会找到该方法，在找不到属性或方法的情况下，搜索过程总要一环一环地前行到原型链的末端才会停下来。

上面示例展示的原型链还少一环，大家知道，所有的引用类型默认都继承了 Object，而这个继承也是通过原型链实现的。所有函数默认原型都是 Object 的实例，因此默认原型都会包含一个内部指针，指向 Object.prototype，这也正是所有自定义类型都会继承 toString()、valueOf()等默认方法的根本原因，所以上面示例展示的原型链中还应该包括另外一个继承层次，此示例的完整原型链如图 6.11 所示。

从上述代码和原型链中可以看到，子类型有时候要重写父类型中的某个方法，或者添加父类型中不存在的某个方法。但不管怎样，给原型添加方法的代码一定要放在替换原型的语句之后，如示例 7 所示的关键代码。

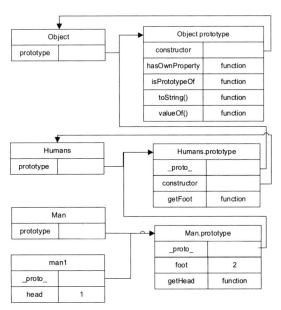

图 6.11　原型链

【示例7】 给原型添加方法

```
<script>
    function Humans(){
        this.foot=2;
    }
    Humans.prototype.getFoot=function(){
        return this.foot;
    }
    function Man(){
        this.head=1;
    }
    //继承了 Humans
    Man.prototype=new Humans();
    //添加新方法
    Man.prototype.getHead=function(){
        return this.head;
    }
    //重写父类型中的方法
    Man.prototype.getFoot=function(){
        return false;
    }
    var man1=new Man();
    alert(man1.getFoot());      //false
</script>
```

在上述代码中，方法 getHead()被添加到了 Man 中，第二个方法 getFoot()是原型链中已经存在的一个方法，但重写这个方法将会屏蔽原来的方法，也就是说，当通过 Man 的实例调用 getFoot()时调用的就是这个重新定义的方法，但是通过 Humans 的实例调用 getFoot()时还会继续调用原来的方法，所以大家在编写时要特别注意，必须在用 Humans 的实例替换原型之后，再定义这两个方法。

6.4.5 对象继承

原型链虽然很强大，可以用它来实现继承，但是也存在两个问题。最重要的是来自包含引用类型值的原型，由于包含引用类型值的原型属性会被所有实例共享，在通过原型来实现继承时，原型实际上会变成另一个类型的实例，因此，原先的实例属性也就变成了现在的原型属性了，如示例 8 所示。

【示例8】 原型链的问题

```
<script>
    function Humans(){
        this.clothing=["trousers","dress","jacket"];
    }
    function Man(){
    }
    //继承了 Humans
    Man.prototype=new Humans();
    var man1=new Man();
    man1.clothing.push("coat");
    alert(man1.clothing);
    var man2=new Man();
    alert(man2.clothing);
</script>
```

示例中 Humans 构造函数定义了一个 clothing 属性，这个属性包含一个数组（引用类型值），Humans 的每个实例都会各自包含自己数组的 clothing 属性。当 Man 通过原型链继承了 Humans 之后，Man.prototype 就变成了 Humans 的一个实例，因此它也拥有一个它自己的 clothing 属性，这与专门创建一个 Man.prototype.clothing 属性一样。但是结果呢？在浏览器中运行代码 alert(man1.clothing)和 alert(man2.clothing)后弹出的信息一样，均如图 6.12 所示。

从弹出的信息可以看到，Man 的所有实例都会共享这一个 clothing 属性，从 man1.clothing 的修改能够通过 man2.clothing 反映出来，已经充分证明了这一点。

图 6.12　输出结果一样

原型链的第二个问题是在创建子类型的实例时，不能向父类型的构造函数中传递参数，其实是没有办法在不影响所有对象实例的情况下，给父类型的构造函数传递参数的。

基于这两个原因，实际开发中很少会单独使用原型链。因此，开发人员在解决原型中包含引用类型值所带来的问题时，使用一种叫作借用构造函数（Constructor Stealing）的技术。

1. 借用构造函数

借用构造函数这种技术的基本思想很简单，就是在子类型构造函数的内部调用父类型构造函数，即在子类型构造函数的内部通过 apply()或 call()方法调用父类型的构造函数，也可以在将来新创建的对象上执行构造函数，下面先看一下 apply()和 call()的语法。

语法

```
apply([thisObj[,argArray]])
```

应用某一对象的一个方法，用另一个对象替换当前对象。

```
call([thisObj[,arg1[,arg2[,[,argN]]]]])
```

调用一个对象的一个方法，以另一个对象替换当前对象。

由 apply()和 call()的语法和解释可以看出，它们的用途相同，都是在特定的作用域中调用函数的，但是它们接收的参数不同，apply()接收两个参数，一个是函数运用的作用域（this），另一个是参数数组。call()方法的第一个参数与 apply()方法相同，但传递给函数的参数必须列举出来。现在看看借用构造函数的应用，如示例 9 所示。

【示例 9】　借用构造函数

```
<script>
    function Humans(){
        this.clothing=["trousers","dress","jacket"];
    }
    function Man(){
        Humans.call(this);    //继承了 Humans
    }
    var man1=new Man();
    man1.clothing.push("coat");
    alert(man1.clothing);
    var man2=new Man();
    alert(man2.clothing);
</script>
```

示例中 Humans.call(this)表示"借调"了父类型的构造函数，通过使用 call()方法（也可以使用 apply()方法），实际上是在新创建的 Man 实例的环境下调用了 Humms 构造函数，这样在新的 Man对象上执行 Humans()函数中定义的所有对象初始化代码。结果就是，Man 的每个实例都会具有自己的 clothing 属性的副本，在浏览器中运行示例，alert(man1.clothing)弹出的信息如图 6.12 所示，而alert(man2.clothing)弹出的信息如图 6.13 所示。相对原型链而言，借用构造函数还有一个很大的优

图 6.13　man2.clothing 输出结果

势，即可以在子类型构造函数中向父类型构造函数传递参数，如示例 10 所示。

【示例 10】 **借用构造函数传递参数**

```
<script>
    function Humans(name){
        this.name=name;
    }
    function Man(){
        Humans.call(this,"mary");      //继承了 Humans,同时还传递了参数
        this.age=38;                   //实例属性
    }
    var man1=new Man();
    alert(man1.name);
    alert(man1.age);
</script>
```

在示例 10 代码中，Humans 只接收一个参数 name，该参数会直接赋值给一个属性。在 Man 构造函数内部调用 Humans 构造函数时，实际上是为 Man 的实例设置了 name 属性。为了确保 Humans 构造函数不会重写子类型的属性，可以在调用父类型构造函数后再添加应该在子类型中定义的属性。

如果仅仅使用借用构造函数的技术，也将无法避免构造函数模式存在的问题，那就是方法都在构造函数中定义，因此函数复用就无从谈起了，而且在父类型的原型中定义的方法，对子类型而言也是不可见的，结果所有类型都只能使用构造函数模式。基于这些问题，组合继承很好地解决了这些问题。

2. 组合继承

组合继承（Combination Inheritance）有时也叫作伪经典继承，指的是将原型链和借用构造函数的技术组合到一块，从而发挥二者之长的一种继承模式。其思路是使用原型链实现对原型属性和方法的继承，而通过借用构造函数来实现对实例属性的继承。这样，既通过在原型上定义方法实现了函数复用，又能够保证每个实例都有它自己的属性。具体应用如示例 11 所示。

【示例 11】 **组合继承**

```
<script>
    function Humans(name){
        this.name=name;
        this.clothing=["trousers","dress","jacket"];
    }
    Humans.prototype.sayName=function(){
        alert(this.name);
    };
    function Man(name,age){
        Humans.call(this,name);      //继承属性
        this.age=age;
    }
    Man.prototype=new Humans();      //继承方法
    Man.prototype.sayAge=function(){
        alert(this.age);
    };
    var man1=new Man("mary",38);
    man1.clothing.push("coat");
    alert(man1.clothing);        //输出"trousers,dress,jacket,coat"
    man1.sayName();              //输出 mary
    man1.sayAge();               //输出 38
    var man2=new Man("tom",26);
    alert(man2.clothing);        //输出"trousers,dress,jacket"
    man2.sayName();              //输出 tom
    man2.sayAge();               //输出 26
</script>
```

在示例 11 中，Humans 构造函数定义了两个属性：name 和 clothing。Humans 的原型定义了一个方法 sayName()，Man 构造函数在调用 Humans 构造函数时传入了 name 参数，紧接着又定义了它自己的属性 age，然后将 Humans 的实例赋值给 Man 的原型，然后又在该新原型上定义了方法 sayAge()。这样一来，就可以让两个不同的 Man 实例既分别拥有自己的属性，包括 clothing 属性，又可以使用相同的方法了。

组合继承避免了原型链和借用构造函数的缺陷，融合了它们的优点，成为 JavaScript 中最常用的继承模式。

6.4.6　技能训练

上机练习 3　画原型链图

需求说明

➢ 创建构造函数 Person，增加属性民族（nation）和肤色（skinColor），添加两个方法，分别返回民族和肤色。

➢ 创建构造函数 Woman，添加属性性别（sex），Woman 继承自 Person。

➢ 为构造函数 Woman 添加方法，返回性别。

➢ 创建 Woman 的实例对象 woman1。

➢ 在页面中输出对象 woman1 三个方法的值，如图 6.14 所示。

➢ 画出本练习的原型链图。

上机练习 4　创建继承 Person 的 Student 子类

需求说明

➢ 创建构造函数 Person，添加属性姓名（name）、语文成绩（Chinese）、数学成绩（Math）；添加三个方法，分别返回姓名、语文成绩和数学成绩。

➢ 创建构造函数 Student，继承 Person 的属性和方法，并添加属于自己的属性年龄（age），添加属于自己的方法，返回年龄。

➢ 创建 Student 的对象，并在页面上输出实例的姓名、语文成绩、数学成绩和年龄，如图 6.15 所示。

图 6.14　输出方法的值

图 6.15　输出实例值

本章总结

➢ 对象分为自定义对象和内置对象，为对象添加属性和方法。

➢ 构造函数可用来创建特定类型的对象。

➤ 原型链是实现继承的主要方法，学会画原型链。

➤ 借用构造函数就是在子类型构造函数的内部通过 apply()或 call()方法调用父类型的构造函数。

➤ 组合继承的思路就是使用原型链实现对原型属性和方法的继承。

本章作业

一、选择题

1、阅读下面的代码，在横线处填写（   ）可输出的值为"小花猫"。（选择两项）

```
var Animal=new Object();
Animal.name="小花猫";
Animal.age=3;
Animal.showName=function(){
  return this.name;
}
alert (_____);
```

    A．Animal.showName()   B．Animal.showName   C．Animal.Name   D．Animal.name()

2、Array 对象的（   ）方法可以向数组末尾添加一个元素。

    A．match ()   B．push()   C．call()   D．apply ()

3、有两个构造函数 Automobile 和 Car，下面（   ）能够实现 Car 继承 Automobile 的方法。

    A．Car.prototype=new Automobile();   B．Car._proto_=new Automobile ();

    C．var Car= new Automobile();   D．var carl = new Car();

4、JavaScript 的面向对象是使用（   ）体现继承关系的。

    A．prototype   B．_proto_   C．constructor   D．call

5、在 JavaScript 中有如下代码，alert(dog1.showFoot())和 alert(dog1.name)分别输出（   ）。

```
function Animal(foot, name){
    this.foot=4;
    this.name="动物";
}
Animal.prototype.showFoot=function(){
    return this.foot;
};
function Dog(foot,name){
Animal.call(this,foot,name);
};
Dog.prototype=new Animal();
var dogl=new Dog (3,"大黄");
alert(dogl.showFoot ());
alert(dogl.name);
```

    A．4 大黄   B．3 大黄   C．4 动物   D．3   动物

6、在访问一个实例对象的成员时，若该对象中没有，则尝试到（   ）中读取。

    A．构造函数   B．原型对象   C．静态成员   D．私有成员

7、在使用构造函数创建对象时，构造函数内部的 this 表示（   ）。

    A．构造函数本身   B．新创建的对象   C．window 对象   D．原型对象

8、函数的 call()方法的第 1 个参数表示（   ）。

    A．函数返回的对象   B．函数内部 this 指向的对象 C．函数的数组形式参数 D．以上说法都不正确

二、综合题

1、简述使用原型链实现继承的思想。

2、简述借用构造函数技术在实现继承的过程中的作用。

3、创建一个对象 student，表示一个学生对象，要求如下。

- 添加属性：姓名、年龄和自我介绍。
- 添加方法：输出该学生的姓名、年龄和自我介绍。
- 在页上显示该方法输出的信息，如图 6.16 所示。

提示

- 使用 new 创建对象 student，添加属性。
- 添加方法，在方法中使用字符串把学生的信息使用字符"+"串起来；使用 return 返回该字符串。
- 使用 getElementById() 和 innerHTML 把方法中的字符串显示在页面中。

4、创建一个构造函数 Student，表示学生，要求如下：

- 添加属性：姓名、年龄和自我介绍。
- 添加方法：在一个 \<p\> 标签中显示该姓名、年龄和自我介绍。
- 创建两个学生对象，输入两个学生的姓名、年龄和自我介绍。
- 在页面中显示两个对象的方法输出的信息，如图 6.17 所示。

提示

- 创建构造函数 Student，添加属性和方法，在方法中使用 createElement() 创建 \<p\> 标签。使用 innerHTML 把姓名、年龄和自我介绍显示在此 \<p\> 标签中，使用 return 返回 \<p\> 标签。
- 使用 new 创建两个学生对象。
- 使用 getElementById() 和 appendChild() 把创建的学生对象信息追加到页面中。

5、创建一个构造函数 Animal，使用继承完成如下要求：

- 构造函数 Animal 有自己的属性：名称（name）、年龄（age）和颜色（color）。
- 创建构造函数 Poultry，继承 Animal 的属性，并且有属于自己的属性：腿（leg）。
- 创建 Poultry 的方法 info，输出名称、年龄、颜色和腿等信息。
- 创建对象，把方法中的相关信息输出到页面中，如图 6.18 所示。

提示

- 创建构造函数 Animal，添加自己的属性。
- 创建构造函数 Poultry，使用 call() 继承 Animal 的属性，并添加自己的属性。
- 创建方法 info，使用 createElement() 创建 \<p\> 标签，使用 innerHTML 把名称、年龄、颜色和腿数显示在此 \<p\> 标签中，使用 return 返回 \<p\> 标签。
- 使用 new 创建两个对象。
- 使用 getElementById() 和 appendChild() 把创建的对象信息追加到页面中。

图 6.16　显示学生的信息

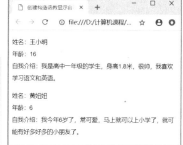

图 6.17　显示两个学生的信息

图 6.18　显示对象信息

第 7 章
初识 jQuery

本章目标

◎ 掌握搭建 jQuery 开发环境

◎ 掌握使用 ready()方法加载页面、掌握 jQuery 语法

◎ 熟悉使用 addClass()方法和 css()方法为元素添加 CSS 样式

◎ 熟悉使用 next()方法获取元素

◎ 掌握使用 show()和 hide()方法显示和隐藏元素

本章简介

自 Web 2.0 兴起以来，越来越多的人开始重视人机交互，改善网站的用户体验也被越来越多的企业提上日程。以构建交互式网站、改善用户体验著称的主流脚本语言 JavaScript 从而受到人们的追捧，一系列 JavaScript 程序库也随之蓬勃发展起来，它们各有所长，日渐呈现百家争鸣之势。从早期的 Prototype、Dojo 到之后的 jQuery、ExtJS，互联网正在掀起一场强烈的 JavaScript 风暴，而 jQuery 以其简约的风格，始终位于这场风暴的中心，得到了越来越多的赞誉与推崇。

通过本章的学习，你将对 jQuery 的概念、jQuery 与 JavaScript 的关系、jQuery 程序的基本结构有一个感性的认识，能够使用 HBuilder 开发出自己的第一个 jQuery 程序，制作一些简单且常见的交互效果。

技术内容

7.1 为什么选择jQuery

什么是 jQuery？在正式介绍 jQuery 之前，有必要了解一下为什么选择 jQuery。

在本书前面章节中，大家对 JavaScript 及其与 jQuery 的关系已经有了一些了解，下面将更加深入地了解为什么要选择 jQuery 制作交互特效。

1. jQuery 与 JavaScript

众所周知，jQuery 是 JavaScript 的程序库之一，它是 JavaScript 对象和实用函数的封装。为什么要选择 jQuery 呢？首先看看如图 7.1 所示的隔行变色的表格。

序号	学号	姓名	年级	专业名称	专业编号	班级	学习形式
1	201965110402	白鑫	2019	移动应用开发	1258	1	全日制
2	201965110423	曹发义	2019	移动应用开发	1258	1	全日制
3	201965110414	陈林	2019	移动应用开发	1258	1	全日制
4	201965110397	陈琳	2019	移动应用开发	1258	1	全日制
5	201965110545	陈子杨	2019	移动应用开发	1258	1	全日制
6	201965110386	邓贵湘	2019	移动应用开发	1258	1	全日制
7	201965110417	方硕	2019	移动应用开发	1258	1	全日制
8	201965110395	韩念峰	2019	移动应用开发	1258	1	全日制
9	201965110411	韩双	2019	移动应用开发	1258	1	全日制
10	201965110415	何盈	2019	移动应用开发	1258	1	全日制
11	201965110406	何泽宇	2019	移动应用开发	1258	1	全日制
12	201965110409	贺鑫	2019	移动应用开发	1258	1	全日制
13	201965110410	黄继良	2019	移动应用开发	1258	1	全日制
14	201965110403	旷晓阳	2019	移动应用开发	1258	1	全日制
15	201965110426	赖生根	2019	移动应用开发	1258	1	全日制

图 7.1　隔行变色的表格

该表格的效果使用 JavaScript 与 jQuery 均能实现，两者在实现上到底有什么区别呢？要使用 JavaScript 实现如图 7.1 所示的效果的代码如下：

```
<script type="text/javascript">
    //加载 HTML 文档
    window.onload = function() {
     //获取行对象集合
    var trs = document.getElementsByTagName("tr");
    for(var i = 0; i <= trs.length; i++) { //遍历所有行
        if(i % 2 == 0) { //判断奇偶行
            var obj = trs[i]; //根据序号获取行对象
            obj.style.backgroundColor = "#e8f0f2"; //为所获取的行对象添加背景颜色
        }
      }
    }
</script>
```

而使用 jQuery 实现如图 7.1 所示的效果的代码如下：

```
<script src="js/jquery-1.12.4.js" type="text/javascript"></script> /*引入 jquery 库文件*/

<script type="text/javascript">
  $(document).ready (function () {        //加载 HTML 文档
     $("tr:even").css("background-color", "#e8f0f2") ; //为表格的偶数行添加背景颜色
  });
</script>
```

比较以上两段代码不难发现，使用 jQuery 制作交互特效的语法更为简单，代码量大大减少了。此外，使用 jQuery 与单纯使用 JavaScript 相比最大的优势是能使页面在各浏览器中保持统一的显示效果，即不存在浏览器兼容性问题。例如，使用 JavaScript 获取 id 为"title"的元素，在 IE 中，可以使用 eval("title")或 getElementById("title")来获取该元素。如果使用 eval("title")获取元素，则在 Firefox 浏览器中将不能正常显示，因为在 Firefox 浏览器中，只支持使用 getElementById("title")获取 id 为"title"的元素。

由于各浏览器对 JavaScript 的解析方式不同，因此在使用 JavaScript 编写代码时，就需要分 IE 和非 IE 两种情况来考虑，以保证各个浏览器中的显示效果一致。这对一些开发经验尚浅的人员来说，难度非常大，一旦考虑不周全，就会导致用户使用网站时的体验性变差，从而流失部分潜在客户。

2. jQuery与其他JavaScript库

JavaScript 是一种面向 Web 的脚本语言。大部分网站都使用了 JavaScript，并且现有浏览器（基于桌面系统、平板电脑、智能手机和游戏机的浏览器）都包含了 JavaScript 解释器。它的出现使得网页与用户之间实现了实时、动态的交互，使网页包含了更多活泼的元素，使用户的操作变得更加简捷。而 JavaScript 本身存在两个弊端：一个是复杂的文档对象模型，另一个是不一致的浏览器实现。

基于以上背景，为了简化 JavaScript 开发，解决浏览器之间的兼容性问题，一些 JavaScript 程序库随之诞生，JavaScript 程序库又称为 JavaScript 库。JavaScript 库封装了很多预定义的对象和实用函数，能够帮助开发人员轻松地搭建具有高难度交互的客户端页面，并且完美地兼容各大浏览器。目前流行的 JavaScript 库有 jQuery、Bootstrap、Zepto、Node、Ext 和 YUI 等。由于各个 JavaScript 库都有其各自的优缺点，同时也各自拥有支持者和反对者。从较为流行的几个 JavaScript 库的使用可以看出，jQuery 目前是应用最多的一个库，从近年来 jQuery 在市场中的表现也可以看出，jQuery 经历了若干次版本更新，逐渐从其他 JavaScript 库中脱颖而出，成为 Web 开发人员的最佳选择。

7.2 jQuery概述

7.2.1 认识 jQuery

通过前面的学习，相信大家已经十分清楚选择 jQuery 的原因了，下面将从 jQuery 的简介、用途和优势三个方面认识 jQuery。

1. jQuery简介

jQuery 这个名称来源于 JavaScript 和 Query（查询）的组合，是一个轻量级的跨平台 JavaScript 函数库，拥有 MIT 软件许可协议。目前主流浏览器基本上都支持 jQuery。jQuery 秉承 "write less，do more（以更少的代码，实现更多的功能）" 的核心理念，其语法能让用户更方便地选取和操作 HTML 元素、处理各类事件、实现 JavaScript 特效与动画，并且能为不同类型的浏览器提供更便捷的 API，用于 AJAX 交互。jQuery 也能让开发者基于 JavaScript 函数库开发新的插件。jQuery 将通用性和可扩展性相结合，它的出现将改变人们对 JavaScript 的使用方式。

jQuery 是继 Prototype 之后又一个优秀的 JavaScript 库，是由美国人 John Resig 于 2006 年创建的开源项目。目前，jQuery 团队主要包括核心库、UI、插件和 jQuery Mobile 等开发人员、推广人员、网站设计人员及维护人员。随着人们对它的日渐熟知，越来越多的程序高手加入其中，完善并壮大其项目内容，这促使 jQuery 逐步发展成为如今集 JavaScript、CSS、DOM 和 Ajax 于一体的强大框架体系。

作为 JavaScript 的程序库，jQuery 凭借简洁的语法和跨浏览器的兼容性，极大地简化了遍历 HTML 文档、操作 DOM、处理事件、执行动画和开发 Ajax 的代码，从而广泛应用于 Web 应用开发，如导航菜单、轮播广告、网页换肤和表单校验等方面。其简约、雅致的代码风格，改变了 JavaScript 程序员的设计思路和编写程序的方式。

总之，无论是网页设计师、后台开发者、业余爱好者，还是项目管理者；无论是 JavaScript "菜鸟"，还是 JavaScript "大侠"，都有足够的理由学习 jQuery。

2. jQuery的用途

jQuery 是 JavaScript 的程序库之一，因此，许多使用 JavaScript 能实现的交互特效，都能使用 jQuery 完美地实现，下面就从以下 5 个方面来简单介绍一下 jQuery 的应用场合。

（1）访问和操作 DOM 元素

使用 jQuery 可以很方便地获取和修改页面中的指定元素，无论是删除、移动还是复制某元素，jQuery 都提供了一整套方便、快捷的方法，既减少了代码的编写，又大大提高了用户对页面的体验度，如添加、删除商品，留言与个人信息等。如在腾讯 QQ 空间中删除 "说说" 信息，该功能就用到了 jQuery。

（2）控制页面样式

通过引入 jQuery，程序开发人员可以很便捷地控制页面的 CSS 文件。浏览器对页面文件的兼容性，一直以来都是页面开发者最为头痛的事情，而使用 jQuery 操作页面的样式可以很好地兼容各种浏览器。最典型的有微博、博客、邮箱等的换肤功能。如网易邮箱的换肤功能也是基于 jQuery 实现的。

（3）对页面事件的处理

引入 jQuery 后，可以使页面的表现层与功能开发分离，开发者更多地专注于程序的逻辑与功效；页面设计者侧重于页面的优化与用户体验。通过事件绑定机制，可以很轻松地实现两者的结合。如"去哪儿"网的搜索模块的交互效果，就应用了 jQuery 对鼠标事件的处理。

（4）方便地使用 jQuery 插件

引入 jQuery 后，可以使用大量的 jQuery 插件来完善页面的功能和效果，如 jQuery UI 插件库、Form 插件、Validate 插件等。这些插件的使用极大地丰富了页面的展示效果，使原来使用 JavaScript 代码实现起来非常困难的功能通过 jQuery 插件可轻松地实现。

（5）与 Ajax 技术的完美结合

利用 Ajax 异步读取服务器数据的方法，极大地方便了程序的开发，增强了页面交互，提升了用户体验；而引入 jQuery 后，不仅完善了原有的功能，还减少了代码的书写，通过其内部对象或函数，加上几行代码就可以实现复杂的功能。

上述 5 个方面是 jQuery 主要的应用场合，其中最后两个方面将在后续的课程中讲解，本课程仅对前三个应用场合进行详细讲解。

3. jQuery 的发展史

jQuery 最早是在 2006 年 1 月由一位美国的软件工程师 John Resing 在纽约 BarCamp（注：一种国际研讨会网络，由参与者互相分享 Web 技术）上发布的。John Resing 既是 jQuery 的创造者，也是 jQuery JavaScript 函数库的核心开发者。最初的 jQuery1.0 版正式发布于 2006 年 4 月 26 日，经历多次升级，直至 2017 年 3 月发布的 jQuery3.2.1 版为当前的最新版本。目前 jQuery 是由 Timmy Willison 所领导的开发团队负责进行维护的。

截止到 2015 年，jQuery 已成为网络上使用范围最广泛的 JavaScript 函数库。根据 Libscore 的最新统计数据得出结论，目前流量排名最高的百万个网页中超过 69% 都在使用 jQuery，其中比较著名的网站有：百度、腾讯、淘宝、新浪、Twitter、eBay 和 Linkedln 等。

4. jQuery 的特点与优势

jQuery 的主旨是 write less, do more（以更少的代码，实现更多的功能）。jQuery 独特的选择器、链式操作、事件处理机制和封装，以及完善的 Ajax 都是其他 JavaScript 库望尘莫及的。总体来说，jQuery 主要有以下优势。

（1）轻量级。jQuery 是一个轻量级的脚本，其代码非常小巧。网页使用 jQuery 所需要引用的 JS 文件只有 32kb 左右，几乎不会影响页面的加载速度。

（2）语法简洁易懂，学习速度快，文档丰富。化简 JavaScript，jQuery 的选择器化简了 JavaScript 查找 DOM 对象的代码复杂度，基本只需要一行代码就可以查找各种 HTML 元素或更改指定元素的 CSS 样式。

（3）强大的选择器。jQuery 支持几乎所有的 CSS 选择器，以及 jQuery 自定义的特有选择器。由于 jQuery 具有支持选择器这一特性，使得具备一定 CSS 经验的开发人员学习 jQuery 更加容易。

（4）出色的 DOM 封装。jQuery 封装了大量常用的 DOM 操作，使开发者在编写 DOM 操作相关程序的时候能够更加得心应手。jQuery 能够轻松地完成各种使用 JavaScript 编写时非常复杂的操作，即使 JavaScript 新手也能编写出出色的程序。

（5）可靠的事件处理机制。jQuery 的事件处理机制吸收了 JavaScript 中的事件处理函数的精华，使得 jQuery 在处理事件绑定时非常可靠。

（6）出色的浏览器兼容性。作为一个流行的 JavaScript 库，解决浏览器之间的兼容性是必备的条件之一。jQuery 能够同时兼容 IE 6.0+、Firefox 3.6+、Safari 5.0+、Opera 和 Chrome 等多种浏览器，使显示效果在各浏览器之间没有差异。

（7）隐式迭代。当使用 jQuery 查找到相同名称（类名、标签名等）的元素后隐藏它们时，无须循环遍历每个返回的元素，它会自动操作所匹配的对象集合，而不是单独的对象，这一举措使得大量的循环结构变得不再必要，从而大幅地减少了代码量。

（8）丰富的插件支持。jQuery 的易扩展性，吸引了来自全球的开发者来编写 jQuery 的扩展插件。目前已经有成百上千的官方插件支持，而且不断有新插件面世。

（9）实现了 JavaScript 脚本和 HTML 代码的分离，便于后期编辑和维护。

7.2.2　配置jQuery环境

俗话说得好：磨刀不误砍柴工。要想在页面中使用 jQuery 也一样，首先必须配置 jQuery 的开发环境。

1. 获取jQuery的最新版本

进入 jQuery 的官方网站（http://jquery.com）。在页面右侧的 Download jQuery 区域，下载最新版的 jQuery 库文件，如图 7.2 所示。

图 7.2　jQuery 官方网站下载页面

jQuery 是一种开源函数库，读者可以直接访问官网页面（http://jquery.com/download/）进行下载。

2. jQuery的版本比较

目前 jQuery 共有三种版本：jQuery1.x、jQuery2.x、jQuery3.x。

（1）jQuery1.x 版本

该版本是使用最为广泛的 jQuery 版本，适用于绝大多数 Web 前端项目开发，兼容性较高。该版本未来不会再增加新的功能，官网只做 BUG 维护。其最终版为 2016 年 5 月发布的 jQuery1.12.4 版。

（2）jQuery2.x 版本

该版本与之前的 1.x 系列有一样的 API，但是不支持 IE6~IE8，因此使用人数相对较少。该版本未来同样不会再增加新的功能，官网只做 BUG 维护。其最终版为 2016 年 5 月发布的 jQuery2.2.4 版。

由于 IE8 目前仍然比较普及，建议下载 1.x 系列。除非能确保没有任何用户使用 IE6~IE8 版本的浏览器来访问程序，再去使用 2.x 系列版本。

（3）jQuery3.x 版本

该版本是目前最新的 jQuery 版本，最近一次是 2017 年 3 月发布的 jQuery3.2.1 版。该版本只支持 IE9+、Opera 最新版、以及其他主流浏览器的最新版及前一版。

需要注意的是，如果需要兼容 IE6-8、Opera12.1x 或者 Safari5.1 等旧版本的浏览器，官方建议使用 jQuery1.12.4。本书将选择官方推荐的 1.12.4 系列版本作为示例，因为该版本的浏览器兼容性相对较好。

> **提示**
>
> jQuery 库的文件版本更新较快，只需记住下载时登录 jQuery 官方网站地址，点击"Download jQuery"按钮，进入下载列表，下载版本号为 1 开头的 jQuery 库文件即可。版本号为 2，开头的 jQuery 库文件不提供对 IE6~IE8 的支持，即无法解决这三个版本中的兼容性问题，而版本号以 1 开头的 jQuery 库文件可以支持所有版本的 IE，以及目前流行的浏览器。因此，建议下载版本号以 1 开头的 jQuery 库文件。

3. jQuery库类型说明

jQuery 库的类型分为两种，分别是开发版（未压缩版）和发布版（压缩版），它们的对比如表 7-1 所示。

表 7-1　jQuery 库的类型对比

名　　称	大　　小	说　　明
jquery-1.版本号.js（开发版）	约 286KB	完整无压缩版本，主要用于测试、学习和开发
jquery-1.版本号.min.js（发布版）	约 94.8KB	经过工具压缩或经过服务器开启 GZIP 压缩，主要应用于发布的产品和项目

在本课程中，采用的版本是 jQuery 1.12.4，相关的开发版和发布版 jQuery 库为 jquery-1.12.4.js 和 jquery-1.12.4.min.js。

4. jQuery环境配置

jQuery 不需要安装，把下载的 jquery.js 放到网站上的一个公共的位置，想要在某个页面上使用 jQuery 时，只需要在相关的 HTML 文档中引入该库文件的位置即可。

5. 在页面中引入jQuery

和其他 JavaScript 文件的使用方式一样，可以通过<script>标签在 HTML 文档的首部标签<head>和</head>中添加 jQuery 的引用声明。语法如下：

语法
```
<script src="jQuery 文件 URL"></script>
```

上述代码中的 jQuery 文件 URL 需要替换为实际的 jQuery 文件引用地址。需要注意的是，HTML4.01 版<script>元素首标签需要写成<script type="text/javascript" src="jQuery 文件 URL">；而在 HTML5 中可以省略其中的 type="text/javascript"，直接写成<script src="jQuery 文件 URL">即可。

以 jquery-1.12.4.js 为例，将该文件放置在和网页同一个文件夹下，则使用声明写法如下：
```
<script src="jquery-1.12.4.js"></script>
```

上述代码声明完成后就可以在页面上添加 jQuery 相关语句了。将 jquery-1.12.4.js 放在目录 js 下，为了方便调试，在所提供的 jQuery 例子中引用时使用的是相对路径。在实际项目中，可以根据实际需要调整 jQuery 库的路径。

在编写的页面代码的<head>标签内引入 jQuery 库后，就可以使用 jQuery 库了，程序如下：

```html
<!DOCTYPE html>
<html>
    <head>
        <meta charset="UTF-8">
        <title>在页面中引入 jQuery 库文件</title>
    </head>
    <body>
    <!--在 body 标签中引入 jQuery 库文件-->
    <script src="js/jquery-1.12.4.js" type="text/javascript"></script>
    </body>
</html>
```

7.3 jQuery基础语法

介绍了这么多关于 jQuery 的内容之后，相信大家一定已经卯足了劲，跃跃欲试了。在完成了 jQuery 的下载和在页面的引入之后，就可以正式开始 jQuery 之旅了。jQuery 的语法是专门为 HTML 元素的选取编制的，可以对元素执行操作。

7.3.1 编写第一个jQuery程序

在学习 jQuery 语法结构之前，先编写一个简单的 jQuery 程序，了解使用 jQuery 编写程序的思路，再总结学习 jQuery 语法结构。现在编写一个程序：在页面完成加载时，弹出一个提示框，显示"Hello，jQuery！"，代码如示例 1 所示。

【示例 1】 弹出窗口特效

```html
<!DOCTYPE html>
<html>
<head lang="en">
    <meta charset="UTF-8">
    <title>弹出窗口特效</title>
</head>
<body>
<script src="js/jquery-1.12.4.js" type="text/javascript"></script>
<script>
    $(document).ready(function() {
        alert("Hello, jQuery! ");
    });
</script>
</body>
</html>
```

示例 1 在浏览器中的运行效果如图 7.3 所示。

这段代码中$(document).ready()语句中的 ready()方法类似于传统 JavaScript 中的 onload()方法，它是 jQuery 中页面载入事件的方法。$(document).ready()与在 JavaScript 中的 window.onload 非常相似，它们都意味着在页面加载完成时，执行事件，即弹出如图 7.3 所示的提示框。例如，如下 jQuery代码：

图 7.3 第一个 jQuery 程序

```javascript
$(document).ready(function(){
    //执行代码
});
```

类似于如下 JavaScript 代码：

```
window.onload=function(){
    //执行代码
};
```

两者在功能实现上可以互换，但它们之间又存在一些区别。表 7-2 对它们进行了简单对比。

表 7-2　window.onload 与$(document).ready()的对比

	window.onload	$(document).ready()
执行时机	必须等待网页中所有的内容加载完毕（包括图片、Flash、视频等）才能执行	网页中所有 DOM 文档结构绘制完毕即刻执行，可能与 DOM 元素关联的内容（图片、Flash、视频等）并没有加载完
编写个数	同一页面不能同时编写多个。 执行以下代码： `window.onload=function(){alert("好好学习");}` `window.onload=function(){alert("好好学习");}` 结果只会输出一次"好好学习"	同一页面能同时编写多个。 执行以下代码： `$(document).ready(function(){alert("好好学习");});` `$(document).ready(function(){alert("好好学习");});` 结果是输出两次"好好学习"
简化写法	无	$(document).ready(function(){ //执行代码}); 可以简写成 $(function (){ //执行代码 });

在实际开发中，通常需要在页面加载后立即使用 JavaScript 执行一些初始化工作，这通常涉及 DOM 元素的访问和操作，因此必须确保这些 DOM 元素已经加载完成，否则将得不到这些 DOM 对象。一般的做法是在$(document).ready()方法中执行这些工作。在后续的很多示例中，我们将看到大量$(document).ready()的使用。

7.3.2　文档就绪函数

为了避免文档在加载完成前就运行了 jQuery 代码导致潜在的错误，所有的 jQuery 函数都需要写在一个文档就绪（document.ready()）函数中。例如当前 HTML 页面还没有加载完，因此某 HTML 元素标签可能还无法查询获取。

文档就绪函数的写法如下：

```
$(document).ready(function(){
  jQuery 函数内容
});
```

【示例 2】　jQuery 文档准备就绪

```
<!DOCTYPE html>
<html>
    <head>
        <meta charset="utf-8">
        <title>jQuery 文档准备就绪</title>
        <script src="js/jquery-1.12.4.js"></script>
    </head>
    <body>
        <h3>jQuery 文档准备就绪函数的应用</h3>
        <hr>
        <script>
            $(document).ready(function() {
```

```
            alert("jQuery 文档准备就绪！");
        });
    </script>
</body>
</html>
```

示例 2 在浏览器中的运行效果如图 7.4 所示。

图 7.4　示例 2 运行效果

7.3.3　jQuery名称冲突

jQuery 通常使用美元符号$作为简写方式，但在同时使用了多个 JavaScript 函数库的 HTML 文档中的 jQuery 对象就有可能与其他同样使用$符号的函数（例如 Prototype）引起冲突。

因此 jQuery 使用 noConflict()方法自定义其他名称来替换可能产生冲突的$符号表达方式。

【示例 3】　jQuery 自定义名称代替$符号

```
<!DOCTYPE html>
<html>
    <head>
        <meta charset="utf-8">
        <title>jQuery 自定义名称代替$符号</title>
        <script src="js/jquery-1.12.4.js"></script>
    </head>
    <body>
        <h3>jQuery 自定义名称代替$符号</h3>
        <hr>
        <button>
            测试 jQuery 别名
        </button>
        <script>
            var jq = jQuery.noConflict();
            jq(document).ready(function() {
                jq("button").click(function() {
                    alert("jQuery 的别名生效了！");
                });
            });
        </script>
    </body>
</html>
```

示例 3 在浏览器中的运行效果如图 7.5 所示。

图 7.5　示例 3 运行效果

注意

在同一个页面中使用多个库文件，会引起变量冲突。

➢ 使用 jQuery.noConflict()方法解决对变量$的 jQuery 的控制权，即释放 jQuery 对$变量的控制。

➢ 如果页面仅使用 jQuery 一个库文件，则不需要 noConflict()方法。

➢ 本书仅介绍 jQuery 库文件的应用，大家可自行在 W3C 上查阅相关的资料。

7.3.4　技能训练 1

上机练习 1　　编写第一个 jQuery 程序

需求说明

➢ 在 HBuilder 中配置 jQuery 开发环境。

➢ 打开页面时，弹出窗口，提示信息为"我编写的第一个 jQuery 程序！"。

7.3.5　jQuery 语法结构

通过示例 1 中的语句$(document).ready(…)；不难发现，这条 jQuery 语句主要包含三大部分：$( )、document 和 ready()。这三大部分在 jQuery 中分别被称为工厂函数、选择器和方法，将其语法化后，jQuery 的基础语法结构如下：

语法

```
$(selector).action()
```

其中美元符号$表示 jQuery 语句，选择符 selector 用于查询 HTML 元素，action()需要替换为对元素进行某种具体操作的方法名。例如：

```
$("p").hide();
```

在 HTML 中<p>表示段落标签，hide()为 jQuery 中用于隐藏元素的新方法。因此上述代码表示隐藏所有段落。

1. 工厂函数$()

在 jQuery 中，美元符号"$"等价于 jQuery，即$()=jQuery()。$()的作用是将 DOM 对象转化为 jQuery 对象，只有将 DOM 对象转化为 jQuery 对象后，才能使用 jQuery 的方法。例如，示例 1 中的 document 是一个 DOM 对象，当它使用$()函数包裹起来时，就变成了一个 jQuery 对象，它能使用 jQuery 中的 ready()方法，而不能再使用 DOM 对象的 getElementById()方法。例如，代码 $ (document).getElementById()和 document.ready()均是不正确的。

说明

当$()的参数是 DOM 对象时，该对象无须使用双引号包裹起来，如果获取的是 document 对象，则写作$(document)。

2. 选择器 selector

jQuery 支持 CSS1.0 到 CSS3.0 规则中几乎所有的选择器，如标签选择器、类选择器、ID 选择器和后代选择器等，使用 jQuery 选择器和$()工厂函数可以非常方便地获取需要操作的 DOM 元素，语法格式如下：

语法

```
$(selector)
```

ID 选择器、标签选择器、类选择器的用法如下所示。

```
$("#userName")    ;    //获取 DOM 中 id 为 userName 的元素
$("div");    //获取 DOM 中所有的 div 元素
$(".content")    ;    //获取 DOM 中 class 为 content 的元素
```

jQuery 中提供的选择器远不止上述几种，在以后的章节中将进行更加系统的介绍。

3. 方法action()

jQuery 中提供了一系列方法。在这些方法中，一类重要的方法就是事件处理方法，主要用来绑定 DOM 元素的事件和事件处理方法。在 jQuery 中，许多基础的事件，如鼠标事件、键盘事件和表单事件等，都可以通过这些事件方法进行绑定，相对应在 jQuery 中则写作 click()、mouseover()和 mouseout()等。

通过以上对 jQuery 语法结构的分步解析，下面制作一个网站的左导航特效，当点击导航项时，给 id 名为 current 的导航项添加类名为 current 的类样式。相关代码如示例 4 所示。

【示例 4】 导航菜单

```
<!DOCTYPE html>
<html>
<head lang="en">
    <meta charset="UTF-8">
    <title>左导航菜单</title>
    <style type="text/css">
        li{list-style: none; line-height: 22px; cursor: pointer;}
        .current{background: #6cf; font-weight: bold; color: #fff;}
    </style>
</head>
<body>
<ul>
    <li id="current">jQuery 简介</li>
    <li>jQuery 语法</li>
    <li>jQuery 选择器</li>
    <li>jQuery 事件与动画</li>
    <li>jQuery 方法</li>
</ul>
<script src="js/jquery-1.12.4.js" type="text/javascript"></script>
<script type="text/javascript">
    $(document).ready(function(){
        $("li").click(function(){
            $("#current").addClass("current");
        });
    });
</script>
</body>
</html>
```

其运行结果如图 7.6 所示，当点击菜单项"jQuery 简介"时，它的背景变为蓝色，如图 7.7 所示。

图 7.6 左导航菜单

图 7.7 点击菜单项后的效果

从上面的方法名称中，大家可以看到，jQuery 中事件方法与 JavaScript 中事件写法非常相似。例如，点击事件，在 JavaScript 中为 onclick，在 jQuery 中为 click，仅是少了一个 on，再对照其他事件均是如此，所以大家在使用 JavaScript 事件和 jQuery 事件方法时不要写错了。

　　示例 4 中出现的 addClass()方法是 jQuery 中用于进行 CSS 操作的方法之一，它的作用是向被选元素添加一个或多个类样式，它的语法格式如下：

语法

```
jQuery 对象.addClass ([样式名])
```

　　其中，样式名可以是一个，也可以是多个，多个样式名需要用空格隔开。

　　需要注意的是，与使用选择器获取 DOM 元素不同，获取 id 为 current 的元素时，"current"前号需要加 id 的符号而使用 addClass()方法添加 class 为 current 的类样式时，该类名前不带有类符号"."。

　　在示例 4 中演示了使用鼠标点击菜单改变背景颜色的效果，但是在实际网页中经常看到，在进行企业网站开发时，每个网站都会有导航菜单，帮助浏览者快速找到自己想去的栏目，当鼠标指针移至导航上时，当前菜单背景颜色改变；当鼠标指针离开时，当前导航背景颜色恢复，这样的效果是如何实现的呢？下面看示例 5 的代码，将用 jQuery 的动画和追加节点的方法来实现鼠标滑过导航菜单时会切换栏目样式的动画效果。

【示例 5】　导航菜单 2

```html
<!DOCTYPE html>
<html>
    <head lang="en">
        <meta charset="UTF-8">
        <title>导航菜单</title>
        <style type="text/css">
            li { list-style: none; line-height: 22px; cursor: pointer;
                width: 150px; float: left; text-align: center; }
        </style>
    </head>
    <body>
        <ul>
            <li id="current">jQuery 简介</li>
            <li>jQuery 语法</li>
            <li>jQuery 选择器</li>
            <li>jQuery 事件与动画</li>
            <li>jQuery 方法</li>
        </ul>
        <script src="js/jquery-1.12.4.js" type="text/javascript"></script>
        <script type="text/javascript">
            $(document).ready(function() {
                /**一级内容悬浮**/
                $("li").mouseover(function() {
                    $(this).css({ "background": "orange"}); //当前 li 背景颜色为橙色
                }).mouseout(function() {
                    $(this).css({"background": "#ffffff"});
                });
            });
        </script>
    </body>
</html>
```

　　运行示例 5，在页面中显示的效果如图 7.8 所示。现在运行示例 5，把鼠标指针放在某个导航菜单栏上，并且当前导航栏菜单背景变为橙色，如图 7.9 所示，鼠标指针离开则该导航栏菜单背景颜色恢复为原来的颜色，如图 7.8 所示。

图 7.8　菜单默认效果

图 7.9　菜单显示背景

示例 5 中出现$(this)的是一个 jQuery 对象，指向鼠标指针当前移向的一菜单项。另外，本例中还应用了 css()方法，这是 jQuery 中用于进行 CSS 操作的另一种方法，它的作用是为匹配的元素添加 CSS 样式，它的语法格式如下：

语法

```
css ("属性","属性值"); //设置一个 CSS 属性
css ({"属性1":"属性值1","属性2":"属性值2" ... }) ;//同时设置多个 CSS 属性
```

若要使用 CSS()方法将页面中的<p>元素的文本颜色设置为蓝色，可以写作：$("p").css("color","blue")。

注意

css()方法与 addClass()方法的区别：
➤ css()方法为所匹配的元素设置给定的 CSS 样式。
➤ addClass()方法向所匹配的元素添加一个或多个类，该方法不会删除已经存在的类，仅在原有使用基础上追加新的类样式。
➤ 基于结构与样式分离的原则，通常在实际应用中，为某元素添加样式，使用 addClass()方法比使用 css()方法的频率高很多，因此建议使用 addClass()方法为元素添加样式。

7.3.6　技能训练 2

上机练习 2　编写类似当当网的顶部导航

需求说明
➤ 制作类似当当网的顶部导航，如图 7.10 所示。
➤ 鼠标指针移至"我的当当"上时显示二级菜单，并且显示 1px 的颜色为#ee7304 实线边框，如图 7.11 所示，当鼠标指针离开边框范围之后，二级菜单消失，并且边框也消失。

图 7.10　当当网顶部导航页

图 7.11　"我的当当"显示下拉菜单

7.3.7　jQuery程序的代码风格

代码风格即程序开发人员所编写源代码的书写风格，良好的代码风格使代码具有可读性。如果统一 jQuery 代码的编写风格，则对日后代码的维护非常有利。

1. "$" 的使用

在 jQuery 程序中，使用最多的是美元符号，无论是页面元素的选择器，还是功能函数的前缀，都必须使用该符号，它是 jQuery 程序的标志，即$等同于 jQuery，也就是说，$(document).ready() = jQuery(document).ready()，$(function( ){...}) = jQuery(function(){...})。

2. 链式操作

在对 DOM 元素进行多个操作时，为了避免过度使用临时变量或不必要的重复代码，在大多数 jQuery 代码中采用了一种链式编程模式。它可以对一个对象进行多重操作，并将操作结果返回给该对象，以便于将返回结果应用于该对象的下一次操作。

为了帮助大家理解链式操作的使用，示例 4 实现了一个问答特效，即点击问题标题时，显示其相应解释，同时高亮显示当前点击的问题标题。

【示例6】 问答特效

```html
<!DOCTYPE html>
<html>
<head lang="en">
    <meta charset="UTF-8">
    <title>问答特效</title>
    <style type="text/css">
        h2{padding: 5px;}
        p{display: none;}
    </style>
</head>
<body>
<h2>什么是jQuery?</h2>
<p>
    <strong>解答: </strong>
    jQuery 是一个快速、简洁的 JavaScript 框架，是继 Prototype 之后又一个优秀的 JavaScript 代码
库（或 JavaScript 框架）。jQuery 设计的宗旨是 "write Less, Do More"，即倡导写更少的代码，做更多的
事情。它封装 JavaScript 常用的功能代码，提供一种简便的 JavaScript 设计模式，优化 HTML 文档操作、事件处
理、动画设计和 Ajax 交互。
</p>
<script src="js/jquery-1.12.4.js" type="text/javascript"></script>
<script type="text/javascript">
    $(document).ready(function() {
        $("h2").click(function(){
            $("h2").css("background-color","#CCFFFF").next().show();
        });
    });
</script>
</body>
</html>
```

代码运行结果如图 7.12 所示，点击标题后效果如图 7.13 所示。

图 7.12　点击标题前

图 7.13　点击标题后

上述代码中，加粗代码的作用是当点击<h2>时，为它本身添加色值为#ccffff 的背景颜色，并为紧随其后的元素<p>添加样式，使隐藏的<p>元素显示出来。这就是 jQuery 强大的连缀模式，一行代码就完成了问答特效。

示例 6 中除了使用 css()方法，还使用了 next()和 show()方法，其中，next()方法在 jQuery 中的作用是获得所匹配元素集合中每个元素其后紧邻的同辈元素，在以后的章节中会详细讲解，这里不再

赘述；show()在 jQuery 中经常用到，用来显示 HTML 元素，经常与 hide()方法也一起使用用于隐藏，简单的语法格式如下：

📋 **语法**

```
$(selector).show();
$(selector).hide();
```

例如，$(".nav-top").show()表示隐藏页面中样式为 nav-top 的元素，$("p").hide()表示隐藏页面中的<p>元素，在这里大家知道这两个方法的用法即可，后面的章节会详细介绍其用法。

3. 隐式迭代

在 jQuery 编写中，除了链式操作外，还有一种方式，即隐式迭代，如在示例 7 的无序列表中，对所有<li>标签中的字体设置样式，代码如下：

🏃 **【示例 7】   隐式迭代方法的应用**

```html
<!DOCTYPE html>
<html>
    <head lang="en">
        <meta charset="UTF-8">
        <title>隐式迭代</title>
        <style type="text/css">
            li { line-height: 22px; }
        </style>
    </head>
    <body>
        <ul>
            <li>jQuery 简介</li>
            <li>jQuery 语法</li>
            <li>jQuery 选择器</li>
            <li>jQuery 事件与动画</li>
            <li>jQuery 方法</li>
        </ul>
        <script src="js/jquery-1.12.4.js" type="text/javascript"></script>
        <script type="text/javascript">
            $(document).ready(function() {
                $("li").css({ "font-weight": "bold", "color": "red" });
            });
        </script>
    </body>
</html>
```

示例 7 在浏览器中的运行效果如图 7.14 所示。

图 7.14　隐式迭代

在上述代码中，获取所有 li 标签，并设置字体样式。如果在传统的 JavaScript 写法中，需要使用 getElementsByTagName()获取 li 标签集合，然后使用 for 循环一个一个设置字样样式，而这里使用 jQuery 就不一样了，它不需要遍历所有元素，可以直接设置元素的样式，这就是隐式迭代，在 jQuery 中获取一个集合后会默认遍历内部的所有元素。运行示例代码，页面效果如图 7.14 所示，所有\<li\>中的字体为红色加粗显示。

4. 添加注释

大家看看前面讲解的几个示例，对于关键代码都有注释，建议养成添加注释的习惯，下面针对不同开发阶段对注释的处理建议如下。

➢ 开发阶段：为代码添加注释，可以增加代码的可读性，能够让别人很容易地读懂你的代码，便于后期维护。

➢ 维护阶段：建议把关键的模块形成开发文档，便于后期维护，即便后期删除代码注释，也不影响后期维护。

➢ 产品正式发布：建议删除注释，减少文件大小，加快下载速度，提高用户体验。

7.3.8　技能训练 3

上机练习 3　　**使用 jQuery 变换网页效果**

训练要点

➢ 使用选择器选取元素。

➢ 使用 css()、addClass()方法为选取元素添加 css 样式。

➢ 使用 show()方法显示元素。

需求说明

➢ 制作"水浒传"内容简介页面，如图 7.15 所示。

图 7.15　"水浒传"页面

➢ 点击"水浒传"标题后，标题字体变小、颜色变为蓝色，正文的字体颜色变为绿色，如图 7.16 所示。

图 7.16　点击标题后

➢ 点击"查看全部"链接，显示内容简介，如图 7.17 所示。

图 7.17　点击"查看全部"链接后的效果

实现思路及关键代码

(1) 新建 HTML 文件。

(2) 在新建的 HTML 文档中引入 jQuery 库。

(3) 使用$(document).ready()创建文档加载事件。

(4) 使用$()选取所需元素。

(5) 使用 css()、addClass()方法为所选取的元素添加 css 样式。

(6) 使用 show()设置简介内容显示。

参考解决方案

```
$("#book h1").click(function(){              //点击<h1>元素
    $(this).addClass("title");               //改变<h1>的样式
    $(this).next() .css("color","green");    //获取标题下一个元素，设置字体为绿色
});
```

7.4　DOM对象和jQuery对象

在讲解 jQuery 对象之前，先回顾一下 DOM 对象，只有理解了 DOM 对象，才能更好地理解 DOM 对象与 jQuery 对象的区别与联系。

7.4.1　DOM对象

在本课程前面章节中已经学习了一些常用的 DOM 对象及其常用方法，对 DOM 模型有一个系统的学习，大家知道 DOM 是"Document Object Model（文档对象模型）"的英文单词首字母的缩写，如类似 HTML、XML 等属于文档类型的语言，才具有 DOM 结构。

每个 HTML 页面，都具有一个 DOM，每个 DOM 都可以表示成一棵树，在这棵树里存在许多不同类型的节点，有些 DOM 节点还包含其他类型的节点。DOM 里的节点通常分为三种类型，即元素节点、文本节点和属性节点。

在 JavaScript 中，可以使用 getElementsByTagName()或者 getElementById()来获取元素节点，通过该方式得到的 DOM 元素就是 DOM 对象，DOM 对象可以使用 JavaScript 中的方法，如下代码所示。

```
var objDOM=document.getElementById("id") ;     //获得 DOM 对象
var objHTML=objDOM.innerHTML;                   //使用 JavaScript 中的 innerHTML 属性
```

7.4.2 jQuery 对象

jQuery 对象就是通过 jQuery 包装 DOM 对象后所产生的对象，它能够使用 jQuery 中的方法。例如：

```
$("#title").html();        //获取 id 为 title 的元素内的 html 代码
```

这段代码等同于如下代码：

```
document.getElementById("title").innerHTML;
```

在 jQuery 对象中无法直接使用 DOM 对象的任何方法。例如，$("#id").innerHTML 和 $ (" #id">. checked 之类的写法都是错误的，可以使用 $("#id").html()和$("#id").attr("checked") 之类的 jQuery 方法来代替。同样，DOM 对象也不能使用 jQuery 里的方法。例如，document.getElementById("id").html() 也会报错，只能使用 document.getElementById("id").innerHTML 语句。

7.4.3 jQuery对象与DOM对象的相互转换

在实际使用 jQuery 的开发过程中，jQuery 对象和 DOM 对象互相转换是非常常见的。在学习 jQuery 对象和 DOM 对象的相互转换之前，先约定定义变量的风格。如果获取的对象是 jQuery 对象，那么在变量前面加上$，例如：

```
var $variable=jQuery 对象；
```

如果获取的对象是 DOM 对象，则定义如下：

```
var variable=DOM 对象；
```

下面看看在实际应用中是如何进行 jQuery 对象与 DOM 对象的相互转换的。

1. jQuery对象转换成DOM对象

jQuery 提供了两种方法将一个 jQuery 对象转换成一个 DOM 对象，即[index]和 get(index)。

（1）jQuery 对象是一个类似数组的对象，可以通过[index]的方法得到相应的 DOM 对象。代码如下：

```
var $txtName =$("#txtName") ;    //jQuery 对象
var txtName =$txtName [0] ;       //DOM 对象
alert(txtName.checked)            //检测这个 checkbox 是否被选中了
```

（2）通过 get(index)方法得到相应的 DOM 对象。代码如下：

```
var $txtName =$("#txtName") ;    //jQuery 对象
var txtName =$txtName.get(0) ;   //DOM 对象
alert(txtName.checked);          //检测这个 checkbox 是否被选中了
```

jQuery 对象转换成 DOM 对象在实际开发中并不多见，除非希望使用 DOM 对象特有的成员，如 outerHTML 属性，通过该属性可以输出相应的 DOM 元素的完整的 HTML 代码，而 jQuery 并没有直接提供该功能。

2. DOM对象转换成jQuery对象

对于一个 DOM 对象，只需要用$()函数将 DOM 对象包装起来，就可以获得一个 jQuery 对象。其方式为$(DOM 对象)，jQuery 代码如下：

```
var txtName =document.getElementById("txtName");            //DOM 对象
```

```
var $txtName =$(txtName) ;                                    //jQuery 对象
```

转换后，可以任意使用 jQuery 中的方法。

在实际开发中，将 DOM 对象转换为 jQuery 对象，多见于 jQuery 事件方法的调用中，在后续内容中将会接触到更多的 DOM 对象转换为 jQuery 对象的应用场景。

最后，再次强调：DOM 对象只能使用 DOM 中的方法，jQuery 对象不可以直接使用 DOM 中的方法，但 jQuery 对象提供了一套更加完善的对象成员用于操作 DOM，关于 jQuery 操作 DOM 的内容将在后续章节中详细讲解。

7.4.4　技能训练

上机练习 4　　制作轮播切换效果

训练要点

➤　使用 jQuery 对象的点击事件方法和鼠标移进移出的事件方法。

➤　使用 show()和 hide()实现网页元素的显示和隐藏。

➤　使用 css()方法设置网页元素的背景图像。

➤　使用数组保存网页中的图片。

需求说明

➤　制作广告图片轮播切换效果，如图 7.18 所示，数字在图片上方显示，第一个数字背景颜色为橙色，其他背景颜色为#333333，数字颜色为白色。

➤　当鼠标指针移至图片上时，出现左右箭头，如图 7.19 所示；当鼠标指针移出图片时，左右箭头消失。

图 7.18　图片轮播页面

图 7.19　鼠标指针移至图片时左右箭头显示

➤　点击右箭头，每点击一下，显示下一张图片，并且下一个数字背景显示为橙色，其他数字背景颜色为#333333，当最后一个图片显示时，再点击箭头时弹出提示"已经是最后一张图片了"，如图 7.20 所示。

➤　点击左箭头，每点击一下，显示上一张图片，并且上一张数字背景显示为橙色，其他数字背景颜色为#333333，当第一张图片显示时，再点击箭头时弹出提示"这是第一张图片了"，如图 7.21 所示。

图 7.20 最后一张图片显示时不能再点击右箭头

图 7.21 第一张图片显示时不能再点击左箭头

实现思路及关键代码

(1) 新建 HTML 文件。

(2) 在新建的 HTML 文档中引入 jQuery 库。

(3) 使用$(document).ready()执行文档加载事件。

(4) 获取 jQuery 对象。

(5) 使用 mouseover()、mouseout()方法和 show()、hide()方法实现左右箭头的显示和隐藏。

(6) 使用 jQuery 对象的 click()和 css()方法，实现点击箭头轮播图片和数字背景颜色变化。

(7) 使用 siblings()方法获取当前元素的兄弟元素，设置数字的背景颜色，代码如下：

```
$("li:nth-of-type("+i+")").siblings().css("background","#333333");
```

本章总结

➢ jQuery 是一个优秀的 JavaScript 库，使用它可大大提高 Web 客户端的开发效率。

➢ 要使用 jQuery 的功能，需要首先引用 jQuery 库文件。

➢ $(document).ready()与 window.onload 的使用场合类似，但有差异。

➢ jQuery 代码中常见的元素包括工厂函数、选择器和方法。

➢ jQuery 程序代码的特色：包含$符号和连缀操作。

➢ 可以将 DOM 对象转换成 jQuery 对象，以使用 jQuery 提供的丰富功能；也可以将 jQuery 对象转换成 DOM 对象，使用 DOM 对象特有的成员提供的功能。

➢ 可以使用 addClass()方法和 css()方法为 DOM 元素添加样式。

➢ 使用 next()方法可以获得所匹配元素集合中每个元素其后紧邻的同辈元素。

➢ 使用 show()和 hide()可以设置元素的显示和隐藏。

本章作业

一、选择题

1. 在 jQuery 中被誉为工厂函数的是（   ）。

    A．ready()   B．function()   C．$ ( )   D．next()

2. 下面说法正确的是（   ）。（选择两项）

    A．jQuery 对象可以直接使用 DOM 对象的方法   B．DOM 对象不能使用 jQuery 对象的方法

    C．jQuery 可以完全取代 JavaScript   D．链式操作是 jQuery 代码的风格之一

3. 下列选项不属于 DOM 模型节点类型的是（　　）。

　　A．元素节点　　　　　　　B．属性节点　　　　　　　C．图像节点　　　　　　　D．文本节点

4. 在 jQuery 中，能够为元素添加 CSS 样式的方法是（　　）。（选择两项）

　　A．ready()　　　　　　　B．css()　　　　　　　C．next()　　　　　　　D．addClass()

5. 下列关于 css()方法写法正确的是（　　）。

　　A．css (color: #ccf;)　　　　　　　　　　　　B．css("color"," #ccf")

　　C．css (" #ccf","color")　　　　　　　　　　D．css({"'color":"#ccf", "font-size":"14px")

二、综合题

1. 什么是 jQuery？它有哪些特点？

2. jQuery 有哪几类版本？如果需要兼容旧版本浏览器（例如 IE6~IE8），选择哪个版本更好？

3. 什么是 jQuery 对象，如何把 DOM 对象转换为 jQuery 对象？

4. jQuery 的语法结构由哪几部分组成？

5. 使用 css()方法添加图片边框，页面效果如图 7.22 所示，点击图片显示图片边框，如图 7.23 所示。

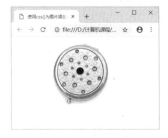

图 7.22　图片无边框　　　　　　　　　　　　　　图 7.23　点击图片添加边框

6. 制作"林徽因"简介页面，页面如图 7.24 所示，点击"林徽因简介"链接显示简介内容，如图 7.25 所示，点击"主要作品"链接显示对应的作品，如图 7.26 所示。

图 7.24　页面默认效果　　　　　　　　　　　　　图 7.25　显示简介内容

图 7.26　显示主要作品

第8章
jQuery 选择器与过滤器

本章目标

◎ 会使用基本选择器获取元素

◎ 会使用层次选择器获取元素

◎ 会使用属性选择器获取元素

◎ 会使用过滤选择器获取元素

◎ 会使用基本过滤选择器获取元素

◎ 会使用可见性过滤选择器获取元素

本章简介

选择器是 jQuery 的核心之一，jQuery 沿用了 CSS 选择器获取元素的功能，使得开发者能够在DOM 中快捷且轻松地获取元素及其集合。jQuery 选择器一般通过 CSS 选择器、条件过滤两种方式获取元素，便于大家结合之前掌握的 CSS 选择器的相关知识进行对比学习。此外，本章还介绍了关于使用 jQuery 选择器的一些注意事项。

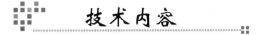

技术内容

8.1 jQuery选择器概述

选择器是 jQuery 的基础，在 jQuery 中，对事件处理、遍历 DOM 和 Ajax 操作都依赖于选择器。熟练地使用选择器，不但能简化代码，而且能够事半功倍。jQuery 选择器可通过 CSS 选择器、条件过滤两种方式获取元素。通过 CSS 选择器语法规则获取元素，jQuery 选择器包括基本选择器、层次选择器和属性选择器；通过条件过滤选取元素，jQuery 选择器包括基本过滤选择器和可见性过滤选择器。下面首先看看什么是 jQuery 选择器，它的作用是什么。

8.1.1 什么是jQuery选择器

说到选择器，人们会自然地联想到层叠样式表（Cascading Style Sheets，CSS），在 CSS 中，选器的作用是获取元素，而后为其添加 CSS 样式，美化其外观；而 jQuery 选择器，不仅良好地继承了 CSS 选择器的语法，还继承了其获取页面元素便捷高效的特点，jQuery 选择器与 CSS 选择器的不同之处就在于，jQuery 选择器获取元素后为该元素添加的是行为，使页面交互变得更加丰富多彩。

此外，jQuery 选择器拥有着良好的浏览器兼容性，不用像使用 CSS 选择器那样需要考虑各个浏览器对它的支持情况。学会使用选择器是学习 jQuery 的基础，jQuery 的操作都建立在所获取的元素之上，否则无法实现想要的效果。

8.1.2　jQuery选择器的优势

总体而言，jQuery 选择器有以下两点优势。

1. 简洁的写法

$()函数在很多 JavaScript 库中都被当作一个选择器函数来使用，在 jQuery 中也不例外。其中，$("#id")用来代替 JavaScript 中的 document.getElementById()函数，即通过 id 获取元素；$("tagName")用来代替 document.getElementsByTagName()函数，即通过标签名来获取 HTML 元素。其他选择器的写法将在后续小节中讲解。

2. 完善的处理机制

使用 jQuery 选择器不仅比使用传统的 getElementById()和 getElementsByTagName()函数简洁得多，还能避免某些错误。

8.1.3　jQuery选择器的类型

大家已经知道，jQuery 可通过 CSS 选择器和过滤选择器两种方式选取元素，每种方式又有不同的方法来获取元素，jQuery 选择器的具体类型如下所示。

> 通过 CSS 选择器选取元素。　　　　　> 通过过滤选择器选择元素。
>　◎　基本选择器。　　　　　　　　　　◎　基本过滤选择器。
>　◎　层次选择器。　　　　　　　　　　◎　可见性过滤选择器。
>　◎　属性选择器。

8.2　通过CSS选择器选取元素

jQuery 支持大多数 CSS 选择器，其中最常用的有 CSS 中的基本选择器、层次选择器和属性选择器，它们的构成规则与 CSS 选择器完全相同。下面就分别讲解这三种选择器的用法。

8.2.1　基本选择器

首先看看什么是 jQuery 基本选择器。jQuery 基本选择器与 CSS 基本选择器相同，它继承了 CSS 选择器的语法和功能，主要由元素标签名、class、id 和多个选择器组成，通过基本选择器可以实现大多数页面元素的查找。基本选择器主要包括标签选择器、类选择器、id 选择器、并集选择器和全局选择器，也是 jQuery 中使用频率最高的选择器，jQuery 基本选择器的详细说明如表 8-1 所示。

表 8-1　基本选择器的详细说明

名　称	语法构成	描　述	返　回　值	示　例
标签选择器	element	匹配指定的标签名元素	元素集合	$("h2")选取所有 h2 元素

续表

名　称	语法构成	描　述	返 回 值	示　例
类选择器	.class	匹配指定的 class 元素	元素集合	$(".title") 选取所有以 class 为 title 的元素
id 选择器	#id	匹配指定的 id 元素	单个元素	$("#title")选取以 id 为 title 的元素
并集选择器	selector 1, selector 2, …, selector N	将每个选择器匹配的元素合并后一起返回	元素集合	$("div,p,.title") 选取所有以 div、p 和 class 为 title 的元素
全局选择器	*	匹配所有元素	集合元素	$("*")选取所有元素所示的图书简介页面，然后使用 jQuery 实现交互效果

　　jQuery 基本选择器的语法规则基本和 CSS 选择器相同，可以通过指定 HTML 元素的标签名称、类名称或 ID 名称对元素进行筛选定位。

1. 标签选择器

　　标签选择器用于选择所有指定标签名称的元素。其语法结构如下：

■ 语法

```
$("element")
```

　　这里的 element 在使用时需要换成真正的元素标签名称。例如，$("h1")表示选中所有<h1>标题元素。

　　使用标签选择器时，jQuery 会调用 JavaScript 中的原生方法 getElementsByTagName()来获取指定的元素。该方法简化了原先 JavaScript 的代码量。

【示例 1】　jQuery 标签选择器的使用

```html
<!DOCTYPE html>
<html>
    <head>
        <meta charset="utf-8">
        <title>jQuery 标签选择器示例</title>
            <script src="js/jquery-1.12.4.js"></script>
        <style>
            h3 { margin: 0; }
            div, p { width: 100px; height: 100px; float: left;
                padding: 10px; margin: 10px; border: 1px solid gray; }
        </style>
    </head>
    <body>
        <h3>jQuery 元素选择器示例</h3>
        <hr>
        <div>我是 DIV 元素</div>
        <p>我是 P 元素</p>
        <div>我是 DIV 元素</div>
        <p>我是 P 元素</p>
        <script>
            $(document).ready(function() {
                $("p").css("border", "5px solid red");
            });
        </script>
    </body>
</html>
```

　　示例 1 在浏览器中的运行效果如图 8.1 所示。

图 8.1　示例 1 运行效果

2. 类选择器

类选择器用于筛选出具有同一个 class 属性值的所有元素。其语法结构如下：

```
$(".class")
```

这里的 class 在使用时需要换成真正的类名称。例如，$(".box")表示选择所有 class="box"的元素。如果一个元素包含了多个类，只要其中任意一个类符合条件即可被选中。使用类选择器时，jQuery 会调用 JavaScript 中的原生方法 getElementsByClassName()来获取指定的元素。类选择器也可以和元素选择器配合使用，例如：

```
$("p.style01")
```

表示选择所有具有 class="style01"的段落元素<p>。

【示例 2】　jQuery 类选择器的使用

```
<!DOCTYPE html>
<html>
    <head>
        <meta charset="utf-8">
        <title>jQuery 类选择器示例</title>
        <script src="js/jquery-1.12.4.js"></script>
        <style>
            div, p {  width: 180px; height: 100px; float: left;
                padding: 10px; margin: 10px; border: 1px solid gray; }
        </style>
    </head>
    <body>
        <h3>jQuery 类选择器示例</h3>
        <hr>
        <div class="style01">
            div "class=style01"
        </div>
        <div class="style02">
            div class="style02"
        </div>
        <p class="style01">
            p class="style01"
        </p>
        <script>
            $(document).ready(function() {
                $(".style01").css("border", "5px solid red");
            });
        </script>
    </body>
</html>
```

示例 2 在浏览器中的运行效果如图 8.2 所示。

图 8.2　示例 2 运行效果

3. ID选择器

ID 选择器用于选择指定 ID 名称的单个元素。其语法结构如下：

语法

```
$("#ID")
```

这里的 ID 在使用时需要换成元素真正的 ID 名称。

例如，$("#test")表示选中 id="test"的元素。使用 ID 选择器时，jQuery 会调用 JavaScript 中的原生方法 getElementById()来获取指定 ID 名称的元素。

ID 选择器也可以和元素选择器配合使用，例如：

```
$("p#test01")
```

表示选择 id="test01"的段落元素<p>。

【示例 3】　jQuery ID 选择器的使用

```html
<!DOCTYPE html>
<html>
    <head>
        <meta charset="utf-8">
        <title>jQuery ID 选择器示例</title>
        <script src="js/jquery-1.12.4.js"></script>
        <style>
            div { width: 150px; height: 100px; float: left;
                padding: 10px; margin: 10px; border: 1px solid gray; }
        </style>
    </head>
    <body>
        <h3>jQuery ID 选择器示例</h3>
        <hr>
        <div id="test01">我的 id="test01"</div>
        <div id="test02">我的 id="test02"</div>
        <script>
            $(document).ready(function() {
                $("#test01").css("border", "5px solid red");
            });
        </script>
    </body>
</html>
```

示例 3 在浏览器中的运行效果如图 8.3 所示。

4. 并集选择器

并集选择器适用于需要批量处理的多种元素，可以将不同的筛选条件用逗号隔开写入同一个选择器中。其语法结构如下：

图 8.3　示例 3 运行效果

语法

```
$("selector1 [, selector2] ...... [, selectorN]")
```

其中 selector1~selectorN 需要全部换成具体的 *jQuery* 选择器，数量可自定义。这里的选择器可以是元素选择器、ID 选择器或类选择器的任意一种或它们的组合，只要满足其中任意一个条件的元素即可被选中。例如：

```
$("p, div.style01, #news")
```

上述代码表示选中所有的段落元素<p>、class="style01"的<div>元素以及 id="news"的元素。

【示例 4】　jQuery 并集选择器的使用

```html
<!DOCTYPE html>
<html>
    <head>
        <meta charset="utf-8">
        <title>jQuery 并集选择器的使用</title>
        <script src="js/jquery-1.12.4.js"></script>
        <style>
            div, p { width: 180px; height: 100px; float: left;
                padding: 10px; margin: 10px; border: 1px solid gray; }
        </style>
    </head>
    <body>
        <h3>jQuery 多重选择器示例</h3>
        <hr>
        <div class="style01">div class="style01"</div>
        <div class="style02">div class="style02"</div>
        <p class="style02">p class="style02"</p>
        <script>
            $(document).ready(function() {
                $("h3, p, div.style01").css("border", "5px solid red");
            });
        </script>
    </body>
</html>
```

示例 4 在浏览器中的运行效果如图 8.4 所示。

图 8.4　示例 4 运行效果

5. 全局选择器

全局选择器用于选择文档中所有的元素。其语法结构如下：

语法

```
$("*")
```

全局选择器会遍历文档中所有的元素标签，甚至包括首部标签<head>及其内部的<meta>、<script>等，运行速度较慢。

【示例 5】　jQuery 全局选择器的使用

```html
<!DOCTYPE html>
<html>
    <head>
        <meta charset="utf-8">
        <title>jQuery 全局选择器示例</title>
        <script src="js/jquery-1.12.4.js"></script>
        <style>
            h3 { margin: 0; }
            div, p { width: 100px; height: 100px; float: left;
                padding: 10px; margin: 10px; border: 1px solid gray; }
        </style>
    </head>
    <body>
        <h3>jQuery 全局选择器示例</h3>
        <hr>
        <div>我是 DIV 元素</div>
        <p>我是 P 元素</p>
        <script>
            $(document).ready(function() {
                $("*").css("border", "5px solid red");
            });
        </script>
    </body>
</html>
```

示例 5 在浏览器中的运行效果如图 8.5 所示。

图 8.5　示例 5 运行效果

8.2.2　层次选择器

若要通过 DOM 元素之间的层次关系来获取元素，如后代元素、子元素、相邻元素和同辈元素，则使用 jQuery 的层次选择器会是最佳选择。

那么什么是 jQuery 层次选择器？jQuery 中的层次选择器与 CSS 中的层次选择器相同，它们都是根据获取元素与其父元素、子元素、兄弟元素关系而构成的选择器。jQuery 中有 4 种层次选择器，它们分别是后代选择器、子元素选择器、同辈相邻选择器和同辈兄弟选择器，其中最常用的是后代选择器和子元素选择器，它们和 CSS 中的后代选择器与子元素选择器的语法及选取范围均相同，层次选择器的详细说明如表 8-2 所示。

表 8-2　层次选择器的详细说明

名　　称	语法构成	描　　述	返　回　值	示　　例
后代选择器	root offspring	选取 root 元素里的所有 offspring（后代）元素	元素集合	$("#menu span") 选取#menu 下所有的\<span>元素
子元素选择器	parent>child	选取 parent 元素下的 child（子）元素	元素集合	$("#menu>span") 选取#menu 下的子元素\<span>

名　　称	语法构成	描　　述	返 回 值	示　　例
同辈相邻选择器	prev+next	选取紧邻 prev 元素之后的 next 元素	元素集合	$("h2+dl") 选取紧邻<h2>元素之后的同辈元素<dl>
同辈兄弟选择器	prev~siblings	选取 prev 元素之后的所有 siblings（同辈）元素	元素集合	$("h2~dl") 选取<h2>元素之后所有的同辈元素<dl>

1. 后代选择器

后代选择器（Descendant Selector）可以用于选择指定元素内包含的所有后代元素。它比子元素选择器的涵盖范围更加广泛。其语法结构如下：

📖 **语法**

```
$("ancestor descendant")
```

其中参数 ancestor 可以是任何一个有效的 jQuery 选择器，参数 descendant 填入的选择器筛选的必须是 parent 的后代元素，该后代元素可以是 parent 元素的第一层子元素，也可以是其中子元素的后代。

```
<p>
这是一个<span><strong>测试</strong>段落</span>，用于测试子元素的层次。
</p>
```

在上述代码中段落元素<p>的第一层子元素为<span>，而<strong>是<span>的第一层子元素，属于<p>元素的后代。因此使用后代选择器选择其中的<strong>标签可以是$("p strong")或者是$("span strong")的形式。

🔄 **【示例6】** jQuery 后代选择器的使用

```
<!DOCTYPE html>
<html>
    <head>
        <meta charset="utf-8">
        <title>jQuery 后代选择器示例</title>
        <script src="js/jquery-1.12.4.js"></script>
    </head>
    <body>
        <h3>jQuery 后代选择器示例</h3>
        <hr>
        <ul class="all">
            <li>第一章</li>
            <li>第二章</li>
            <ol>
                <li>第一节</li>
                <li>第二节</li>
            </ol>
            <li>第三章</li>
        </ul>
        <script>
            $(document).ready(function() {
                $("ul.all li").css("border", "1px solid red");
            });
        </script>
    </body>
</html>
```

示例 6 在浏览器中的运行效果如图 8.6 所示。

图 8.6　示例 6 运行效果

2. 子元素选择器

子元素选择器（Child Selector）只能选择指定元素的第一层子元素。其语法结构如下：

📖 **语法**

```
$("parent>child")
```

例如：

```
<p>
这是一个<span><strong>测试</strong>段落</span>，用于测试子元素的层次。
</p>
```

在上述代码中段落元素<p>的第一层子元素为<span>，而<strong>是<span>的第一层子元素，只能算是<p>元素的后代。

因此使用子元素选择器只能是 $("p>span") 或者是 $("span>strong") 的形式，不可以写成 $("p>strong") 的形式。

🔶 **【示例 7】　jQuery 子元素选择器的使用**

```html
<!DOCTYPE html>
<html>
    <head>
        <meta charset="utf-8">
        <title>jQuery 子元素选择器示例</title>
        <script src="js/jquery-1.12.4.js"></script>
    </head>
    <body>
        <h3>jQuery 子元素选择器示例</h3>
        <hr>
        <ul class="all">
            <li>第一章</li>
            <li>第二章</li>
            <ol>
                <li>第一节</li>
                <li>第二节</li>
            </ol>
            <li>第三章</li>
        </ul>
        <script>
            $(document).ready(function() {
                $("ul.all>li").css("border", "1px solid red");
            });
        </script>
    </body>
</html>
```

示例 7 在浏览器中的运行效果如图 8.7 所示。

图 8.7　示例 7 运行效果

3. 同辈相邻选择器

同辈相邻选择器（Next Adjacent Selector）可以用于选择指定元素相邻的后一个元素。其语法结构如下：

📖 **语法**

```
$("prev+next")
```

其中参数 prev 可以是任何一个有效的 jQuery 选择器，参数 next 填入的选择器筛选的必须是与 prev 相邻的后一个元素。

当需要选择的元素没有 id 名称或 class 属性值可以进行选择时，可以考虑使用该方法先获取与其相邻的前一个元素，然后再定位到需要的元素。例如：

```
<p class="test">这是第一个段落元素。</p>
<p>这是第二个段落元素。</p>
```

上述代码包含了两个段落元素<p>，其中第一个元素可以使用类选择器$("p.test")获取，第二个元素无 id 名称和 class 属性值，因此可以考虑使用同辈相邻选择器$("p.test+p")获取。

🎯 **【示例 8】** jQuery 同辈相邻选择器的使用

```html
<!DOCTYPE html>
<html>
    <head>
        <meta charset="utf-8">
        <title>jQuery 同辈相邻选择器</title>
        <script src="js/jquery-1.12.4.js"></script>
    </head>
    <body>
        <h3>jQuery 同辈相邻选择器</h3>
        <hr>
            <ul class="all">
            <li>第一章</li>
            <li class="second">第二章</li>
            <li>第三章</li>
            <li>第四章</li>
            <li>第五章</li>
        </ul>
        <script>
            $(document).ready(function() {
                $("li.second+li").css("border", "2px solid red");
            });
        </script>
    </body>
</html>
```

示例 8 在浏览器中的运行效果如图 8.8 所示。

图 8.8　示例 8 运行效果

4. 同辈兄弟选择器

同辈兄弟选择器（Next Siblings Selector）可用于选择指定元素后面跟随的所有符合条件的兄弟元素。其语法结构如下：

📑 **语法**

```
$("prev~siblings")
```

其中参数 prev 可以是任何一个有效的 jQuery 选择器，参数 siblings 填入的选择器筛选的必须是位置在 prev 元素后面的兄弟元素。

该选择器与上一小节介绍的$("prev+next")不同之处在于：$("prev+next")只能筛选紧跟在指定元素后面的下一个相邻元素，而$("prev~siblings")可以筛选指定元素后面所有符合条件的兄弟元素，可以是多个元素。

当在同一个父元素中有多个元素需要选择时，可以考虑使用该选择器先找到它们的前一个兄弟元素，然后在批量选中这些元素。例如：

```
<p class="test">这是第一个段落元素。</p>
<p>这是第二个段落元素。</p>
<p>这是第三个段落元素。</p>
```

上述代码包含了三个段落元素<p>，其中第一个段落元素可以使用类选择器$("p.test")获取，后两个段落元素无 id 名称和 class 属性值，因此可以考虑使用同辈兄弟选择器$("p.test~p")获取。

🌀 **【示例 9】　jQuery 同辈兄弟选择器的使用**

```
<!DOCTYPE html>
<html>
    <head>
        <meta charset="utf-8">
        <title>jQuery 同辈兄弟选择器</title>
        <script src="js/jquery-1.12.4.js"></script>
    </head>
    <body>
        <h3>jQuery 同辈兄弟选择器</h3>
        <hr>
            <ul class="all"> .
            <li>第一章</li>
            <li class="second">第二章</li>
            <li>第三章</li>
            <li>第四章</li>
            <li>第五章</li>
        </ul>
        <script>
            $(document).ready(function() {
                $("li.second~li").css("border", "2px solid red");
            });
        </script>
```

```
        </body>
    </html>
```

示例 9 在浏览器中的运行效果如图 8.9 所示。

图 8.9　示例 9 运行效果

通过前面的示例结果不难发现，子元素选择器的选取范围比后代选择器的选取范围小。此外，在层次选择器中，后代选择器和子元素选择器较为常用，而同辈相邻选择器和同辈兄弟选择器在 jQuery 里可以用更加简单的方法代替，所以使用的概率相对较低。在 jQuery 中，可以使用 next()方法代替 prev+next（相邻元素选择器），使用 nextAll()方法代替 prev-siblings（同辈元素选择器）。

8.2.3　技能训练 1

上机练习 1　　制作图书简介页面

需求说明

根据提供的页面素材，在图书简介页面基础上增加 jQuery 代码使用基本选择器和层级选择器获取并设置页面元素，实现如图 8.10 和图 8.11 所示的效果，具体要求如下：

- ➤ "自营图书几十万……"一行字体颜色为红色。
- ➤ "京东价：¥32.90"字号为 24px、红色加粗显示。
- ➤ "[定价：¥50.60]"字体颜色为#CCCCCC，价格二有中划线。
- ➤ <dl>标签中的字体颜色均为红色。
- ➤ 点击"以下促销……"链接，显示隐藏的内容：如图 8.11 所示，此部分字体颜色均为红色。
- ➤ "加购价"、"满减"、"105-5"、"200-16"字体颜色为白色，背景颜色为红色，上下内边距为 1px，左右内边距为 5px，外右边距为 5px。
- ➤ 页面完成效果请见素材中"完成效果图.jpg"。

图 8.10　图书简介页面

图 8.11　点击"以下促销……"显示隐藏的内容

上机练习 2　使用 jQuery 美化英雄联盟简介页

需求说明

制作如图 8.12 所示的页面，点击<p>元素后，设置 class 为 txt_box 的元素内 class 为 current 的元素的背景颜色为#6ff，<p>的子元素<span>的背景颜色为#f9f，紧邻<h1>后的<p>元素的背景颜色为#ff6，"即时对战"文本颜色为#fff，背景颜色为#f00。初始页面主要代码如下：

```
<h1>英雄联盟</h1>
<p>    《英雄联盟》，简称 LOL。</p>
<p id="content">
    由<strong>Riot Games </strong>开发，为 3D 竞技场战游戏，其<span>主创团队由实力强劲的
        <strong>魔兽争霸</strong>系列游戏多人<span>即时对战</span>自定义地图开发团队
</span>...
    <a href="#">更多详情</a>
</p>
<h2>目录</h2>
<ul class="txt_box">
    <li class="current">开发团队</li>
    <li>游戏周边</li>
    <li>游戏介绍</li>
    <li>配置需求</li>
    <li>游戏背景</li>
</ul>
```

(a)初始状态　　　　　　　　　(b)点击<p>元素后

图 8.12　英雄联盟简介页

8.2.4　属性选择器

什么是属性选择器？顾名思义，属性选择器就是通过 HTML 元素的属性选择元素的选择器，它

与 CSS 中的属性选择器语法构成完全一致，如<p>元素中的 title 属性，<a>元素中的 target 属性，<img>元素中的 alt 属性等。属性选择器是 CSS 选择器中非常有用的选择器，从语法构成来看，它遵循 CSS 选择器；从类型来看，它属于 jQuery 中按条件过滤获取元素的选择器之一，jQuery 属性选择器的详细说明如表 8-3 所示。

表 8-3 属性选择器的详细说明

语　　法	描　　述	返　回　值	示　　例
[attribute]	选取包含指定属性的元素	元素集合	$("[href]")选取含有 href 属性的元素
[attribute=value]	选取等于指定属性是某个特定值的元素	元素集合	$("[href ='#'] ")选取 href 属性值为 "#" 的元素
[attribute !=value]	选取不等于指定属性是某个特定值的元素	元素集合	$("[href != '#'] ")选取 href 属性值不为 "#" 的元素
[attribute^=value]	选取指定属性是以某些特定值开始的元素	元素集合	$("[href^='en]")选取 href 属性值以 en 开头的元素
[attribute$=value]	选取指定属性是以某些特定值结束的元素	元素集合	$("[href$='.jpg']")选取 href 属性值以.jpg 结尾的元素
[attribute*=value]	选取指定属性值包含某些值的元素	元素集合	$("[href*='txt']")选取 href 属性值中含有 txt 的元素

属性选择器可以用于选择具有指定属性要求的元素。jQuery 使用路径表达式（XPath）在 HTML 文档中进行导航，从而选择指定属性的元素。

属性选择器也可以和其他选择器配合使用，以缩小匹配范围。例如：

```
$("img[src$='.png']")
```

上述代码表示找出页面中所有 src 属性值以 ".png" 结尾的图像元素<img>。

为了更加直观地展示 jQuery 属性选择器的使用和选取元素的范围，我们使用新闻快报页面来演示属性选择器的用法。新闻快报 HTML+CSS 代码如示例 10 所示。

【示例 10】 jQuery 属性选择器的使用

```
<!--省略部分代码-->
<section id="news">
    <header>新闻快报<a href="#" class="more">更多 > </a></header>
    <ul>
        <li><a href="sale.news.com/act/h7mf8.html" class="hot">
        <span>[618]</span>新闻标题 1</a></li>
        <li><a href="www.news.com/news.aspx?id=29257">
        <span>[公告]</span>新闻标题 2</a></li>
        <li><a href="sale.news.com/act/k2ad45v.html">
        <span>[特惠]</span>新闻标题 3</a></li>
        <li><a href="www.news.com/news.aspx?id=29252">
        <span>[公告]</span>新闻标题 4</a></li>
        <li><a href="sale.news.com/act/ugk2937w.html" class="last">
        <span>[特惠]</span>新闻标题 5</a></li>
    </ul>
</section>
```

示例 10 在浏览器中的运行效果如图 8.13 所示。

在上述新闻快报 HTML 代码的基础上，分别演示 jQuery 属性选择器选取元素范围及用法，代码如下：

```
$(document).ready(function(){
    $("#news a[class]").css("background","#c9cbcb");   //带有 class 的属性
})
```

图 8.13　示例的运行效果

上述代码设置 id 为 news 元素中 a 标签带有 class 属性的元素背景颜色为#c9cbcb，在浏览器中打开页面，效果如图 8.14 所示，"更多"和列表第一个、最后一个背景颜色为#c9cbcb。

修改上述代码，设置 class 为 hot 的元素背景颜色为#c9cbcb，代码如下所示。在浏览器中打开页面，效果如图 8.15 所示，可以看到，仅列表第一个显示了背景颜色。

```
$("#news a[class='hot']").css("background","#c9cbcb");    //带有 class 的属性且值为 hot
```

图 8.14　带有 class 属性

图 8.15　class 属性值为 hot

上述代码设置的是 class 为 hot 的元素背景颜色，现在设置所有 class 都是 hot 的元素背景颜色为#FF6，代码如下所示。在浏览器中打开页面，效果如图 8.16 所示，列表第一个没有背景颜色，将其他所有 a 标签的背景颜色全部设置为#c9cbcb。

```
$("#news a[class!='hot']").css("background","#c9cbcb");   //class 的属性且值不是 hot
```

以上全部是设置带有 class 属性、class 属性等于给定值或不等于给定值的元素的背景颜色。下面演示属性的值以指定值开头、结尾，包含指定值；首先设置 a 标签 href 属性值以 www 开头的元素背景颜色为#c9cbcb，代码如下所示。在浏览器中打开页面，效果如图 8.17 所示。

```
$("#news a[href^='www']").css("background","#c9cbcb");   //href 值以 www 开头
```

修改上述代码，设置 a 标签 href 属性值以 html 结尾的元素背景颜色为#c9cbcb，代码如下所示，在浏览器中打开页面，效果如图 8.18 所示。

```
$("#news a[href$='html']").css("background","#c9cbcb");   //href 值以 html 结尾
```

继续修改上述代码，设置 a 标签 href 属性值包含 "k2" 的元素背景颜色为#c9cbcb，代码如下所示。在浏览器中打开页面，效果如图 8.19 所示。

```
$("#news a[href*='k2']").css("background","#c9cbcb");   //href 值包含 k2
```

图 8.16 class 属性不是 hot

图 8.17 href 以 www 开头

图 8.18 href 以 html 结尾

图 8.19 href 包含 k2

通过示例，相信大家已经掌握了属性选择器的用法，实际上，在工作中属性选择器同样适用于表单中，如获取表单中的单选按钮、复选框的选中状态等。大家已经学习了基本选择器、层次选择器和属性选择器，可以在工作中根据实际情况选择不同的选择器制作页面的绚丽效果。

8.2.5 技能训练 2

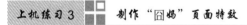 **上机练习 3** *制作"囧妈"页面特效*

训练要点

➢ 使用属性选择器选取元素。

➢ 使用 css()方法或 addClass()方法为元素添加样式。

需求说明

根据提供的如图 8.20 所示的囧妈页面，使用属性选择器选择元素，按要求完成如下效果：

➢ 点击标题"囧妈"，将<dd>元素中有 id 属性的<span>的文本（主演、导演、标签、剧情）颜色值设置为#ff0099，字体加粗显示。

➢ 点击文本"导演"，文字"徐峥"加粗。

➢ 点击文本"标签"，将它之后的"徐峥"和"2020"的背景颜色设置为#e0f8ea，字体颜色为#10a14b，并且文字与背景颜色上下边缘间距为2px，左右边缘边距为8px。

➢ 点击图片"收藏"，弹出提示框，显示信息为"您已收藏成功！"。

➢ 页面完成效果请见素材中"囧妈页面完成效果图.jpg"。

图 8.20　"囧妈"页面

实现思路及关键代码

(1) 在新建的 HTML 文档中引入 jQuery 库。

(2) 使用$(document).ready()创建文档加载事件。

(3) 按要求使用$()选取所需元素。

(4) 为获取的元素添加点击事件，并为事件添加处理的方法。

(5) 使用 css()方法或 addClass()方法为所选取的元素添加 CSS 样式，当使用 addClass()方法添加样式时，将该样式写在样式表文件中。

参考解决方案

```
$(document).ready(function () {
    //省略部分代码
    $ ("img[alt=收藏本片]").click(function (){
        alert ("您已收藏成功！");
    });
});
</script>
```

8.3　通过过滤选择器选取元素

讲解 jQuery 的基本过滤选择器之前，首先了解一下什么是过滤选择器，过滤选择器主要通过特定的过滤规则来筛选出所需的 DOM 元素，过滤规则与 CSS 中的伪类语法相同，即选择器都以一个冒号（:）开头，冒号前是需要过滤的元素。例如，a:hover 表示当鼠标指针移过<a>元素时，tr:visited 表示当鼠标指针访问过<tr>元素后等。

按照不同的过滤条件，过滤选择器可以分为基本过滤、内容过滤、可见性过滤、属性过滤、子元素过滤和表单对象属性过滤选择器。其中，最常用的过滤选择器是基本过滤选择器、可见性过滤选择器、属性选择器和表单对象属性过滤器。这里主要讲解基本过滤选择器和可见性过滤选择器，属性选择器在前面章节中已经讲过，而表单对象过滤选择器将在后面的章节中讲解。

8.3.1　基本过滤选择器（Basic Filter）

基本过滤选择器（或称基础过滤选择器、基础过滤器）是过滤选择器中使用最为广泛的一种，其详细说明如表 8-4 所示。

表 8-4　基本过滤选择器的详细说明

语　法	描　述	返 回 值	示　例
:first	选取第一个元素	单个元素	$("li:first")选取所有\<li\>元素中的第一个\<li\>元素
:last	选取最后一个元素	单个元素	$("li:last")选取所有\<li\>元素中的最后一个\<li\>元素
:not(selector)	选取去除所有与给定选择器匹配的元素	集合元素	$("li:not(.three)")选取 class 不是 three 的元素
:even	选取索引是偶数的所有元素(index 从 0 开始)	集合元素	$("li:even")选取索引是偶数的所有\<li\>元素
:odd	选取索引是奇数的所有元素(index 从 0 开始)	集合元素	$("li:odd")选取索引是奇数的所有\<li\>元素
:eq(index)	选取索引等于 index 的元素（index 从 0 开始）	单个元素	$("li:eq(1)")选取索引等于 1 的\<li\>元素
:gt(index)	选取索引大于 index 的元素（index 从 0 开始）	集合元素	$("li:gt(1)")选取索引大于 1 的\<li\>元素（注意：大于1,不包括1）
:lt(index)	选取索引小于 index 的元素（index 从 0 开始）	集合元素	S("li:lt(1)")选取索引小于 1 的\<li\>元素（注意：小于1，不包括1）
:header	选取所有标题元素，如 h1~h6	集合元素	$(":header")选取网页中的所有标题元素
:focus	选取当前获取焦点的元素	集合元素	$(":focus")选取当前获取焦点的元素
:animated	选择所有动画元素	集合元素	$(":animated")选取当前所有动画元素

　　jQuery 过滤器可单独使用，也可以与其他选择器配合使用。根据筛选条件可归纳为基础过滤器、子元素过滤器、内容过滤器和可见性过滤器。

1. :first和:last

　　:first 过滤器用于筛选第一个符合条件的元素，其语法结构如下：

语法

```
$(":first")
```

　　:first 过滤器只能选择符合条件的第一个元素。例如：

```
$("div:first")
```

　　上述代码表示选择页面上的第一个\<div\>元素。

　　:last 过滤器用于筛选最后一个符合条件的元素，其语法结构如下：

语法

```
$(":last")
```

　　:last 过滤器可单独使用，也可以与其他选择器配合使用。

【示例 11】　jQuery 基础过滤器:first 和:last 的使用

```
<!DOCTYPE html>
<html>
    <head>
        <meta charset="utf-8">
        <title>jQuery 基础过滤器:first 和:last 示例</title>
        <script src="js/jquery-1.12.4.js"></script>
    </head>
    <body>
        <h3>jQuery 基础过滤器:first 和:last 示例</h3>
        <hr>
```

```
            <ul class="all">
                <li>第一章</li>
                <li>第二章</li>
                <li>第三章</li>
                <li>第四章</li>
                <li>第五章</li>
            </ul>
            <script>
                $(document).ready(function() {
                    $("li:first").css("background", "#CCCCCC");
                    $("li:last").css("background", "#808080");
                });
            </script>
        </body>
</html>
```

示例 11 在浏览器中的运行效果如图 8.21 所示。

图 8.21　示例 11 运行效果

2. :even和:odd

:even 过滤器用于筛选符合条件的偶数个元素，序号从 0 开始计数，其语法结构如下：

语法

```
$(":even")
```

例如，筛选表格中的偶数行写法如下：

```
$("tr:even")
```

由于:even 过滤器是基于 JavaScript 数组原理的，同样继承了从 0 开始计数的规则，因此上述代码表示筛选表格的第 1、3、5 行以及更多行。

:odd 过滤器用于筛选符合条件的奇数个元素，序号从 0 开始计数。其语法结构如下：

```
$(":odd")
```

例如，筛选表格中的奇数行写法如下：

```
$("tr:odd")
```

需要注意的是，:odd 过滤器同样继承了从 0 开始计数的规则，因此上述代码表示筛选表格的第 2、4、6 行以及更多行。

【示例 12】　jQuery 基础过滤器:even 和:odd 的使用

```
<!DOCTYPE html>
<html>
    <head>
        <meta charset="utf-8">
        <title>jQuery 基础过滤器:even 和:odd 示例</title>
        <script src="js/jquery-1.12.4.js"></script>
    </head>
```

```
    <body>
        <h3>jQuery 基础过滤器:even 和:odd 示例</h3>
        <hr>
        <table id="recruit" border="1" width="100%">
            <caption>招聘信息表</caption>
            <tr><th>地点</th><th>招聘职位</th><th>公司</th></tr>
            <tr><td>全国</td><td>产品培训生</td><td>腾讯</td></tr>
            <tr><td>全国</td><td>前端开发工程师</td><td>阿里巴巴</td></tr>
            <tr><td>上海</td><td>交互设计师</td><td>网易游戏</td></tr>
            <tr><td>北京</td><td>视觉设计师</td><td>360</td></tr>
            <tr><td>深圳</td><td>数据分析师</td><td>IBM</td></tr>
            <tr><td>杭州</td><td>数据研发工程师</td><td>微软</td></tr>
        </table>
        <script>
            $(document).ready(function() {
                $("tr:even").css("background-color", "lightblue");
                $("tr:odd").css("background-color", "silver");
            });
        </script>
    </body>
</html>
```

示例 12 在浏览器中的运行效果如图 8.22 所示。

图 8.22　示例 12 运行效果

3. :eq()、:gt()和:lt()

:eq()过滤器用于选择指定序号为 n 的元素,序号从 0 开始计数,其中 eq 来源于英文单词 equal（等于）的前两个字母的缩写,其语法结构如下:

语法
```
$(":eq(index)")
```

参数 index 可替换为指定的序号。在 jQuery1.8 版以后,若 index 填入负数,表示倒数第 n 个元素,其中:eq(0)等同于:first 过滤器的效果。

:gt()过滤器用于选择所有大于序号为 n 的元素,序号从 0 开始计数,其中 gt 来源于英文单词 greater than（大于）的首字母缩写。其语法结构如下:

语法
```
$(":gt(index)")
```

其中参数 index 替换为指定的序号。在 jQuery1.8 版以后,若 index 填入负数,表示序号大于倒数第 n 个元素。

:lt()过滤器用于选择所有小于序号为 n 的元素,序号从 0 开始计数,其中 lt 来源于英文单词 less than（小于）的首字母缩写。其语法结构如下:

语法
```
$(":lt(index)")
```

参数 index 可替换为指定的序号。在 jQuery1.8 版以后，若 index 填入负数，表示序号小于倒数第 n 个元素。其中:lt(1)相当于:first 过滤器的效果。

【示例 13】 jQuery 基础过滤器:eq()、:gt()和:lt()的使用

```html
<!DOCTYPE html>
<html>
    <head>
        <meta charset="utf-8">
        <title>jQuery 基础过滤器:eq、:gt 和:lt 示例</title>
        <script src="js/jquery-1.12.4.js"></script>
    </head>
    <body>
        <h3>jQuery 基础过滤器:eq、:gt 和:lt 示例</h3>
        <hr>
        <ul>
            <li>第一章</li>
            <li>第二章</li>
            <li>第三章</li>
            <li>第四章</li>
            <li>第五章</li>
        </ul>
        <script>
            $(document).ready(function() {
                $("li:eq(2)").css("border", "2px solid red");
                $("li:gt(2)").css("border", "2px solid green");
                $("li:lt(2)").css("border", "2px solid blue");
            });
        </script>
    </body>
</html>
```

示例 13 在浏览器中的运行效果如图 8.23 所示。

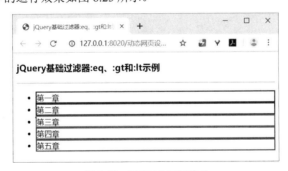

图 8.23 示例 13 运行效果

4. :not()

:not()过滤器用于筛选所有不符合条件的元素，其语法结构如下：

语法
```
$(":not(selector)")
```

所有的选择器都可以与:not()配合使用来筛选相反的条件。

【示例 14】 jQuery 基础过滤器:not()的使用

```html
<!DOCTYPE html>
<html>
    <head>
```

```
        <meta charset="utf-8">
        <title>jQuery 基础过滤器:not 示例</title>
        <script src="js/jquery-1.12.4.js"></script>
    </head>
    <body>
        <h3>jQuery 基础过滤器:not 示例</h3>
        <hr>
        <p>这是普通段落元素。</p>
        <p id="test">id="test"的段落元素。</p>
        <p>这是普通段落元素。</p>
        <script>
            $(document).ready(function() {
                $(":not(p#test)").css("border", "1px solid gray");
            });
        </script>
    </body>
</html>
```

示例 14 在浏览器中的运行效果如图 8.24 所示。

图 8.24　示例 14 运行效果

5. :header()

:header()过滤器用于筛选所有的标题元素，从<h1>到<h6>均在此选择范围内。其语法结构如下：

📘 语法

```
$(":header")
```

🔰【示例 15】　jQuery 基础过滤器:header()的使用

```
<!DOCTYPE html>
<html>
    <head>
        <meta charset="utf-8">
        <title>jQuery 基础过滤器:header 示例</title>
        <script src="js/jquery-1.12.4.js"></script>
    </head>
    <body>
        <h3>jQuery 基础过滤器:header 示例</h3>
        <hr>
        <h4>标题 4</h4>
        <p>正文内容</p>
        <h4>标题 4</h4>
        <p>正文内容</p>
        <script>
            $(document).ready(function() {
                $(":header").css({color:"red"});
            });
        </script>
    </body>
</html>
```

示例 15 在浏览器中的运行效果如图 8.25 所示。

图 8.25　示例 15 运行效果

8.3.2　技能训练

上机练习 4　基本过滤选择器使用

需求说明

使用抗击新冠肺炎新闻列表页面——演示基本过滤选择器的用法，在浏览器中查看页面初始效果，如图 8.26 所示。使用基本过滤选择器增加样式，修改显示效果，如图 8.27 所示，具体要求如下：

➤　用过滤选择器给 h2 设置背景颜色（#2a65ba）和字体颜色（#ffffff）。
➤　最后一个没有边框。
➤　改变第一个 li 的字体大小和颜色。
➤　设置偶数行背景颜色。
➤　设置奇数行背景颜色。
➤　设置前两个 li 的字体颜色（从 0 开始，小于 2）。
➤　设置后两个 li 的字体颜色（从 0 开始，大于 3）。
➤　改变第 3 个 li 的背景颜色。

图 8.26　列表页面初始状态

图 8.27　增加样式

8.3.3　子元素过滤器

jQuery 子元素过滤器（Child Filter）可筛选指定元素的子元素。常见用法如表 8-5 所示。

表 8-5 子元素过滤器

名　　称	说　　明	举　　例
:first-child	匹配第一个子元素 ':first' 只匹配一个元素，而此选择符将为每个父元素匹配一个子元素	在每个 ul 中查找第一个 li： $("ul li:first-child")
:last-child	匹配最后一个子元素 ':last'只匹配一个元素，而此选择符将为每个父元素匹配一个子元素	在每个 ul 中查找最后一个 li： $("ul li:last-child")
:nth-child(index/even/odd/equation)	匹配其父元素下的第 n 个子元素或奇偶元素 ':eq(index)' 只匹配一个元素，而这个将为每一个父元素匹配子元素。:nth-child 从 1 开始，而:eq()是从 0 算起的。 可以使用:nth-child(even)、:nth-child(odd)、:nth-child(3n)、:nth-child(2)、:nth-child(3n+1)、:nth-child(3n+2)	在每个 ul 查找第 2 个 li： $("ul li:nth-child(2)")
:only-child	如果某个元素是父元素中唯一的子元素，那将会被匹配。如果父元素中含有其他元素，那将不会被匹配。	在 ul 中查找是唯一子元素的 li： $("ul li:only-child")

1. :first-child

:first-child 过滤器用于筛选页面上每个父元素中的第一个子元素，其语法结构如下：

📋 **语法**

```
$(":first-child")
```

与只能选择唯一元素的:first 过滤器不同，只要是页面上的父元素都可以同时使用:first-child 过滤器从中选出其第一个子元素，因此选择结果可能不止一个元素。

:first-child 过滤器可单独使用，也可以与其他选择器配合使用。例如：

```
$("p:first-child")
```

上述代码表示在页面上所有包含有段落元素<p>的父元素中筛选出每个父元素内部的第一个段落子元素<p>。

需要注意的是，这里所筛选出来的段落子元素<p>有可能并不是其父元素的第一个子元素，例如以下这种情况：

```
<div>
   <span>我是第一个子元素。</span>
   <p>我是第二个子元素，但是也是第一个段落元素。我将被$("p:first-child")筛选出来。</p>
   <p>我是第三个子元素。</p>
</div>
```

🔘 **【示例 16】** jQuery 基础过滤器:first-child ()的使用

```
<!DOCTYPE html>
<html>
    <head>
        <meta charset="utf-8">
        <title>jQuery 子元素过滤器:first-child 示例</title>
        <script src="js/jquery-1.12.4.js"></script>
        <style>
        ul{ width:100px; border:1px solid; }
        </style>
    </head>
    <body>
        <h3>jQuery 子元素过滤器:first-child 示例</h3>
        <hr>
        <ul>
```

```
                <li>苹果</li>
                <li>香蕉</li>
                <li>荔枝</li>
            </ul>
            <ul>
                <li>西瓜</li>
                <li>哈密瓜</li>
                <li>椰子</li>
            </ul>
            <script>
                $(document).ready(function() {
                    $("li:first-child").css({fontWeight:"bold",color:"red"});
                });
            </script>
        </body>
</html>
```

示例 16 在浏览器中的运行效果如图 8.28 所示。

图 8.28　示例 16 运行效果

2. :last-child

:last-child 过滤器用于筛选页面上每个父元素中的最后一个子元素，其语法结构如下：

📖 **语法**

```
$(":last-child")
```

与:first-child 过滤器类似，选择结果可能不止一个元素。

:last-child 过滤器可单独使用，同样也可以与其他选择器配合使用。例如：

```
$("p:last-child")
```

上述代码表示在页面上所有包含有段落元素\<p\>的父元素中筛选出每个父元素内部的最后一个段落子元素\<p\>。

需要注意的是，这里所筛选出来的段落子元素\<p\>有可能并不是其父元素的最后一个子元素，例如以下这种情况：

```
<div>
    <p>我是第一个子元素。</p>
    <p>
        我是第二个子元素，但是也是最后一个段落元素。
        我将被$("p:last-child")筛选出来。
    </p>
    <span>我是最后一个子元素。</span>
</div>
```

🔰 **【示例 17】** *jQuery 基础过滤器*:last-child()*的使用*

```
<!DOCTYPE html>
<html>
```

```
<head>
    <meta charset="utf-8">
    <title>jQuery 子元素过滤器:last-child 示例</title>
    <script src="js/jquery-1.12.4.js"></script>
    <style>
    ul{ width:100px; border:1px solid; }
    </style>
</head>
<body>
    <h3>jQuery 子元素过滤器:last-child 示例</h3>
    <hr>
    <ul>
        <li>苹果</li>
        <li>香蕉</li>
        <li>荔枝</li>
    </ul>
    <ul>
        <li>西瓜</li>
        <li>哈密瓜</li>
        <li>椰子</li>
    </ul>
    <script>
        $(document).ready(function() {
            $("li:last-child").css({fontWeight:"bold",color:"red"});
        });
    </script>
</body>
</html>
```

示例 17 在浏览器中的运行效果如图 8.29 所示。

图 8.29　示例 17 运行效果

3. :nth-child

:nth-child()过滤器用于筛选页面上每个父元素中的第 n 个子元素，序号从 1 开始计数。其语法结构如下：

📖 **语法**

```
$(":nth-child(index)")
```

其中 index 参数可以填入具体的数值，例如：

```
$(":nth-child(2)")
```

上述代码表示筛选父元素中的第 2 个子元素。

也可以在:nth-child()过滤器的 index 参数位置填入 even 或 odd 字样，分别表示偶数个或奇数个元素。例如：

```
$(":nth-child(odd)")
```

上述代码表示筛选父元素中的第 1、3、5、7……个子元素。

还可以在:nth-child()过滤器的 index 参数位置填入数字与字母 n 的算术组合，n 的取值从 0 开始，每次自增 1 直到筛选完全部符合条件的子元素为止。例如：

```
$(":nth-child(3n+1)")
```

上述代码表示筛选父元素中的第 3n+1 个元素，即第 1、4、7、10……个子元素。

:nth-child()过滤器可单独使用，也可以与其他选择器配合使用。

例如，:nth-child(1)表示筛选第一个子元素，等同于:first-child()。

【示例 18】   jQuery 基础过滤器:nth-child ()的使用

```html
<!DOCTYPE html>
<html>
    <head>
        <meta charset="utf-8">
        <title>jQuery 子元素过滤器:nth-child 示例</title>
        <script src="js/jquery-1.12.4.js"></script>
        <style>
            ul{ width:150px; border:1px solid; float:left; margin:10px; }
        </style>
    </head>
    <body>
        <h3>jQuery 子元素过滤器:nth-child 示例</h3>
        <hr>
        <ul id="item01">
            li:nth-child(odd) 筛选奇数项
            <li>苹果</li>
            <li>香蕉</li>
            <li>荔枝</li>
            <li>葡萄</li>
        </ul>
        <ul id="item02">
            li:nth-child(2) 筛选第二个元素
            <li>西瓜</li>
            <li>哈密瓜</li>
            <li>椰子</li>
            <li>菠萝</li>
        </ul>
        <ul id="item03">
            li:nth-child(3n+2) 筛选第 3n+2 个元素
            <li>红</li>
            <li>黄</li>
            <li>蓝</li>
            <li>绿</li>
            <li>青</li>
            <li>橙</li>
            <li>紫</li>
        </ul>
        <script>
            $(document).ready(function() {
                //选择奇数项子元素
                $("ul#item01 li:nth-child(odd)").css("color","red");
                //选择第二个子元素
                $("ul#item02 li:nth-child(2)").css("color","red");
                //选择第 3n+2 个子元素
                $("ul#item03 li:nth-child(3n+2)").css("color","red");
            });
        </script>
    </body>
</html>
```

示例 18 在浏览器中的运行效果如图 8.30 所示。

图 8.30　示例 18 运行效果

4. :only-child

:only-child 过滤器用于筛选所有在父元素中有且仅有一个的子元素。其语法结构如下：

📖 **语法**

```
$(":only-child")
```

:only-child()过滤器可单独使用，也可以与其他选择器配合使用。例如：

```
$("div span:only-child")
```

上述代码表示在所有只包含一个子元素的<div>父元素中，查找<span>类型的子元素。

如果父元素中包含了其他子元素则不匹配，例如以下这种情况：

```
<div>
    <span>这是 span 元素</span>
    <button>这是 button 元素</button>
</div>
```

上述代码如果使用$("div span:only-child")进行筛选则匹配失败，因为父元素<div>中还包含了其他子元素<button>。

需要注意的是，即使其他子元素是
或<hr>等内容也会匹配失败。

例如：

```
<div>
    <span>这是 span 元素</span>
    <hr>
</div>
```

上述代码如果使用$("div span:only-child")进行筛选也会匹配失败，因为<hr>也会被认为是父元素<div>的第二个子元素。

如果父元素中只包含其他文本内容并不影响:only-child 过滤器的判断。

例如：

```
<div>
    <span>这是 span 元素</span>
    这段文字不会影响 span 作为 div 的唯一子元素。
</div>
```

上述代码如果使用$("div span:only-child")进行筛选会匹配成功。

即便子元素内部还包含自身的子元素也不会影响匹配。例如：

```
<div>
    <span>
        这是 span 元素<br>
        这里的 br 元素是 span 的子元素<br>
        不影响 span 作为 div 的唯一子元素。
    </span>
</div>
```

上述代码如果使用$("div span:only-child")进行筛选也会匹配成功。

【**示例 19**】　　jQuery 基础过滤器:only-child ()的使用

```html
<!DOCTYPE html>
<html>
    <head>
        <meta charset="utf-8">
        <title>jQuery 子元素过滤器:only-child 示例</title>
        <script src="js/jquery-1.12.4.js"></script>
        <style>
            ul{ width:150px; border:1px solid; float:left; margin:10px; }
        </style>
    </head>
    <body>
        <h3>jQuery 子元素过滤器:only-child 示例</h3>
        <hr>
        <ul>
            <li>苹果</li>
            <li>香蕉</li>
            <li>荔枝</li>
        </ul>
        <ul>
            <li>西瓜</li>
        </ul>
        <ul>
            该 ul 元素内部无子元素。
        </ul>
        <script>
            $(document).ready(function() {
                //选择唯一的子元素 li
                $("ul li:only-child").css("color","red");
            });
        </script>
    </body>
</html>
```

示例 19 在浏览器中的运行效果如图 8.31 所示。

图 8.31　示例 19 运行效果

8.3.4　内容过滤器

jQuery 内容过滤器（Content Filter）可以根据元素所包含的子元素或文本内容进行过滤筛选。常见用法如表 8-6 所示。

表 8-6　内容过滤器

过　滤　器	说　　明	示　　例
contains(text)	匹配包含给定文本的元素	$("li:contains('DOM')")　//匹配含有"DOM"文本内容的 li 元素
:empty	匹配所有不包含子元素或者文本的空元素	$("td:empty")　//匹配不包含子元素或者文本的单元格
:has(selector)	匹配含有选择器所匹配元素的元素	$("td:has(p)")　//匹配表格的单元格中含有\<p\>标记的单元格
:parent	匹配含有子元素或者文本的元素	$("td: parent")　//匹配不为空的单元格，即在该单元格中还包括子元素或者文本

1. :contains()

:contains()过滤器用于筛选出所有包含指定文本内容的元素，其语法结构如下：

语法

```
$(":contains(text)")
```

其中 text 替换成指定的字符串文本，由于过滤器外面已经存在一对双引号，因此该文本可以用单引号括住具体文字内容。例如：

```
$("p:contains('hi')")
```

上述代码表示选择所有文本内容包含"hi"字样的段落元素\<p\>。

:contains()过滤器的筛选文本是大小写敏感型的，例如：

```
$("p:contains('hello')")
$("p:contains('HELLO')")
```

上述两个选择器会得到完全不同的筛选结果。

【示例 20】　jQuery 内容过滤器:contains()的使用

```html
<!DOCTYPE html>
<html>
    <head>
        <meta charset="utf-8">
        <title>jQuery 内容过滤器:contains 示例</title>
        <script src="js/jquery-1.12.4.js"></script>
    </head>
    <body>
        <h3>jQuery 内容过滤器:contains 示例</h3>
        <hr>
        <div>北京故宫</div>
        <div>四川九寨沟</div>
        <div>安徽黄山</div>
        <div>山东泰山</div>
        <div>安徽九华山</div>
        <script>
            $(document).ready(function() {
                $("div:contains('安徽')").css("color","red");
            });
        </script>
    </body>
</html>
```

示例 20 在浏览器中的运行效果如图 8.32 所示。

图 8.32 示例 20 运行效果

2. :empty

:empty 过滤器用于选择未包含子节点（子元素和文本）的元素，其语法结构如下：

📖 **语法**

```
$(":empty")
```

:empty 过滤器可以和其他有效选择器配合使用，例如：

```
$("td:empty")
```

上述代码表示选择所有无内容的表格单元格元素\<td>。部分元素标签直接默认为不包含任何子节点，例如水平线标签\<hr>、换行标签\
、图像标签\<img>、表单标签\<input>等。

🐢 【示例 21】 jQuery 内容过滤器:empty()的使用

```html
<!DOCTYPE html>
<html>
    <head>
        <meta charset="utf-8">
        <title>jQuery 内容过滤器:empty 示例</title>
        <script src="js/jquery-1.12.4.js"></script>
    </head>
    <body>
        <h3>jQuery 内容过滤器:empty 示例</h3>
        <hr>
        <table border="1"  width="100%">
            <tr><th>第一季度</th><th>第二季度</th><th>第三季度</th></tr>
            <tr><td>100</td><td>120</td><td>140</td></tr>
            <tr><td>200</td><td>220</td><td>240</td></tr>
            <tr><td>300</td><td>320</td><td></td></tr>
        </table>
        <script>
            $(document).ready(function() {
                $("td:empty").css("background","gray");
            });
        </script>
    </body>
</html>
```

示例 21 在浏览器中的运行效果如图 8.33 所示。

第一季度	第二季度	第三季度
100	120	140
200	220	240
300	320	

图 8.33 示例 21 运行效果

3. :parent

:parent 过滤器用于选择包含了子节点（子元素和文本）的元素，其语法结构如下：

语法

```
$(":parent")
```

:parent 过滤器可以和其他有效选择器配合使用，例如：

```
$("td:parent")
```

上述代码表示选择所有包含内容的表格单元格元素\<td\>。需要注意的是，W3C 规定了段落元素 \<p\>起码包含一个子节点，即使该元素中没有任何文本内容。

【示例 22】 jQuery 内容过滤器:parent()的使用

```html
<!DOCTYPE html>
<html>
    <head>
        <meta charset="utf-8">
        <title>jQuery 内容过滤器:parent 示例</title>
        <script src="js/jquery-1.12.4.js"></script>
    </head>
    <body>
        <h3>jQuery 内容过滤器:parent 示例</h3>
        <hr>
        <table border="1" width="100%">
            <tr><th>第一季度</th><th>第二季度</th><th>第三季度</th></tr>
            <tr><td>100</td><td>120</td><td>140</td></tr>
            <tr><td>200</td><td>220</td><td>240</td></tr>
            <tr><td>300</td><td>320</td><td></td></tr>
        </table>
        <script>
            $(document).ready(function() {
                $("td:parent").css("background","gray");
            });
        </script>
    </body>
</html>
```

示例 22 在浏览器中的运行效果如图 8.34 所示。

图 8.34 示例 22 运行效果

4. :has

:has()过滤器用于选择包含指定选择器的元素，其语法结构如下：

语法

```
$(":has(selector)")
```

所有的选择器都可以与:has()配合使用作为包含的条件，例如：

```
$("div:has(table)")
```

上述代码表示选择所有包含表格的块元素<div>。

【示例 23】　jQuery 内容过滤器:has()的使用

```
<!DOCTYPE html>
<html>
    <head>
        <meta charset="utf-8">
        <title>jQuery 子元素过滤器:has 示例</title>
        <script src="js/jquery-1.12.4.js"></script>
        <style>
            div{ width:100px; border:1px solid; float:left; margin:10px; }
        </style>
    </head>
    <body>
        <h3>jQuery 子元素过滤器:has 示例</h3>
        <hr>
        <div>
            这是段落元素。
        </div>
        <div>
            这是<span>段落</span>元素。
        </div>
        <div>
            这是<strong>段落</strong>元素。
        </div>
        <script>
            $(document).ready(function() {
                //选择包含有 strong 标签的 div 元素
                $("div:has(strong)").css("border","1px solid red");
            });
        </script>
    </body>
</html>
```

示例 23 在浏览器中的运行效果如图 8.35 所示。

图 8.35　示例 23 运行效果

8.3.5　可见性过滤选择器

jQuery 选择器除了可以通过 CSS 选择器、位置选取元素外，还能够通过元素的显示状态，即元素显示或者隐藏来选取元素。在 jQuery 中，通过元素显示状态选取元素的选择器称为可见性过滤选择器。jQuery 可见性过滤器（Visibility Filter）根据元素当前状态是否可见进行过滤筛选。可见性过滤选择器的详细说明如表 8-7 所示。

表 8-7　可见性过滤选择器的详细说明

选　择　器	描　　述	返　回　值	示　例
:visible	选取所有可见的元素	集合元素	$(":visible") 选取所有可见的元素
:hidden	选取所有隐藏的元素	集合元素	$(":hidden") 选取所有隐藏的元素

1. :hidden

:hidden 过滤器用于筛选出所有处于隐藏状态的元素，其语法结构如下：

语法

```
$(":hidden")
```

:hidden 过滤器可单独使用，也可以与其他选择器配合使用对元素进行过滤筛选。

例如：

```
$("p:hidden")
```

上述代码表示查找所有隐藏的段落元素\<p\>。

元素在网页中不占用任何位置空间就被认为是隐藏的，具体有以下几种情况：

➢ 元素的宽度和高度明确设置为 0。

➢ 元素的 CSS 属性中 display 的值为 none。

➢ 表单元素的 type 属性设置为 hidden。

➢ 元素的父元素处于隐藏状态，因此元素也一并无法显示出来。

➢ 下拉列表中的所有选项\<option\>元素也被认为是隐藏的，无论其是否为 selected 状态。

2. :visible

:visible 过滤器用于筛选出所有处于可见状态的元素，其语法结构如下：

语法

```
$(":visible")
```

:visible 过滤器可单独使用，也可以与其他选择器配合使用对元素进行过滤筛选。:visible 过滤器与:hidden 过滤器的筛选条件完全相反，因此无法同时使用。

需要注意的是，元素处于以下几种特殊情况中也被认为是可见状态：

➢ 元素的透明度属性 opacity 为 0，此时元素仍然占据原来的位置。

➢ 元素的可见属性 visibility 值为 hidden，此时元素仍然占据原来的位置。

➢ 当元素处于逐渐被隐藏的动画效果中，到动画结束之前都被认为仍然是可见的。

➢ 当元素处于逐渐被显现的动画效果中，从动画一开始启动就被认为是可见的。

为了更加直观地展示可见性过滤选择器的使用和选取元素的范围，可设计如示例 24 所示的页面，在此基础上演示这两个选择器。

【示例 24】 可见性过滤选择器

```html
<!DOCTYPE html>
<html>
<head lang="en">
    <meta charset="UTF-8">
    <title>可见性过滤选择器</title>
    <style type="text/css">
        #txt_show {display:none; color:#00C;}
        #txt_hide {display:block; color:#F30;}
    </style>
</head>
<body>
    <p id="txt_hide">点击按钮，我会被隐藏哦~</p>
    <p id="txt_show">隐藏的我，被显示了，嘿嘿^^</p>
    <input name="show" type="button" value="显示隐藏的P元素" id="show"/>
    <input name="hide" type="button" value="隐藏显示的P元素" id="hide" />
    <script src="js/jquery-1.12.4.js"></script>
</body>
</html>
```

在浏览器中查看页面效果，如图 8.36 所示。

使用可见性过滤选择器来对网页中的<P>元素进行操作，通过点击按钮来实现显示和隐藏 P 元素，代码如下：

```
<script>
    $(document).ready(function(){
        $("#show").click(function(){
            $("p:hidden").show();
        })
        $("#hide").click(function(){
            $("p:visible").hide();
        })
    })
</script>
```

图 8.36　示例 24 页面效果

点击"显示隐藏的 P 元素"按钮，页面效果如图 8.37 所示，再次点击"隐藏显示的 P 元素"按钮，页面效果如图 8.38 所示，如果再次点击"显示隐藏的 P 元素"按钮，又将显示如图 8.37 所示的效果。

图 8.37　显示隐藏的 P 元素

图 8.38　隐藏显示的 P 元素

> **注意**
>
> 在可见性选择器中需要注意，选择器:hidden 获取的元素不仅包括样式属性 display 为 "none" 的元素，还包括文本隐藏域（<input type = "hidden"/>）和 visibility :hidden 之类。

8.3.6　技能训练

上机练习 5　制作隔行变色的商品列表

需求说明

根据提供的页面素材，在商品列表页面的基础上增加 jQuery 代码，使用基本过滤选择器，实现如图 8.39 所示的隔行变色的表格（不包括表头），偶数行背景色为#eff7d1，奇数行背景色为#f7e195。

实现思路及关键代码

(1) 在新建的 HTML 文档中引入 jQuery 库。

(2) 使用$(document).ready()创建文档加载事件。

(3) 使用选择器:not(selector)把表头过滤掉，然后使用:even 和:odd 设置隔行变色。

(4) 使用 css()方法为元素设置背景颜色。

图 8.39　隔行变色的商品列表

8.4　jQuery选择器的注意事项

在使用 jQuery 选择器时，有一些问题是必须注意的，否则无法实现正确效果。这些问题归纳如下：

8.4.1　选择器中含有特殊符号的注意事项

在 W3C 规范中，规定属性值中不能含有某些特殊字符，但在实际开发过程中，可能会遇到表达式中含有某些特殊字符的情况，如果按照普通的方式去处理就会出错。解决此类错误的方法是使用转义符转义。

HTML 代码如下：

```
<div id="id#a">aa</div>
<div id="id[2]">cc</div>
```

按照普通的方式来获取，例如：

```
$("#id#a");
$("#id[2]");
```

以上代码不能正确获取到元素，正确的写法如下：

```
$("#id\\#a");
$("#id\\[2\\]");
```

8.4.2　选择器中含有空格的注意事项

选择器中的空格也是不容忽视的，多一个空格或少一个空格，可能会得到截然不同的结果。
HTML 代码如下：

```
<div class="test">
    <div style="display:none;">aa</div>
    <div style="display:none;">bb</div>
    <div style="display:none;">cc</div>
    <div class="test" style="display:none;">dd</div>
</div>
<div class="test" style="display:none;">ee</div>
<div class="test" style="display:none;">ff</div>
```

使用如下 jQuery 选择器分别来获取它们，代码如下：

```
var $t_a = $ (".test :hidden");    //带空格的 jQuery 选择器
var $t_b = $ (".test:hidden");     //不带空格的 jQuery 选择器
```

```
var len_a = $t_a.length;
var len_b = $t_b.length;
alert("$('.test :hidden') = "+len_a);     //输出 4
alert("$('.test:hidden') = "+len_b);      //输出 3
```

之所以会出现不同的结果，是因为后代选择器与过滤选择器存在不同，代码如下：

```
var $t_a = $(".test :hidden");            //带空格的 jQuery 选择器
```

以上代码选取的是 class 为 "test" 的元素内部的隐藏元素。

而代码：

```
var $t_b = $(".test:hidden");             //不带空格的 jQuery 选择器
```

选取的是隐藏的 class 为 "test" 的元素。

8.4.3　技能训练

上机练习6　　制作全网热播视频

训练要点

➤　使用过滤选择器选取元素。

➤　使用 css()方法设置页面元素样式。

需求说明

根据提供的如图 8.40 所示的全网热播视频页面，使用过滤选择器选择元素，按下列要求完成。

➤　使用选择器:not()设置两个图片与右侧内容间距 10px。

➤　使用选择器:last 设置右侧列表背景颜色为#f0f0f0。

➤　使用层次选择器、:not()设置前三个视频名称前的数字 1、2、3 背景颜色为#f0a30f，后面的数字背景颜色为#a4a3a3。

➤　3、5、6、7 后的箭头向上，4、8、9、10 后的箭头向下，完成的效果如图 8.41 所示。

➤　当鼠标指针移至右侧列表上时，显示对应的隐藏内容 "加入清单"，鼠标指针离开后隐藏内容，如图 8.42 所示。

➤　完成的页面效果见素材中的 "全网热播视频效果图.jpg"。

图 8.40　全网热播视频初始页面

图 8.41　添加页面样式

图 8.42　显示隐藏的内容

实现思路及关键代码

(1) 在新建的 HTML 文档中引入 jQuery 库。

(2) 使用$(document).ready()创建文档加载事件。

(3) 使用:lt()设置向上的背景箭头，使用:gt()设置向下的背景箭头，使用:eq()设置右侧第二行的向下的背景箭头。

(4) 将鼠标指针移至元素添加 mouseover 事件，设置隐藏元素显示出来，使用 find()获取当前<li>下的<p>元素；鼠标指针离开添加 mouseout 事件设置元素隐藏。

(5) 使用 css()方法为选取的元素添加 CSS 样式。

参考解决方案

```
$("#play ul>li:not(li:last)").css("margin-right","10px");
$("#play ul>li:last").css("background","#f0f0f0");

$("#play ol>li").mousemove(function(){
    $(this).find(":hidden").show();
})
```

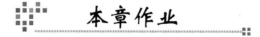

本章总结

➢ jQuery 提供了丰富的选择器以获取 DOM 元素。

➢ jQuery 中的基本选择器包括标签选择器、类选择器、id 选择器、并集选择器和全局选择器。

➢ 使用 jQuery 的层次选择器可通过 DOM 元素之间的层次关系来获取元素，包括后代元素、子元素、相邻元素和同辈元素。

➢ 使用属性选择器可通过 HTML 元素的属性来选择元素。

➢ 使用过滤选择器可通过特定的过滤规则来筛选出所需的 DOM 元素，包括基本过滤选择器、可见性过滤选择器等。

➢ 编写选择器时要注意特殊符号和空格。

本章作业

一、选择题

1. 下列选项中，（　　）是属性选择器。（选择两项）

A．$("img[src=.gif]")　　　　B．$("img")　　　　C．$("[class=title]")　　　　D．$("div>span")

2. 下列选项不属于 jQuery 基本选择器的是（　　）。（选择两项）

　　A．*　　　　　　　　B．:visible　　　　　　C．hi span　　　　　　D．.document

3. 在 jQuery 中，如果需要选取<p>元素里所有的<a>元素，则下列选择器写法正确的是（　　）。

　　A．$("p a")　　　　　B．$("p+ a")　　　　C．$("p> a")　　　　　D．$("p~a")

4. 若要选取<ul>元素中的第三个<li>元素，则下列 jQuery 选择器写法正确的是（　　）。

　　A．$("li：odd")　　　B．$("li:eq(2)")　　　C．$("li:gt(2)")　　　D．$("li:lt(3)")

5. 下列说法正确的是（　　）。

　　A．$("li：hidden")与$("li:hidden")获取的是同一个元素

　　B．$('#id[0]')需要使用转义符改写才能得到正确结果

　　C．$(".txt.xy")与$(".txt\\.xy")获取的是同一个元素

　　D．在 jQuery 选择器中，多一个空格、少一个空格得到的结果都一样

6. 下面对$('div').is(".blue,.red")的描述正确的是（　　）。

　　A．获取 id 值是 blue 或 red 的<div>元素　　　　B．获取 class 值是 blue 或 red 的<div>元素

　　C．判断<div>元素的 class 值是否是 blue 或 red　　D．以上说法都不正确

7. 下列元素中可以通过$("div[class~='box'])获取的是（　　）。（选择两项）

　　A．<div class="box"></div>　　　　　　　　　B．<div class="com box"></div>

　　C．<div class="Bigbox"></div>　　　　　　　　D．以上选项都不正确

二、综合题

1. jQuery 基本选择器主要包括哪几种类型？层次选择器主要包括哪几种类型？

2. jQuery 的选择器有哪几种类型？

3. 运用了 CSS 选择器规则的 jQuery 选择器有哪些？

4. 使用 jQuery 选择器时需要注意什么？

5. 制作如图 8.43 所示的页面，当页面加载完毕时，列表隔行变色，背景颜色值为#ececec。

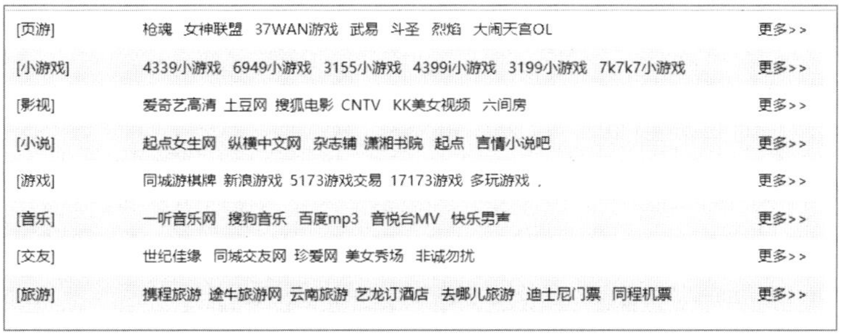

图 8.43　隔行变色的表格

6. 制作如图 8.44 所示的分享特效页面，当点击图片时，显示提示信息；点击提示信息后，该信息隐藏。

图 8.44　分享特效

第 9 章
jQuery 事件与动画特效

本章目标

◎ 了解 jQuery 事件的基础语法格式
◎ 掌握常见 jQuery 文档/窗口事件的用法
◎ 掌握常见 jQuery 键盘事件的用法
◎ 掌握常见 jQuery 鼠标事件的用法
◎ 掌握 jQuery 事件绑定与解除的用法
◎ 掌握 jQuery 隐藏/显示相关函数 hide()、show() 和 toggle() 的用法
◎ 掌握 jQuery 淡入/淡出相关函数 fadeIn()、fadeOut()、fadeToggle()、fadeTo() 的用法
◎ 掌握 jQuery 滑动相关函数 slideDown()、slideUp()、slideToggle() 的用法
◎ 掌握 jQuery 动画（Animation）的用法
◎ 掌握 jQuery 停止动画相关函数 stop() 的用法

本章简介

　　JavaScript 与 HTML 之间的交互是通过用户和浏览器操作页面时引发的事件来处理的，诸如点击按钮提交表单、打开页面弹出提示框、鼠标指针移过时显示下拉菜单等，都是事件对用户操作的处理。虽然传统的 JavaScript 事件能完成这些交互，但 jQuery 增强并扩展了基本的事件处理机制。本章将通过与 JavaScript 事件对比的方式来讲解 jQuery 中一些与 JavaScript 中相同的常用事件，如鼠标事件、键盘事件等，在此基础上重点讲解 jQuery 中特有的绑定事件、移出事件与复合事件，以及 jQuery 中用于提高用户体验度、增强视觉效果的动画方法。无可置疑，jQuery 中众多的动画方法，诸如元素的显示隐藏、淡入/淡出等动画特效，其简单雅致的代码为提高页面的交互性和用户体验性带来了极大的方便。

技术内容

9.1 jQuery中的事件

　　众所周知，页面在加载时会触发 load 事件；当用户点击某个按钮时，会触发该按钮的 click 事件。这些事件就像日常生活中，人们按下开关灯就亮了（或者灭了），往游戏机里投入游戏币就可以启

动游戏一样，通过种种事件实现各项功能或执行各项操作。事件在元素对象与功能代码中起着重要的桥梁作用。

事件指的是 HTML 页面对不同用户操作动作的响应。当用户做某个特定操作时将触发页面对应的事件，例如点击按钮、移动鼠标、提交表单等。可以事先为指定的事件自定义需要运行的脚本程序，事件被触发时将自动执行这段代码。

在 jQuery 中，事件总体分为两大类：基础事件和复合事件。jQuery 中的基础事件，与 JavaScript 中的事件几乎一样，都含有鼠标事件、键盘事件、表单事件等，只是其对应的方法名称略有不同。复合事件则是截取组合了用户操作，并且以多个函数作为响应而自定义的处理程序。

在 JavaScript 中，常用的基础事件有鼠标事件、键盘事件、window 事件、表单事件。事件绑定和处理函数的语法格式如下：

📖 语法

```
事件名="函数名（）";
```

或者

```
DOM 对象.事件名=函数;
```

在 jQuery 中，事件的语法格式如下：

📖 语法

```
$(selector).action(function(){
    // 事件触发后需要执行的自定义脚本代码
});
```

其中$(selector)可以是事件允许的 jQuery 选择器，action 需要替换为被监听的事件名称。例如，为段落元素<p>添加鼠标点击事件 click，其 jQuery 代码如下：

```
$("p").click(function(){
    alert("段落元素被鼠标点击了！");
});
```

上述代码中的关键字 click 表示鼠标左键点击事件，当用户使用鼠标点击了段落元素时将执行其中的 alert()语句。

在事件绑定处理函数后，可以通过 DOM 对象.事件名()的方式显示调用处理函数。在 jQuery 中，基础事件和 JavaScript 中的事件一致，它提供了特有的事件方法，将事件和处理函数绑定。下面按基础事件的各种类型分别进行介绍。

9.2   常用jQuery事件

常用 jQuery 事件根据其性质可以归纳为以下四类。

➢   文档/窗口事件：页面文档或浏览器窗口发生变化时所触发的事件。
➢   键盘事件：用户操作键盘所触发的事件。
➢   鼠标事件：用户操作鼠标所触发的事件。
➢   表单事件：用户操作表单所触发的事件。

9.2.1   文档/窗口事件

常见文档/窗口事件如表 9-1 所示。

表 9-1　文档/窗口事件

事件名称	解　　释	语法格式
ready()	该事件只在文档准备就绪时触发	$(document).ready(function)
load()	指定的元素被加载完毕时会触发事件	$(selector).load(function)
unload()	当用户浏览窗口从当前页面跳转到其他页面时会触发事件	$(window).unload(function)

该类事件也称为载入事件，也是 window 事件的一种。window 事件表示当用户执行某些会影响浏览器的操作时而触发的事件。例如，打开网页时加载页面、关闭窗口、调节窗口大小，移动窗口等操作引发的事件处理。在 jQuery 中，常用的 window 事件是文档载入事件，它对应的方法有 ready()、load()等。

1. ready()事件

ready()事件又称为准备就绪事件，该事件只在文档准备就绪时触发，因此其选择器只能是 $(document)。

一般来说，为了避免文档在准备就绪前就执行了其他 jQuery 代码而导致错误，所有的 jQuery 函数都需要写在文档准备就绪（document ready）函数中。其语法格式如下：

📖 **语法**

```
$(document).ready(function)
```

其中 function 为必填参数，表示文档加载完毕需要运行的函数。例如：

```
$(document).ready(function(){
    alert("页面已经准备就绪！");
});
```

上述代码表示在页面加载完毕时执行 alert()语句跳出提示框。

在实际使用时，文档准备就绪函数 function 的内部代码可以更为丰富，例如可以由多个独立的 jQuery 语句或者 jQuery 函数的调用组合而成。浏览器会按照先后顺序执行其内部的全部代码。

由于 ready()事件只用于当前文档，因此也可以省略选择器，将其精简为以下两种格式：

📖 **语法**

```
$().ready(function)
```

或者：

```
$(function)
```

需要注意的是，ready()事件不要与<body>元素的 onload 属性一起使用，以免产生冲突。

🔄 **【示例 1】　jQuery ready()事件的简单应用**

```
<!DOCTYPE html>
<html>
    <head>
        <meta charset="utf-8">
        <title>jQuery ready()事件示例</title>
        <script src="js/jquery-1.12.4.js"></script>
        <script>
            $(document).ready(function() {
                alert("页面已经准备就绪！");
            });
        </script>
    </head>
    <body>
        <h3>jQuery ready()事件示例</h3>
        <hr>
```

```
        <p>当你看到这段话之前应该已经看到了页面准备就绪的提示框。</p>
    </body>
</html>
```

示例 1 在浏览器中的运行效果如图 9.1 所示。

图 9.1　示例 1 运行效果

2. load()事件

当页面中指定的元素被加载完毕时会触发 load()事件。该事件通常用于监听具有可加载内容的元素，例如图像元素<img>、内联框架<iframe>等。其语法格式如下：

语法

```
$(selector).load(function)
```

其中参数 function 为必填内容，表示元素加载完毕时需要执行的函数。例如：

```
$("img").load(function(){
    alert("图像已经加载完毕！");
});
```

上述代码表示当图像元素<img>中的图片资源加载完毕时弹出提示框。

【示例 2】　jQuery load()事件的简单应用

```
<!DOCTYPE html>
<html>
    <head>
        <meta charset="utf-8">
        <title>jQuery load()事件示例</title>
        <script src="js/jquery-1.12.4.js"></script>
        <script>
        $(document).ready(function(){
            $("img").load(function(){
                $("p").text("墙报加载完毕！");
            });
        });
        </script>
    </head>
    <body>
        <h3>jQuery load()事件示例</h3>
        <hr>
        <p>墙报正在加载中，请稍候。。。</p>
        <img src="image/wallpaper.jpg" width="100%"/>
    </body>
</html>
```

3. unload()事件

当用户离开当前页面时会触发 unload()事件，该事件只适用于 window 对象。可能导致触发 unload()事件的行为如下：

➢ 　关闭整个浏览器或当前页面。

➢ 　在当前页面的浏览器地址栏中输入新的 URL 地址并进行访问。

> ➤ 使用浏览器上的前进或后退按钮。

> ➤ 点击浏览器上的刷新按钮或当前浏览器支持快捷方式刷新页面。

> ➤ 点击当前页面中的某个超链接导致跳转新页面。

其语法格式如下：

📖 **语法**
```
$(window).unload(function)
```

其中参数 function 为必填内容，表示离开页面时需要执行的函数。例如：

```
$(window).unload(function(){
    alert("您已经离开当前页面，再见！");
});
```

需要注意的是，在实践中发现在不同浏览器中 unload()事件的**兼容情况不是很理想**，例如在 IE9+或 Chrome 浏览器中仅刷新会触发该事件，关闭浏览器时无任何响应。

与此同时，jQuery 官方也宣布在 jQuery3.0 之后的版本将彻底取消对 unload()事件的支持，因此不建议将该事件运用于未来的实践开发中。

9.2.2 键盘事件

键盘事件指当键盘聚焦到 Web 浏览器时，用户每次按下或者释放键盘上的按键时都会产生事件。常用的键盘事件有 keydown、keyup 和 keypress。

keydown 事件发生在键盘被按下的时候，keyup 事件发生在键盘被释放的时候，在 keydown 和 keyup 之间会触发另外一个事件——keypress 事件。当按下键重复产生字符时，在 keyup 事件之前可能产生很多 keypress 事件。keypress 是较为高级的文本事件，它的事件对象指定产生的字符，而不是按下的键。所有浏览器都支持 keydown、keyup 和 keypress 事件，键盘按键的敲击可以分解为两个过程：1.按键被按下去；2.按键被松开。这两个动作分别触发或组合的 jQuery 键盘事件如表 9-2 所示。

表 9-2　常用键盘事件的方法

方　　法	描　　　述	执 行 时 机
keydown()	触发或将函数绑定到指定元素的 keydown 事件	按下按键时
keypress()	触发或将函数绑定到指定元素的 keypress 事件	产生可打印的字符时
keyup()	触发或将函数绑定到指定元素的 keyup 事件	释放按键时

以上三种键盘事件的选择器均可以是$(document)或者文档中的 HTML 元素。如果直接在文档上设置，则无论元素是否获取了焦点都会触发该事件；如果指定了选择器，则必须在该选择器指定的元素获得焦点的状态下才会触发该事件。

1. keydown()事件

当键盘上的按键处于按下状态时将触发 keydown()事件，其语法格式如下：

📖 **语法**
```
$(selector).keydown(function)
```

例如：

```
$("input:text").keydown(function(){
    alert("按键被按下！");
});
```

上述代码表示当用户在表单的文本框<input>元素中输入内容时触发 keydown()事件。

2. keyup()事件

当键盘上已经被按下去的按键处于被释放的状态时将触发 keyup()事件，其语法格式如下：

📖 **语法**

```
$(selector).keyup(function)
```

例如：

```
$("input:text").keyup(function(){
    alert("按键被释放！");
});
```

上述代码表示当用户在表单的文本框<input>元素中输入内容并在松开按键时触发 keyup()事件。

3. keypress()事件

当键盘上的按键处于按下并快速释放时将触发 keypress()事件，其语法格式如下：

📖 **语法**

```
$(selector).keypress(function)
```

简而言之，keypress()事件可以看作是快速实现 keydown()和 keyup()事件的一个组合，表示按键被敲击。

例如：

```
$("input:text").keypress(function){
    alert("按键被敲击！");
}
```

上述代码表示当用户在表单的文本框<input>元素中输入内容时触发 keypress()事件。

🔄 **【示例 3】　jQuery 键盘事件的简单应用**

```html
<!DOCTYPE html>
<html>
    <head>
        <meta charset="utf-8">
        <title>jQuery 键盘事件示例</title>
        <script src="js/jquery-1.12.4.js"></script>
        <script>
            $(document).ready(function() {
                //触发 keydown 事件
                $("#txt").keydown(function() {
                    $("span#tip").text("键盘被按下");
                });
                //触发 keyup 事件
                $("#txt").keyup(function() {
                    $("span#tip").text("键盘被释放");
                });
                //触发 keypress 事件
                var count = 0;
                $("#txt").keypress(function() {
                    //计数器自增 1
                    count++;
                    //更新按键次数
                    $("span#total").text(count);
                });
                $("#txt").keyup(function() {
                    $("#events").append(" keyup ");
                }).keydown(function(e) {
                    $("#events").append(" keydown ");
                }).keypress(function() {
                    $("#events").append(" keypress ");
                });
```

```
                    $(document).keydown(function(event) {
                        if(event.keyCode == "13") { //按回车键
                            alert("确认要提交么？");
                        }
                    });
                });
        </script>
    </head>
    <body>
        <h3>jQuery 键盘事件示例</h3>
        <hr>
        <p>这是测试文本框：<input type="text" name="demo" id="txt" /></p>
        <p>按键次数：<span id="total">0</span>次</p>
        <p>按键状态：<span id="tip">没有按键</span></p>
        <p>按键记录：<span id="events"> </span></p>
    </body>
</html>
```

示例 3 在浏览器中的运行效果如图 9.2 所示。

图 9.2　示例 3 运行效果

从该示例也可以看出，这三个键盘事件的执行顺序依次是 keydown、keypress 和 keyup。在文本框中输入内容时将激发三个键盘事件，并把发生的事件的内容显示在页面中。当按 Enter 键，将弹出"确认要提交么？"提示框，如图 9.3 所示。

图 9.3　按 Enter 键弹出提示框

从键盘事件方法中，可以获取当前按键的键值（KeyCode），识别按下了哪个键。示例 3 展示了这种用法，需要注意所用的方法中要定义一个参数，表示当前的事件对象。另外，需要注意事件的作用范围。在示例 3 中，$(document).keydown()表示键盘事件作用于 HTML DOM 中的任意对象。$("[#events]").keyup()表示键盘事件只对 id 为 events 的文本框起作用。

键盘事件常用于类似淘宝搜索框中的自动提示、快捷键的判断、表单字段校验等场合，在这里只需理解键盘事件触发的时机，能够制作一些简单的特效即可，关于键盘事件更为实用的功能将在后面的课程中学习。上述代码中的 append()方法用于向 DOM 元素中添加内容，后面章节将进行系统的介绍。

9.2.3　鼠标事件

鼠标事件顾名思义就是当用户在文档上移动或点击鼠标时而产生的事件。常用的鼠标事件有 click、mouseover、mouseout 等，如表 9-3 所示。

表 9-3　常用鼠标事件的方法

方　　法	描　　述	执 行 时 机
click()	触发或将函数绑定到指定元素的 click 事件	鼠标点击时
dblclick()	触发或将函数绑定到指定元素的 dblclick 事件	鼠标左键双击元素时
hover()	触发或将函数绑定到指定元素的 hover 事件	鼠标悬停在元素上时
mouseover()	触发或将函数绑定到指定元素的 mouseover 事件	鼠标指针移过时
mouseout()	触发或将函数绑定到指定元素的 mouseout 事件	鼠标指针移出时
mouseenter()	触发或将函数绑定到指定元素的 mouseenter 事件	鼠标指针进入时
mouseleave()	触发或将函数绑定到指定元素的 mouseleave 事件	鼠标指针离开时

从表 9-3 可以看到 jQuery 中事件的方法名称与 JavaScript 的事件方法名称不一样，如点击事件，在 JavaScript 中写作 onclick，而在 jQuery 中为 click；鼠标指针移至元素上的事件，在 JavaScript 中写作 onmouseover，在 jQuery 中写作 mouseover，通过这些大家可能已经明白两者之间的差别了。

1. click()事件

当用户使用鼠标左键单击（点击）网页文档中的任意 HTML 元素时均可以触发 click()事件，其语法格式如下：

📖 **语法**

```
$(selector).click(function)
```

以按钮<button>元素为例，被鼠标左键单击后弹出警告框的代码如下：

```
$("button").click(function(){
    alert("click 事件被触发！");
});
```

当 click()事件被触发时，会执行其中的 alert()方法。该方法也可以替换成其他代码块。

2. dblclick()事件

当用户使用鼠标左键双击网页文档中的任意 HTML 元素时均可以触发 dblclick()事件，其语法格式如下：

📖 **语法**

```
$(selector).dblclick(function)
```

以按钮<button>元素为例，被鼠标左键双击后弹出警告框的代码如下：

```
$("button").dblclick(function(){
    alert("dblclick 事件被触发！");
});
```

当 dblclick()事件被触发时，会执行其中的 alert()方法。该方法也可以替换成其他代码块。

3. hover()事件

当用户将鼠标悬停在网页文档中的任意 HTML 元素上时将会触发 hover()事件，其语法格式如下：

语法

```
$(selector).hover(function)
```

以段落元素<p>为例，鼠标悬停在该元素上时弹出警告框的代码如下：

```
$("p").hover(function(){
    alert("hover 事件被触发！");
});
```

当 hover()事件被触发时，会执行其中的 alert()方法。该方法也可以替换成其他代码块。

【示例 4】 jQuery 鼠标事件 click()、dbclick()与 hover()的简单应用

```
<!DOCTYPE html>
<html>
    <head>
        <meta charset="utf-8">
        <title>jQuery 鼠标事件示例1</title>
        <style>
            div{ width:300px; height:400px; text-align:center;
                float:left; margin:20px; border:1px solid; }
            img{ width:200px; height:auto; }
        </style>
        <script src="js/jquery-1.12.4.js"></script>
        <script>
            $(document).ready(function(){
                //触发按钮 1 的鼠标点击事件
                $("#btn01").click(function(){
                    $("#img01").attr("src","image/bulb_light.jpg");
                });
                //触发按钮 2 的鼠标双击事件
                $("#btn02").dblclick(function(){
                    $("#img02").attr("src","image/bulb_light.jpg");
                });
                //触发灯泡 3 的鼠标悬浮事件
                $("#img03").hover(function(){
                    $("#img03").attr("src","image/bulb_light.jpg");
                });
            });
        </script>
    </head>
    <body>
        <h3>jQuery 鼠标事件 click()、dblclick()和 hover()示例</h3>
        <hr>
        <div>
            <h4>灯泡 1:click()事件测试</h4>
            <img id="img01" src="image/bulb_dark.jpg" />
            <br />
            <p><button id="btn01">点击此处开灯</button></p>
        </div>
        <div>
            <h4>灯泡 2:dblclick()事件测试</h4>
            <img id="img02" src="image/bulb_dark.jpg" />
            <br />
            <p><button id="btn02">双击此处开灯</button></p>
        </div>
        <div>
            <h4>灯泡 3:hover()事件测试</h4>
            <img id="img03" src="image/bulb_dark.jpg" />
            <br />
            <p>鼠标悬浮在灯泡上开灯</p>
        </div>
```

```
        </body>
    </html>
```

示例 4 在浏览器中的运行效果如图 9.4 所示。

图 9.4　示例 4 运行效果

4. mouse×××()系列事件

以关键字 mouse 开头的一系列鼠标事件是根据鼠标移动方向或效果来区分的，其语法格式如下：

语法

```
$(selector).mousexxx(function)
```

其中×××替换成具体的动作效果，可替换的关键字如下。

➤ down：鼠标按键被按下。

➤ up：鼠标按键被释放，与 down 相反。

➤ move：鼠标处于移动状态。

➤ enter：鼠标进入指定元素。

➤ leave：鼠标离开指定元素，与 enter 相反。

➤ out：鼠标离开指定元素或其子元素。

➤ over：鼠标穿过指定元素或其子元素，与 out 相反。

【示例 5】　jQuery 键盘事件 mouse 系列的简单应用 1

```
<!DOCTYPE html>
<html>
    <head>
        <meta charset="utf-8">
        <title>jQuery 鼠标事件示例</title>
        <style>
            div{
                width:400px;
                height:450px;
                text-align:center;
                float:left;
                margin:20px;
                border:1px solid;
            }
            img{
                width:200px;
                height:auto;
            }
        </style>
        <script src="js/jquery-1.12.4.js"></script>
        <script>
            $(document).ready(function(){
                //触发灯泡的 mousedown()事件
                $("#img01").mousedown(function(){
                    $("#img01").attr("src","image/bulb_light.jpg");
```

```
                    });
            //触发灯泡的mouseup()事件
            $("#img01").mouseup(function(){
                $("#img01").attr("src","image/bulb_dark.jpg");
            });
        });
    </script>
</head>
<body>
    <h3>jQuery 鼠标事件mousedown()和mouseup()示例</h3>
    <hr>
    <div>
        <h4>灯泡:mousedown()和mouseup()事件测试</h4>
        <img id="img01" src="image/bulb_dark.jpg" />
        <br />
        <p>开灯方法：在灯泡上按下鼠标左键</p>
        <p>关灯方法：在灯泡上松开鼠标左键</p>
    </div>
</body>
</html>
```

示例5在浏览器中的运行效果如图9.5所示。

图9.5　示例5运行效果

【示例6】　jQuery 键盘事件 mouse 系列的简单应用2

```
<!DOCTYPE html>
<html>
    <head>
        <meta charset="utf-8">
        <title>jQuery 鼠标事件示例</title>
        <script src="js/jquery-1.12.4.js"></script>
        <script>
            $(document).ready(function(){
                //触发页面的mousemove()事件
                $(document).mousemove(function(event){
                    $("#x").text(event.pageX);
                    $("#y").text(event.pageY);
                });
            });
        </script>
    </head>
    <body>
        <h3>jQuery 鼠标事件mousemove()示例</h3>
        <hr>
        <p>
            当前鼠标的坐标位置如下
```

```
            <br />
            x 坐标: <span id="x"></span>
            <br />
            y 坐标: <span id="y"></span>
        <p>
    </body>
</html>
```

示例 6 在浏览器中的运行效果如图 9.6 所示。

（a）初识效果

（b）进入效果

图 9.6　示例 6 运行效果

【示例 7 】　jQuery 键盘事件 mouse 系列的简单应用 3

```
<!DOCTYPE html>
<html>
    <head>
        <meta charset="utf-8">
        <title>jQuery 鼠标事件示例</title>
        <style>
            p{
                width:200px;
                height:200px;
                border:1px solid;
                text-align:center;
            }
        </style>
        <script src="js/jquery-1.12.4.js"></script>
        <script>
            $(document).ready(function(){
                //触发段落元素<p>的 mouseenter()事件
                $("p").mouseenter(function(){
                    //更新提示语句
                    $("#tip").text("鼠标已进入");
                    //将段落元素背景色更新为红色
                    $("p").css("backgroundColor","red");
                });

                //触发段落元素<p>的 mouseleave()事件
                $("p").mouseleave(function(){
                    //更新提示语句
                    $("#tip").text("鼠标已离开");
                    //将段落元素背景色更新为浅蓝色
                    $("p").css("backgroundColor","blue");
                });
            });
        </script>
    </head>
    <body>
        <h3>jQuery 鼠标事件 mouseenter()与 mouseleave()示例</h3>
        <hr>
        <p>
            当前状态: <span id="tip">尚未开始</span>
        </p>
```

```
            </body>
        </html>
```

示例 7 在浏览器中的运行效果如图 9.7 所示。

（a）初识效果   （b）进入效果   （c）离开效果

图 9.7　示例 7 运行效果

【示例 8】　jQuery 键盘事件 mouse 系列的简单应用 4

```html
<!DOCTYPE html>
<html>
    <head>
        <meta charset="utf-8">
        <title>jQuery 鼠标事件示例</title>
        <style>
            div{ border:1px solid; text-align:center; }
            #box01{ width:500px; height:200px; margin:20px; }
            #box02{ width:400px; height:100px; margin:50px; }
        </style>
        <script src="js/jquery-1.12.4.js"></script>
        <script>
            $(document).ready(function(){
                var xOver=xOut=0;//统计鼠标进入或离开次数
                //触发段落元素<p>的 mouseenter()事件
                $("#box01").mouseover(function(){
                    //鼠标进入次数自增 1
                    xOver++;
                    //更新提示语句
                    $("#tip01").text(xOver);
                });

                //触发段落元素<p>的 mouseleave()事件
                $("#box01").mouseout(function(){
                    //鼠标离开次数自增 1
                    xOut++;
                    //更新提示语句
                    $("#tip02").text(xOut);
                });
            });
        </script>
    </head>
    <body>
        <h3>jQuery 鼠标事件 mouseover()与 mouseout()示例</h3>
        <hr>
        <div id="box01">
            父元素
            <div id="box02">
                子元素<br /><br />
                发生 mouseover()事件的次数: <span id="tip01">0</span>
                <br />
                发生 mouseout()事件的次数: <span id="tip02">0</span>
            </div>
        </div>
```

```
    </body>
</html>
```

示例 8 在浏览器中的运行效果如图 9.8 所示。

（a）鼠标刚进入父元素时触发的效果

（b）鼠标刚进入子元素时触发的效果

（c）鼠标刚离开子元素时触发的效果

（d）鼠标刚离开父元素时触发的效果

图 9.8　示例 8 运行效果

mouseover()和 mouseenter()的用法一样，都是鼠标指针移至页面元素上时触发事件，这两个方法的区别如下。

➢ mouseover()：鼠标指针进入被选元素时会触发 mouseover 事件，如果鼠标指针在被选元素的子元素上来回进入时也会触发 mouseover 事件。

➢ mouseenter ()：鼠标指针进入被选元素时会触发 mouseenter 事件，如果鼠标指针在被选元素的子元素上来回进入则不会触发 mouseenter 事件。

mouseout()和 mouseleave()的用法基本一样，都是鼠标指针离开页面元素时才触发事件，区别如下。

➢ mouseout()：鼠标指针离开被选元素时会触发 mouseout 事件，如果鼠标指针在被选元素的子元素上来回离开也会触发 mouseout 事件。

➢ mouseleave()：鼠标指针离开被选元素时会触发 mouseleave 事件，如果鼠标指针在被选元素的子元素上来回离开则不会触发 mouseleave 事件。

大家在课后使用 mouseenter()和 mouseleave()完成本示例，看看页面效果如何，进一步掌握这几个方法的用法。

在 Web 应用中，鼠标事件非常重要，它们在改善用户体验方面功不可没。鼠标事件常常被用于网站导航、下拉菜单、选项卡和轮播广告等网页组件的交互制作中。

9.2.4 技能训练1

 制作当当网特效

需求说明

使用 mouseover()方法与 mouseout()方法，制作导航页面，如图 9.9 所示，鼠标指针移过时，改变当前导航项的背景；鼠标指针移出时，还原当前导航项的背景样式。

图 9.9 鼠标指针移至导航项时背景颜色的变化

9.2.5 表单事件

jQuery 常见表单事件如表 9-4 所示。

表 9-4 jQuery 常见表单事件

事件名称	解 释	语 法 格 式
blur()	表单元素失去焦点时触发事件	$(selector).blur(function)
focus()	表单元素已获得焦点时触发事件	$(selector).focus(function)
change()	表单元素内容发生变化时触发事件	$(selector).change(function)
select()	textarea 或文本类型的 input 元素中的文本内容被选中时触发事件	$(selector).select(function)
submit()	提交表单时触发事件	$(selector).submit(function)

注：表单事件的选择器大多数情况下均为文档中的表单元素。

1. blur()事件

当某个处于选中状态的元素失去焦点时将触发 blur()事件，其语法格式如下：

语法

```
$(selector).blur(function)
```

该事件的选择器初期只能是表单元素，目前已经适用于任意 HTML 元素。通过鼠标点击元素以外的位置，或者按下键盘上的 Tab 按键等方式均可以令元素失去焦点。

以表单中的<input>元素为例，失去焦点时弹出警告框的代码如下：

```
$("input").blur(function(){
    alert("blur 事件被触发！");
});
```

当 blur()事件被触发时，会执行其中的 alert()方法。该方法也可以替换成其他代码块。

2. focus()事件

当某个处于未选中状态的元素获得焦点时将触发 focus()事件，其语法格式如下：

语法

```
$(selector).focus(function)
```

该事件的选择器初期只能是表单元素或超链接元素，目前已经适用于任意 HTML 元素。通过鼠

标点击元素、Tab 键切换等方式均可以令元素获得焦点。

同样以表单中的<input>元素为例，获得焦点时弹出警告框的代码如下：

```
$("input").focus(function(){
    alert("focus 事件被触发！");
});
```

当 focus() 事件被触发时，会执行其中的 alert() 方法。该方法也可以替换成其他代码块。

【示例 9】　jQuery 表单事件 blur() 和 focus() 的简单应用

```html
<!DOCTYPE html>
<html>
    <head>
        <meta charset="utf-8">
        <title>jQuery 表单事件示例1</title>
        <script src="js/jquery-1.12.4.js"></script>
        <script>
            $(document).ready(function(){
                //触发<input>元素的 blur()事件
                $("input").blur(function(){
                    $(this).next("span").text("失去焦点!");
                });
                //触发<input>元素的 focus()事件
                $("input").focus(function(){
                    $(this).next("span").text("获得焦点! ");
                });
            });
        </script>
    </head>
    <body>
        <h3>jQuery 表单事件 blur()和 focus()示例</h3>
        <hr>
        <form>
            用户名: <input type="text" /><span></span>
            <br />
            密　码: <input type="password" /><span></span>
        </form>
    </body>
</html>
```

示例 9 在浏览器中的运行效果如图 9.10 所示。

（a）页面初始

（b）用户名文本框获得焦点

（c）用户名文本框失去焦点，密码框获得焦点

（d）密码框失去焦点

图 9.10　示例 9 运行效果

3. change()事件

当输入框或下拉菜单中的内容发生变化时将触发 change()事件，其语法格式如下：

语法

```
$(selector).change(function)
```

其选择器可以是表单中的输入框<input>、多行文本框<textarea>或者下拉菜单<select>。

其触发效果不同之处总结如下。

- ➢ 选择器为<input>或<textarea>：用户更改输入框中的内容然后让该输入框失去焦点才触发 change()事件。
- ➢ 选择器为<select>：用户选择不同的选项时触发 change()事件。

以下拉菜单<select>元素为例，选项被切换后弹出警告框的代码如下：

```
$("select").change(function(){
    alert("change 事件被触发！");
});
```

当 change 事件被触发时，会执行其中的 alert()方法。该方法也可以替换成其他代码块。

4. select()事件

当文本输入框中有文字内容被选中时，将触发该元素的 select()事件。其语法格式如下：

语法

```
$(selector).select(function)
```

其选择器只能是单行文本框<input type="text">或多行文本框<textarea>。

以表单中的<input>元素为例，被鼠标选中文本内容后弹出警告框的代码如下：

```
$("input").select(function(){
    alert("select 事件被触发！");
});
```

当 select()事件被触发时，会执行其中的 alert()方法。该方法也可以替换成其他代码块。

【示例 10】 jQuery 表单事件 change()和 select()的简单应用

```
<!DOCTYPE html>
<html>
    <head>
        <meta charset="utf-8">
        <title>jQuery 表单事件示例 2</title>
        <script src="js/jquery-1.12.4.js"></script>
        <script>
            $(document).ready(function(){
                //触发<input>元素的 change()事件
                $("input").change(function(){
                    $(this).next("span").text("内容发生改变！");
                });
                //触发<input>元素的 select()事件
                $("input").select(function(){
                    $(this).next("span").text("文字被选中！");
                });
            });
        </script>
    </head>
    <body>
        <h3>jQuery 表单事件 change()和 select()示例</h3>
        <hr>
        <form>
            测试框: <input type="text" /><span></span>
```

```
        </form>
    </body>
</html>
```

示例 10 在浏览器中的运行效果如图 9.11 所示。

（a）页面初始　　　　　　　　　　　　　　（b）改变输入框中的内容

（c）输入框中有文本被选中　　　　　　　　（d）再次改变输入框中的部分内容

图 9.11　示例 10 运行效果

5. submit()事件

当用户尝试提交表单时将触发表单元素<form>的 submit()事件，其语法格式如下：

语法

```
$(selector).submit(function)
```

显然，该事件的选择器只能是表单元素<form>。用户有两种提交表单的方式：点击特定的提交按钮或者使用键盘上的 Enter 键。特定的提交按钮包括：<input type="submit">、<input type="image">及<button type="submit">；使用 Enter 键的前提是表单中只有一个文本域，或者表单中包含了提交按钮。以 id="form01"的<form>元素为例，用户提交表单时弹出警告框的代码如下：

```
$("#form01").submit(function(e){
    alert("click 事件被触发！");
});
```

与其他表单事件的不同之处在于，上面 function(e)中的参数 e 为必填内容。也可以用其他自定义变量名称代替，例如 event 也较为常见。

由于 submit()事件会在表单正式提交给服务器之前触发，因此常用其进行有效性检测：当表单中填写的内容验证不通过时显示提示语句，并停止表单提交的动作；当内容验证通过时继续完成表单提交的动作。

【示例 11】　jQuery 事件 submit()的简单应用

```
<!DOCTYPE html>
<html>
    <head>
        <meta charset="utf-8">
        <title>jQuery 表单事件示例</title>
        <script src="js/jquery-1.12.4.js"></script>
        <script>
            $(document).ready(function(){
                //触发<form>元素的 submit()事件
```

```
            $("form").submit(function(){
                //获取用户输入的内容
                var x = $("input[type='text']").val();
                //检测数据有效性
                if(x==""||isNaN(x)){
                    $("#tip").text("您输入的不是数字,请重新输入!");
                    return false;//停止提交
                }
                else
                    $("#tip").text("内容正确,正在提交。");
            });
        </script>
    </head>
    <body>
        <h3>jQuery 表单事件 submit()示例</h3>
        <hr>
        <form action="javascript:alert('提交成功! ');">
            请输入数字: <input type="text" /> <input type="submit" value="提交" />
            <br />
            <span id="tip"></span>
        </form>
    </body>
</html>
```

示例 11 在浏览器中的运行效果如图 9.12 所示。

（a）输入错误内容触发的 submit 事件

（b）输入正确内容触发的 submit 事件

图 9.12　示例 11 运行效果

9.2.6　浏览器事件

在浏览网页时，大家经常会调整浏览器窗口的大小，在调整窗口大小时，页面会有一些变化，这些都是通过 jQuery 中的 resize()方法触发 resize 事件，进而处理相关函数，来完成页面的一些特效的，resize()语法如下所示。

语法

```
$(selector).resize();
```

9.2.7　技能训练 2

上机练习 2　　制作首页右侧固定层

需求说明

➤　制作如图 9.13 所示的首页右侧的固定层，共 6 个图标，分别是会员、购物车、我的关注、我的足迹、我的消息和咨询 JIMI。

➤　默认状态下仅显示图标，背景颜色为深灰色，如图 9.14 所示；当鼠标指针移至图标上时，背景颜色为深红色，并且在图标左侧显示文本，如图 9.15 所示。

➢　使用鼠标事件、show()、hide()、css()方法完成页面特效。

➢　页面完成效果见素材中"首页右侧固定层.jpg"。

图 9.13　京东首页

图 9.14　默认状态

图 9.15　鼠标指针移至元素时的状态

实现思路及关键代码

(1) 使用列表制作页面内容，使用<span>和<p>分别显示背景图片和文本内容，关键代码如下：

```
<nav id="nav">
    <li><span></span><p>会员</p></li>
    <li><span></span><p>购物车</p></li>
    <li><span></span><p>我的关注</p></li>
    <li><span></span><p>我的足迹</p></li>
    <li><span></span><p>我的消息</p></li>
    <li><span></span><p>咨询 JIMI</p></li>
</nav>
```

(2) 使用 index()获取当前鼠标指针移至元素在列表中的索引值，使用 eq()获取当前元素所在 <li>，关键代码如下：

```
var index=$("#nav li span").index(this);
$("#nav li:eq("+index+") span~p").show();
```

(3) 使用同辈元素选择器和 eq()选择器获取当前<span>元素的兄弟元素<p>。

9.3　jQuery事件绑定与解除

在 jQuery 中，HTML 元素的事件监听是可以通过特定的方法来绑定或者解除的。在 jQuery 中，绑定事件与移除事件也属于基础事件，它们主要用于绑定或移除其他基础事件，如 click、mouseover、mouseout 等，也可以绑定或移除自定义事件。

在网页实际开发中，有时需要对同一个元素进行多个不同的事件处理。例如，鼠标指针移至某一个元素上时出现一种特效，离开时又显示不同的特效，这时就需要使用绑定事件的方法 bind()一次性绑定或移除一个或多个事件。既然有绑定事件的方法，那么就有移除事件的方法 unbind()，下面就分别来看看两者的使用方法。本节将介绍如何为指定的 HTML 元素绑定事件、解除事件及追加临时事件。目前 jQuery 常用的事件绑定方法如表 9-5 所示。

表 9-5　jQuery 常用的事件绑定方法

事件名称	解　　释
bind()	用于给指定的元素绑定一个或多个事件
delegate()	用于给指定元素的子元素绑定一个或多个事件
on()	用于给指定元素或其子元素绑定一个或多个事件

需要注意的是，在 jQuery3.0 之后的版本将彻底取消对 bind()和 delegate()方法的支持，因此在未来的实践开发中建议使用 on()来替换前两种方法。

9.3.1　jQuery事件绑定

1. bind()方法

在 jQuery 中，如果需要为匹配的元素同时绑定一个或多个事件，则可以使用 bind()方法，其语法格式如下：

语法

```
$(selector).bind(type,[data],fn)
```

bind()方法有三个参数，其中参数 data 不是必需的，详细说明如表 9-6 所示。

表 9-6　bind()方法的参数说明

参数类型	参数含义	描　　述
type	事件类型	主要包括 click、mouseover、mouseout 等基础事件，此外，还可以是自定义事件
[data]	可选参数	作为 eventdata 属性值传递给事件对象的额外数据对象，该参数不是必需的
fn	处理函数	用来绑定处理函数

例如，为按钮<button>元素绑定点击事件（鼠标左键点击），代码如下：

```
$("button").bind("click", function(){
    alert("按钮的点击事件被触发！");
});
```

如果指定元素绑定的多个事件需要调用同一个函数，可以将这些事件名称用空格隔开后并列添加在参数 event 中，例如：

```
$("button").bind("click dblclick mouseenter", function(){
    alert("按钮的点击/双击/鼠标进入事件被触发！");
});
```

（1）绑定单个事件

为了使大家能理解 bind()方法在网页中的应用，代码如示例 12 所示。

【示例 12】　jQuery 事件绑定 bind()

```
<!DOCTYPE html>
<html>
    <head>
        <meta charset="utf-8">
        <title>jQuery 事件绑定方法示例</title>
        <script src="js/jquery-1.12.4.js"></script>
        <script>
            $(document).ready(function(){
                //id="test"的段落元素 click()事件被触发
                $("#test").click(function(){
                    //使用 bind()方法为<button>按钮绑定点击事件
                    $("button").bind("click",function(){
                        alert("测试按钮已激活！");
                    });
```

```
                            //更新状态描述
                            $("span").text("已绑定 click()事件");
                        });
                    });
                </script>
            </head>
            <body>
                <h3>jQuery 事件绑定方法 bind()的简单应用</h3>
                <hr>
                <p>按钮状态: <span>未绑定点击事件</span></p>
                <button>测试按钮</button>
                <p id="test">请点击此处为测试按钮追加点击事件。</p>
            </body>
        </html>
```

使用 bind()方法绑定事件，默认情况下按钮无点击效果，点击最后一行文本为按钮添加点击事件，在浏览器中的页面效果如图 9.16 所示。

（a）初始状态

（b）按钮已绑定 click()事件

（c）按钮 click()事件被触发

图 9.16　示例 12 运行效果

除 bind()方法以外，还有 on()、live()和 one()等事件绑定方法，这些方法的语法、应用及与 bind() 绑定函数的异同，可以参考 W3CSchool 网站。

（2）同时绑定多个事件

使用 bmd()方法不仅可以一次绑定一个事件，还可以同时绑定多个事件。如果需要为指定元素同时绑定多个事件并触发不同的函数，其语法格式如下：

📖 语法

```
$(selector).bind({event1:function1, event2:function2, …eventN:functionN})
```

该方法可以分别为每个事件单独绑定函数，使用起来更为灵活。例如，为按钮<button>元素同时绑定点击、双击和鼠标悬停事件，并实现不同的触发效果。其代码如下：

```
$("button").bind({
    "click":function(){$("body").css("background-color","red");},
    "dblclick":function(){$("body").css("background-color","yellow");},
    "mouseover":function(){$("body").css("background-color","blue");}
});
```

上述代码表示点击、双击或鼠标悬停于按钮时网页背景色分别更换为红色、黄色或蓝色。

上面的例子中，鼠标点击文本为按钮添加点击事件，使用 bind()方法为匹配的元素同时绑定多个事件，通过鼠标的悬浮情况改变背景颜色，为了使大家能理解 bind()方法在网页中的应用，代码如示例 13 所示。

【示例 13】 jQuery 事件绑定 bind()

```html
<!DOCTYPE html>
<html>
    <head>
        <meta charset="utf-8">
        <title>jQuery 事件绑定方法示例</title>
        <script src="js/jquery-1.12.4.js"></script>
        <script>
            $(document).ready(function() {
                //id="test"的段落元素 click()事件被触发
                $("button").bind({
                    mouseover: function() {
                        $("body").css("background", "yellow");
                    },
                    mouseout: function() {
                        $("body").css("background", "#FFFFFF");
                    }
                });
            });
        </script>
    </head>
    <body>
        <h3>jQuery 事件绑定方法 bind()的简单应用</h3>
        <hr>
        <button>测试按钮</button>
    </body>
</html>
```

使用 bind()方法绑定多个事件，为其添加悬浮与离开效果，在浏览器中的页面效果如图 9.17 所示。

（a）初始状态　　　　　　　　　　　　　　　　（b）悬浮在按钮上

（c）从按钮上离开

图 9.17　示例 13 运行效果

2. delegate()方法

delegate()方法可以用于给指定元素的子元素绑定一个或多个事件，其语法格式如下：

📖 **语法**
```
$(selector).delegate(childSelector, event, [data,] function)
```

参数解释如下：

➢ childSelector：必填参数，用于规定需要绑定事件的一个或多个子元素。

➢ event：必填参数，用于指定需要绑定给子元素的一个或多个事件名称，例如"click"。如果有多个事件同时绑定需要用空格隔开，例如"click dblclick mouseover"。

➢ data：可选参数，用于规定需要传递给函数的额外数据。

➢ function：可选参数，用于规定需要绑定的事件触发时的执行函数。

例如，在 id="test"的<div>元素中包含一个子元素<button>，其 HTML 页面代码如下：

```
<div id="test">
    <button>我是按钮子元素</button>
</div>
```

此时可以使用 delegate()方法指定<div>元素，然后为其中的子元素<button>绑定事件。

以鼠标左键点击事件为例，jQuery 代码如下：

```
$("#test").delegate("button","click",function(){
    alert("按钮被点击！");
});
```

上述代码通过 id="test"的<div>元素来准确定位其中的子元素，此时绑定事件不会影响到在该<div>元素以外的其他任何<button>元素。

delegate()方法的优势在于其还可以为指定元素的未来子元素（当前尚未创建，后续通过代码动态添加的子元素）绑定事件。

3. on()方法

on()方法是 jQuery 1.7 版之后新增的内容，可以用于给指定元素的子元素绑定一个或多个事件，包含了 bind()和 delegate()方法的全部功能。

其语法格式如下：

📖 **语法**
```
$(selector).on(event, [childSelector,] [data,] function)
```

参数含义与 delegate()方法一致，将 bind()方法改写为 on()方法只需要修改方法名称，其他参数无须变化。

例如，改用 on()方法为按钮<button>元素绑定点击事件（鼠标左键点击），代码如下：

```
$("button").on("click", function(){
    alert("按钮的点击事件被触发！");
})
```

将 delegate()方法改写为 on()方法时，需要注意子元素参数的位置：delegate()方法中的子元素参数在事件名称参数之前，而 on()方法正相反。

例如，改用 on()方法指定 id="test"的<div>元素，然后为其中的子元素<button>绑定事件。以鼠标左键点击事件为例，jQuery 代码如下：

```
$("#test").on("click", "button", function(){
    alert("按钮被点击！");
});
```

【示例 14】 jQuery 事件绑定 on()方法的简单应用

```html
<!DOCTYPE html>
<html>
    <head>
        <meta charset="utf-8">
        <title>jQuery 事件绑定方法示例</title>
        <script src="js/jquery-1.12.4.js"></script>
        <script>
            $(document).ready(function(){
                //id="test"的段落元素 click()事件被触发
                $("#test").click(function(){
                    //使用 on()方法为<button>按钮绑定点击事件
                    $("button").on("click",function(){
                        alert("测试按钮已激活！");
                    });
                    //更新状态描述
                    $("span").text("已绑定 click()事件");
                });
            });
        </script>
    </head>
    <body>
        <h3>jQuery 事件绑定方法 on()的简单应用</h3>
        <hr>
        <p>按钮状态：<span>未绑定 click()事件</span></p>
        <button>测试按钮</button>
        <p id="test">请点击此处为测试按钮追加点击事件。</p>
    </body>
</html>
```

示例 14 在浏览器中的运行效果如图 9.18 所示。

（a）初始状态

（b）按钮已绑定 click()事件

（c）按钮 click()事件被触发

图 9.18　示例 14 运行效果

9.3.2　jQuery事件解除

目前 jQuery 常用的事件解除方法如表 9-7 所示。

表 9-7　jQuery 常用的事件解除方法

事 件 名 称	解　　　释
unbind()	用于给指定的元素解除一个或多个事件
undelegated()	用于给指定元素的子元素解除一个或多个事件
off()	用于给指定元素或其子元素解除一个或多个事件

需要注意的是，在 jQuery3.0 之后的版本将彻底取消对 unbind()和 undelegate()方法的支持，因此建议在未来的实践开发中使用 off()来替换前两种方法。

1. unbind()方法

有时候事件执行完了，需要把绑定的事件通过一定的办法取消，在 jQuery 中，提供了移除事件的方法，在绑定事件时，可以为匹配元素绑定一个或多个事件，那么同样可以为匹配的元素移除单个或多个事件，可以使用 unbind()方法，其语法格式如下：

📖 **语法**

```
unbind([type], [fn])
```

unbind()方法有两个参数，这两个参数不是必需的，当 unbind()不带参数时，表示移除所绑定的全部事件。unbind()方法的参数说明如表 9-8 所示。

表 9-8　unbind()方法的参数说明

参 数 类 型	参 数 含 义	描　　　述
[type]	事件类型	主要包括 click、mouseover、mouseout 等基础事件，此外，还可以是自定义事件
[fn]	处理函数	用来解除绑定的处理函数

例如，为按钮<button>元素解除点击事件，代码如下：

```
$("button").unbind("click", function(){
    alert("按钮的点击事件被解除！");
});
```

为了使大家理解移除事件的用法，我们使用任务列表 Tab 切换页面演示来讲解移除一个或多个事件的用法，代码如示例 15 所示。

📀 **【示例 15】　jQuery 移除事件绑定**

```
<!DOCTYPE html>
<html>
    <head>
        <meta charset="utf-8">
        <title>jQuery 事件绑定方法示例</title>
        <script src="js/jquery-1.12.4.js"></script>
        <script>
            $(document).ready(function() {
                //id="test"的段落元素 click()事件被触发
                $("#test").click(function() {
                    //使用 bind()方法为<button>按钮绑定点击事件
                    $("button").bind("click", content1=function() {
                        alert("测试按钮已激活！");
                    });
                    //更新状态描述
                    $("span").text("已绑定 click()事件");
                });
                $("#del").click(function() {
                    $("button").unbind("click", content1);
                    //更新状态描述
                    $("span").text("已移除绑定 click()事件");
                });
```

```
            });
        </script>
    </head>
    <body>
        <h3>jQuery 事件绑定方法 unbind()的简单应用</h3>
        <hr>
        <p>按钮状态: <span>未绑定 click()事件</span></p>
        <button>测试按钮</button>
        <p id="test">请点击此处为测试按钮追加点击事件。</p>
        <p id="del">请点击此处为测试按钮移除点击事件。</p>
    </body>
</html>
```

默认情况进来按钮无点击效果，如图 9.19(a)所示；为按钮添加绑定事件后，按钮有点击事件效果，如图 9.19(b)所示；为按钮移除绑定事件后，按钮无点击效果，如图 9.19(c)所示。

（a）初始状态　　　　　　　　　　　　　（b）按钮已绑定 click()事件

（c）按钮 click()事件被触发

图 9.19　示例 15 运行效果

2. undelegate()方法

undelegate()方法可以用于给指定元素的子元素解除绑定一个或多个事件，其语法格式如下：

语法

```
$(selector).undelegate([childSelector,] [event,] [function])
```

参数含义与前面方法一致，如果不填写任何参数，则表示解除之前使用 delegate()方法绑定的全部事件。

例如，在 id="test"的<div>元素中包含一个子元素<button>，其 HTML 页面代码如下：

```
<div id="test">
    <button>我是按钮子元素</button>
</div>
```

使用 undelegate()方法为其中的子元素<button>解除全部事件，代码如下：

```
$("#test").undelegate("button");
```

如果只希望解除子元素<button>的 click()事件，代码修改如下：

```
$("#test").undelegate("button", "click");
```

需要注意的是，undelegate()方法主要用于解除之前使用 delegate()方法绑定的事件，不能用于解除使用其他方法（例如 bind()方法）绑定的事件。

3. off()方法

off()方法是 jQuery 1.7 版之后新增的内容，可以用于给指定元素的子元素解除一个或多个事件，包含了 unbind()和 undelegate()方法的全部功能。

其语法格式如下：

```
$(selector).off(event, [childSelector,] [data,] function)
```

参数含义与前面方法一致，将 unbind()方法改写为 off()方法只需要修改方法名称，其他参数无须变化。

例如，改用 off()方法为按钮<button>元素解绑点击事件（鼠标左键点击），代码如下：

```
$("button").off("click", function(){
    alert("按钮的点击事件被解除！");
})
```

将 undelegate()方法改写为 off()方法时，需要注意子元素参数的位置：undelegate()方法中的子元素参数在事件名称参数之前，而 off()方法正相反。

例如，改用 off()方法指定 id="test"的<div>元素，然后为其中的子元素<button>解除事件。以鼠标左键点击事件为例，jQuery 代码如下：

```
$("#test").off("click", "button", function(){
    alert("按钮的点击事件被解除！");
});
```

【示例 16】　jQuery 事件解除 off()方法的简单应用

```
<!DOCTYPE html>
<html>
    <head>
        <meta charset="utf-8">
        <title>jQuery 事件解除方法示例</title>
        <script src="js/jquery-1.12.4.js"></script>
        <script>
            $(document).ready(function(){
                //触发按钮的 click()事件
                $("button").on("click",function(){
                    alert("测试按钮已激活！");
                });

                //id="test"的段落元素 click()事件被触发
                $("#test").click(function(){
                    //使用 off()方法为<button>按钮解除点击事件
                    $("button").off("click");
                    //更新状态描述
                    $("span").text("已解除 click()事件");
                });
            });
        </script>
    </head>
    <body>
        <h3>jQuery 事件解除方法 off()的简单应用</h3>
        <hr>
        <p>按钮状态: <span>已绑定 click()事件</span></p>
        <button>测试按钮</button>
        <p id="test">请点击此处为测试按钮解除点击事件。</p>
```

```
    </body>
</html>
```

示例 16 在浏览器中的运行效果如图 9.20 所示。

（a）初始状态　　　　　　　　　　　　　（b）按钮有 click()事件

（c）按钮 click()事件无效

图 9.20　示例 16 运行效果

9.3.3　jQuery临时事件

在某些特殊情况下，为元素绑定的事件仅需要执行一次就必须解除绑定，此类情况我们将其称为元素的临时事件。

例如，为按钮<button>元素绑定临时的点击事件（鼠标左键点击），代码如下：

```
$("button").on("click", function(){
    alert("按钮的点击事件被触发！");
    $(this).off("click");
})
```

上述代码使用了 on()方法为按钮进行了 click()事件的绑定，当 click()事件首次被触发时立刻调用 off()方法解绑事件。

事实上，在 jQuery 中已经提供了专门的 one()方法来代替 on()和 off()方法处理此类情况。

one()方法绑定的事件在触发一次之后将自动解除。其语法格式如下：

📖 语法

```
$(selector).one(event, [childSelector,] [data,] function)
```

参数解释如下。

➤　event：必填参数，用于指定需要绑定给指定元素的一个或多个事件名称。

➤　childSelector：可选参数，用于规定需要绑定事件的子元素，如果没有可以不填。

➤　data：可选参数，用于规定传递给函数的额外数据。

➤　function：可选参数，用于规定需要绑定的事件触发时需要执行的函数。

例如，使用 one()方法修改上一段示例代码，更新后的代码如下：

```
$("button").one("click", function(){
    alert("按钮的点击事件被触发！");
})
```

上述代码只能被执行一次，然后就会自行解除 click()事件的绑定。用这种方式只需要定义绑定的事件即可，无须特意在处理之后追加事件解绑的脚本代码。

【示例 17】　jQuery 临时事件 one()方法的简单应用

```
<!DOCTYPE html>
<html>
    <head>
        <meta charset="utf-8">
        <title>jQuery 临时事件方法示例</title>
        <script src="js/jquery-1.12.4.js"></script>
        <script>
            $(document).ready(function(){
                //临时触发按钮的 click()事件
                $("button").one("click",function(){
                    alert("测试按钮已激活！");
                });
            });
        </script>
    </head>
    <body>
        <h3>jQuery 临时事件 one()的简单应用</h3>
        <hr>
        <button>测试按钮</button>
    </body>
</html>
```

示例 17 在浏览器中的运行效果如图 9.21 所示。

　　（a）首次点击按钮 click()事件生效　　　　　　　（b）再次点击按钮 click()事件无效

图 9.21　示例 17 运行效果

9.3.4　技能训练

　**Tab 切换效果**

需求说明

➢ 在浏览器中打开页面查看页面效果，如图 9.22 所示，列表背景颜色为#26a6e3；点击"成长任务"选项卡，页面效果如图 9.23 所示，列表背景颜色为#ff9400，点击"日常任务"选项卡，切换页面效果如图 9.22 所示。

➢ 在浏览器中打开页面，打开"成长任务"界面并点击"解除绑定"按钮，再次点击页面效果如图 9.24 所示，页面显示的内容还是成长任务的内容，仅仅是列表背景变为#26a6e3 而已。

图 9.22 "日常任务"界面

图 9.23 "成长任务"界面

图 9.24 点击"日常任务"选项卡不切换内容

9.4 复合事件

在 jQuery 中有两个复合事件方法 hover() 和 toggle() 方法，这两个方法与 ready() 类似，是 jQuery 自定义的方法。

9.4.1 hover() 方法

在 jQuery 中，hover() 方法用于模拟鼠标指针移入和移出事件。当鼠标指针移至元素上时，会触发指定的第一个函数（enter）；当鼠标指针移出这个元素时，会触发指定的第二个函数（leave），该方法相当于 mouseenter 和 mouseleave 事件的组合。其语法格式如下：

语法
```
hover(enter, leave);
```

下面使用 hover() 方法实现显示和隐藏，其 jQuery 代码如示例 18 所示。

【示例 18】 jQuery 复合事件-hover 实现
```
<!DOCTYPE html>
<html>
    <head>
        <meta charset="utf-8">
        <title>jQuery 鼠标 复合事件 hover()</title>
        <style>
            div { width: 300px; height: 350px; text-align: center;
                float: left; margin: 20px; border: 1px solid; }
            img { width: 200px; height: auto; }
        </style>
```

```
                <script src="js/jquery-1.12.4.js"></script>
                <script>
                    $(document).ready(function() {
                        //触发灯泡的鼠标悬浮事件
                        $("#img").hover(function() {
                            $("#img").attr("src", "image/bulb_light.jpg");
                        }, function() {
                            $("#img").attr("src", "image/bulb_dark.jpg");
                        });
                    });
                </script>
        </head>
        <body>
                <h3>jQuery 鼠标复合事件 hover()示例</h3>
                <hr>
                <div>
                        <h4>灯泡 hover()事件测试</h4>
                        <img id="img" src="image/bulb_dark.jpg" />
                </div>
        </body>
</html>
```

在浏览器中运行代码，默认进入灯泡为关的图片，当鼠标悬浮在图片上时，图片换为灯泡为开的图片，当鼠标离开时图片又换为灯泡为关的图片。

9.4.2　toggle()方法

在 jQuery 中，toggle()分为带参数的方法和不带参数的方法；带参数的方法用于模拟鼠标连续 click 事件。第一次点击元素，触发指定的第一个函数（function1）当再次点击同一个元素时，则触发指定的第二个函数（function2)，如果有更多函数，则依次触发，直到最后一个。随后的每次点击都重复对这几个函数轮番调用，toggle()方法的语法格式如下：

📖 **语法**

```
$(selector).toggle(
function1, function2, … ,functionN
)
```

其中 function1~N 可以替换成需要触发的若干个函数，函数之间用逗号隔开即可。以按钮<button>的 toggle()事件为例，绑定三个自定义函数的语法格式如下：

```
$("button").toggle(
    function(){
        alert("toggle 事件首次被触发，运行该函数。");
    },
    function(){
        alert("toggle 事件第二次被触发，运行该函数。");
    },
    function(){
        alert("toggle 事件第三次被触发，运行该函数。");
    }
);
```

每次点击该按钮都会触发一次 toggle 事件，按照点击的次数会依次运行其中的第一、二、三个函数，当最后一个函数被执行则下一次触发该 toggle 事件将重新运行第一个函数的内容。

特别需要注意的是：toggle()事件在 jQuery1.8 版之后已过期。因此这里仅做大致了解，不再进行完整举例，也请在实际开发过程中慎用该事件。

示例 19 的 jQuery 代码展示了点击页面内容，页面背景按红、绿、蓝循环切换的功能。

【示例 19】 jQuery 复合事件 - toggle()

```html
<!DOCTYPE html>
<html>
    <head lang="en">
        <meta charset="UTF-8">
        <title>背景颜色变化</title>
    </head>
    <body>
        <input type="button" value="点我吧">
        <p>我一会显示一会隐藏</p>
        <script src="js/jquery-1.8.3.min.js"></script>
        <script type="text/javascript">
            $(document).ready(function() {
                $("input").toggle(function() {
                    $("body").css("background", "#ff0000");
                },
                function() {
                    $("body").css("background", "#00ff00");
                },
                function() {
                    $("body").css("background", "#0000ff");
                })
            });
        </script>
    </body>
</html>
```

在浏览器中运行示例，页面效果如图 9.25 所示，点击"点我吧"按钮，页面背景颜色变为红色，如图 9.26 所示，第二次点击"点我吧"按钮页面背景颜色变为绿色，第三次点击"点我吧"按钮页面背景颜色变为蓝色，如图 9.27 和图 9.28 所示，继续点击"点我吧"按钮，页面背景颜色将依次在红色、绿色、蓝色之间变化。

图 9.25　页面初始状态　　　　　　　　　图 9.26　红色背景

图 9.27　绿色背景　　　　　　　　　图 9.28　蓝色背景

toggle()不带参数时，与 show()和 hide()方法的作用一样，切换元素的可见状态，如果元素是可见的，则切换为隐藏状态；如果元素是隐藏的，则切换为可见状态。语法格式如下：

语法

```
toggle();
```

改变示例的代码，点击按钮，<p>元素在显示和隐藏之间切换，代码如下：

```
$("input").click(function(){$("p").toggle();});
```

9.4.3　toggleClass()方法

与 jQuery 中的 toggle()方法一样，toggleClass()可以对样式进行切换，实现事件触发时某元素在"加载某个样式"和"移除某个样式"之间切换，语法格式如下：

语法

```
toggleClass(className);
```

在示例 19 的基础上增加样式 red，代码如下：

```
<style type="text/css">
    .red{
        font-size: 28px;
        color: red;
    }
</style>
```

改变示例 19 中的代码，点击按钮，<p>标签中的字体在加载类样式 red 和移除类样式 red 之间切换，代码如下所示。

```
$("input").click(function(){$("p").toggleClass("red");})
```

综上所述，toggle()和 toggleClass()总结如下。

➤ toggle(fn1 ,fn2...)实现点击事件的切换，无须额外绑定 click 事件。

➤ toggle()实现事件触发对象在显示和隐藏状态之间切换。

➤ toggleClass()实现事件触发对象在加载某个样式和移除某个样式之间切换。

9.4.4　技能训练

上机练习 4　　**仿京东左侧显示菜单**

需求说明

➤ 制作类似京东首页左侧显示菜单，如图 9.29 所示。

➤ 使用 hover()实现鼠标指针移至菜单上时，显示二级菜单；移出当前菜单时二级菜单隐藏。

➤ 使用 toggleClass()实现鼠标指针移至菜单上时，背景颜色变为橙色；鼠标指针移出当前菜单时，背景颜色恢复为原来的颜色，如图 9.30 所示。

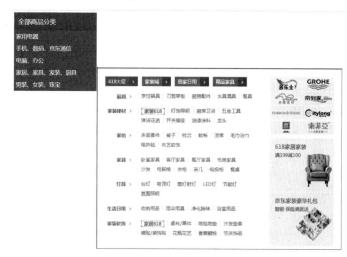

图 9.29　京东菜单初始状态　　　　　　　　　　图 9.30　呈示二级菜单

> ➤ 页面完成效果图见素材中"京东左侧显示菜单.jpg"。

9.5 动画特效

如果说行（action）胜于言，那么在 JavaScript 的世界里，效果则会让操作（action）更胜一筹。通过 jQuery，不仅能够轻松地为页面操作添加简单的视觉效果，甚至能创建出更为精致的动画。

jQuery 效果能够增添页面的艺术性，一个元素逐渐滑入视野而不是突然出现时，带给人的美感是不言而喻的。此外，当页面发生变化时，通过效果吸引用户的注意力，则会显著增强页面的可用性。下面通过学习以下 jQuery 中动画的方法，让大家掌握并应用它们为页面添加动画效果，让页面更加丰富多彩。

9.5.1 jQuery隐藏和显示

在页面中，元素的显示与隐藏是使用极频繁的两个操作，前面已经学习了两种方法可以实现元素的显示和隐藏，可以使用 css()方法改变元素的 display 属性的值达到显示（block）和隐藏（none）元素的目的，也可以使用方法 show()和 hide()，只不过前面学习的 show()和 hide()都是最基础的应用，本章学习 show()和 hide()的完整的语法应用。

1. jQuery hide()

jQuery hide()方法用于隐藏指定的 HTML 元素，该方法可以控制元素隐藏。hide()方法等同于 $(selector).css("display", "none")，除了可以控制元素的隐藏外，它还能定义隐藏元素时的效果，如隐藏速度。hide()方法的语法格式如下：

📄 **语法**
```
$(selector).hide([speed] [, callback]);
```

在该方法中，selector 参数位置可以是任意有效的选择器，hide()方法中的两个参数均为可选。其中 speed 参数用于设置隐藏动作的持续时间，可以填入"slow""fast"或者具体的时间值（单位默认为毫秒）；callback 参数为隐藏动作执行完成后需要下一步执行的函数名称，若无后续函数可省略不填。

使用不带任何参数的 hide()方法，可实现无动画效果的隐藏动作。该方法能立刻隐藏处于显示状态的元素，相当于将指定元素的 CSS 属性设置为"display: none"。例如：

```
$("p").hide();
```

该代码表示立刻隐藏文档中所有的段落元素<p>及其内部所有内容。带有 speed 参数的 jQuery hide()方法拥有动画效果。该参数默认单位为毫秒，数值越大代表持续时间越长，且动画效果越慢。其中"fast"默认持续时间是 200 毫秒，而"slow"默认是 600 毫秒。

2. jQuery show()

在 jQuery 中，可以使用 show()方法控制元素的显示，show()等同于 $ (selector).css("display", "block")，除了可以控制元素的显示外，它还能定义显示元素时的效果，如显示速度（时长）。show()的语法格式如下：

📄 **语法**
```
$ (selector) .show([speed], [callback])
```

show()的参数说明如表 9-9 所示。

表 9-9　show()的参数说明

参　　数	描　　述
speed	可选。规定元素从隐藏到完全可见的时长。默认为 "0"。可能值：多少毫秒（如 1000）、slow、normal、fast。在设置时长的情况下，元素从隐藏到完全可见的过程中，会逐渐地改变高度、宽度、外边距、内边距和透明度
callback	可选。show 函数执行完之后要执行的函数

使用不带任何参数的 show()方法，可实现无动画效果的显示动作。该方法能立刻显示处于隐藏状态的元素。例如：

```
$("p").show();
```

该代码表示立刻显示文档中所有的段落元素<p>及其内部所有内容。

带有 speed 参数值的 jQuery show()方法拥有动画效果。该参数默认单位为毫秒，数值越大代表持续时间越长，且动画效果越慢。

【示例 20】　jQuery 隐藏和显示的应用

```
<!DOCTYPE html>
<html>
    <head>
        <meta charset="utf-8">
        <title>jQuery 隐藏和显示的应用</title>
        <script src="js/jquery-1.12.4.js"></script>
    </head>
    <body>
        <h3>jQuery 隐藏和显示的应用(默认效果)</h3>
        <button id="hide01" type="button">隐藏</button>
        <button id="show01" type="button">显示</button>
        <p id="test01">测试段落 01</p>
        <hr>
        <h3>jQuery 隐藏和显示的应用(规定时长)</h3>
        <button id="hide02" type="button">隐藏</button>
        <button id="show02" type="button">显示</button>
        <p id="test02">测试段落 02</p>
        <script>
            $(document).ready(function() {
                $("#hide01").click(function() {
                    $("p#test01").hide();
                });
                $("#show01").click(function() {
                    $("p#test01").show();
                });
                $("#hide02").click(function() {
                    $("p#test02").hide(3000);
                });
                $("#show02").click(function() {
                    $("p#test02").show(3000);
                });
            });
        </script>
    </body>
</html>
```

运行示例代码，测试段落 01 默认效果隐藏与显示，测试段落 02 隐藏、显示的动画效果，存在 3 秒钟的延迟。

绝大多数情况下，hide()方法与 show()方法总是在一起使用的，如选项卡、下拉菜单、提示信息等。jQuery 可以控制元素的隐藏和显示，包括自定义变化效果的持续时间。其中 hide()方法用于隐藏指定的元素，show()方法用于显示指定的元素。

3. jQuery toggle()

jQuery toggle()方法用于切换元素的隐藏和显示。该方法可以替代 hide()和 show()方法单独使用，用于显示已隐藏的元素，或隐藏正在显示的元素。

【示例21】 jQuery 隐藏/显示切换的应用

```html
<!DOCTYPE html>
<html>
    <head>
        <title>jQuery 隐藏/显示切换的应用</title>
        <meta charset="utf-8">
        <style>
            p {
                width: 100px;
                height: 100px;
                background-color: orange
            }
        </style>
        <script src="js/jquery-1.12.4.js"></script>
        <script>
            $(document).ready(function() {
                $("#toggle").click(function() {
                    $("p").toggle();
                });
            });
        </script>
    </head>
    <body>
        <h3>jQuery 隐藏/显示切换的应用</h3>
        <hr>
        <button id="toggle" type="button">隐藏/显示切换</button>
        <p>测试段落</p>
    </body>
</html>
```

9.5.2 jQuery淡入和淡出

jQuery 中提供的动画效果相对丰富，除了显示和隐藏元素外，还有改变元素透明度和高度。下面看看用于改变元素透明度的方法 fadeIn()和 fadeOut()。jQuery 可以控制元素的透明度，使元素颜色加深或者淡化。相关方法有如下 4 种。

➢ fadeIn()：通过更改元素的透明度逐渐加深元素颜色，直至元素完全显现，又称为淡入。

➢ fadeOut()：通过更改元素的透明度逐渐淡化元素颜色，直至元素完全隐藏，又称为淡出。

➢ fadeToggle()：元素淡入淡出效果切换，可用于淡入隐藏的元素，也可用于淡出可见的元素。

➢ fadeTo()：用于将元素变为指定的透明度（数值介于 0~1 之间）

1. jQuery fadeIn()

在 jQuery 中，如果元素是隐藏的，则可以使用 fadeIn()方法控制元素淡入，它与 show()方法相同，可以定义元素淡入时的效果，如显示速度（时长）。fadeIn()方法的语法格式如下：

语法

```
$(selector).fadeIn([speed] [,callback])
```

fadeIn()方法的参数说明如表 9-10 所示。

表 9-10　fadeIn()方法的参数说明

参　　数	描　　述
speed	可选。规定元素从隐藏到完全可见的时长。默认为 "0"。 可能值：多少毫秒（如 1000）、slow、normal、fast。 在设置时长的情况下，元素从隐藏到完全可见的过程中，会逐渐地改变其透明度，给视觉以淡入的效果
callback	可选。fadeIn 函数执行完之后，要执行的函数。除非设置了 speed 参数，否则不能设置该参数

2. jQuery fadeOut()

在 jQuery 中，与 fadeIn()方法对应的是 fadeOut()方法，它们经常结合使用，该方法可以控制元素淡出。该方法除了可以控制元素淡出外，还能定义显示元素时的效果，如淡出速度。fadeOut()方法的语法格式如下：

📖 **语法**

```
$ (selector) .fadeOut([speed], [callback])
```

其参数设置方式与 fadeIn()方法相同，该方法中 selector 参数位置可以是任意有效的选择器，fadeOut()方法中的两个参数也均为可选参数。其中可选参数 speed 用于规定淡出效果的时长，可填入 "fast" "slow" 或具体时长数值（单位为毫秒）；可选参数 callback 指的是 fadeOut()方法完成时需要执行的下一个函数名称，若无后续函数可省略不填。

一般来说，fadeIn()方法与 fadeOut()方法常在网页中为轮播广告、菜单、信息提示框和弹出窗口等制作动画效果。

🌀 【示例 22】　jQuery 淡入和淡出的应用

```html
<!DOCTYPE html>
<html>
    <head>
        <meta charset="utf-8">
        <title>jQuery 淡入和淡出的应用</title>
        <script src="js/jquery-1.12.4.js"></script>
        <style>
            p {width: 100px; height: 100px; background-color: orange; }
        </style>
    </head>
    <body>
        <h3>jQuery 淡入和淡出的应用(默认效果)</h3>
        <button id="btn1-1" type="button"> 淡入 </button>
        <button id="btn1-2" type="button"> 淡出 </button>
        <p id="test01"> 测试段落 01 </p>
        <hr>
        <h3>jQuery 淡入和淡出的应用(规定时长)</h3>
        <button id="btn2-1" type="button"> 淡入 </button>
        <button id="btn2-2" type="button"> 淡出 </button>
        <p id="test02"> 测试段落 02 </p>
        <script>
            $(document).ready(function() {
                $("#btn1-1").click(function() {
                    $("p#test01").fadeIn();
                });
                $("#btn1-2").click(function() {
                    $("p#test01").fadeOut();
                });
                $("#btn2-1").click(function() {
                    $("p#test02").fadeIn(3000);
                });
                $("#btn2-2").click(function() {
                    $("p#test02").fadeOut(3000);
```

```
                });
            });
        </script>
    </body>
</html>
```

3. jQuery fadeToggle()

jQuery fadeToggle()方法用于切换元素的淡出淡入效果，其语法结构如下：

📄 **语法**

```
$(selector).fadeToggle([speed] [, callback])
```

该方法中 selector 参数位置可以是任意有效的选择器。

其中可选参数 speed 用于规定淡出效果的时长，可填入"fast""slow"或具体时间值（单位为毫秒）；可选参数 callback 指的是 fadeToggle()方法完成时需要执行的下一个函数名称。

🔵 **【示例 23】** *jQuery 淡出/淡入切换的应用*

```
<!DOCTYPE html>
<html>
    <head>
        <meta charset="utf-8">
        <title>jQuery 淡入/淡出切换的应用</title>
        <script src="js/jquery-1.12.4.js"></script>
        <style>
            p { width: 100px; height: 100px; background-color: green; color:white; }
        </style>
    </head>
    <body>
        <h3>jQuery 淡入/淡出切换的(应用默认效果)</h3>
        <button id="btn01" type="button"> 淡出/淡入切换 </button>
        <p id="test01"> 测试段落 01 </p>
        <hr>
        <h3>jQuery 淡入/淡出切换的(规定时长)</h3>
        <button id="btn02" type="button"> 淡出/淡入切换 </button>
        <p id="test02"> 测试段落 02 </p>
        <script>
            $(document).ready(function() {
                $("#btn01").click(function() {
                    $("p#test01").fadeToggle();
                });
                $("#btn02").click(function() {
                    $("p#test02").fadeToggle(3000);
                });
            });
        </script>
    </body>
</html>
```

4. jQuery fadeTo()

jQuery fadeTo()方法用于指定渐变效果的透明度，透明度的数值介于 0 至 1 之间。其语法结构如下：

📄 **语法**

```
$(selector).fadeTo (speed, opacity [, callback])
```

该方法中 selector 参数位置可以是任意有效的选择器。fadeTo()方法中的参数解释如下。

➢ speed：该参数为必填内容，表示透明度渐变的持续时间，其默认单位为毫秒，可填入"fast"或"slow"分别代表 200 毫秒或 600 毫秒的持续时间，也可填入自定义的数值，填入的数值越大代表持续时间越长，因此动画效果越缓慢。

➢ opacity：该参数为必填内容，用于设置元素的透明度。透明度的数值必须在 0 至 1 之间，数值越小透明度越高，0 为完全透明，1 为非透明。

➢ callback：该参数为可选内容，用于指定当前效果结束后的下一个函数名称，如果没有可以省略不填。

【示例 24】　jQuery 设置淡入/淡出渐变值

```html
<!DOCTYPE html>
<html>
    <head>
        <meta charset="utf-8">
        <title>jQuery 设置淡入/淡出渐变值</title>
        <script src="js/jquery-1.12.4.js"></script>
        <style>
            p { width: 100px; height: 100px; background-color:coral; }
        </style>
    </head>
    <body>
        <h3>jQuery 设置淡入/淡出渐变值(完全透明效果)</h3>
        <button id="btn01" type="button">隐藏/显示切换</button>
        <p id="test01">测试段落 01</p>
        <hr>
        <h3>jQuery 设置淡入/淡出渐变值(半透明效果)</h3>
        <button id="btn02" type="button">隐藏/显示切换</button>
        <p id="test02">测试段落 02</p>
        <hr>
        <h3>jQuery 设置淡入/淡出渐变值(完全不透明效果)</h3>
        <button id="btn03" type="button">隐藏/显示切换</button>
        <p id="test03">测试段落 03</p>
        <script>
            $(document).ready(function() {
                //完全透明效果
                $("#btn01").click(function() {
                    $("p#test01").fadeTo("slow", 0);
                });
                //半透明效果
                $("#btn02").click(function() {
                    $("p#test02").fadeTo("slow", 0.5);
                });
                //完全不透明效果
                $("#btn03").click(function() {
                    $("p#test03").fadeTo("slow", 1);
                });
            });
        </script>
    </body>
</html>
```

9.5.3　jQuery滑动

在 jQuery 中，用于改变元素高度的方法是 slideUp()和 slideDown()。若元素的 display 属性值为 none，当调用 slideDown()方法时，这个元素会从上向下延伸显示，而 slideUp()方法正好相反，元素从下到上缩小直至隐藏。

jQuery 的滑动共有 3 种方法效果。

➢ slideDown ()：向下滑动元素。

➢ slideUp()：向上滑动元素。

➢ slideToggle()：切换向上和向下滑动元素。

1. jQuery slideDown()

jQuery slideDown()方法用于向下滑动元素。其语法结构如下：

语法

```
$(selector).slideDown ([speed] [, callback])
```

该方法中的两个参数均为可选。其中 speed 参数用于设置向下滑动效果的持续时间，可以填入"slow""fast"或者具体的时间长度（单位默认为毫秒），其中"fast"默认为 200 毫秒，"slow"默认为 600 毫秒，speed 参数值省略的情况下默认持续时间为 400 毫秒；callback 参数为滑动动作执行完成后需要下一步执行的函数名称，若无后续函数可省略不填。

2. jQuery slideUp()

jQuery slideUp()方法用于向下滑动元素，其语法结构如下：

语法

```
$(selector).slideUp ([speed] [, callback])
```

该方法中的两个参数均为可选。其中 speed 参数用于设置向上滑动效果的持续时间，可以填入"slow""fast"或者具体的时间值（单位默认为毫秒），speed 参数值省略的情况下默认持续时间为 400 毫秒；callback 参数为滑动动作执行完成后需要下一步执行的函数名称，若无后续函数可省略不填。

【示例 25】 jQuery 滑动的应用

```html
<!DOCTYPE html>
<html>
    <head>
        <meta charset="utf-8">
        <title>jQuery 滑动的应用</title>
        <script src="js/jquery-1.12.4.js"></script>
        <style>
            div { border: 1px solid; padding: 20px 50px; display: none; width: 300px; }
        </style>
    </head>
<body>
        <h3>jQuery 滑动的应用</h3>
        <hr>
        <div>
            <h3>jQuery 技术</h3>
            <ul>
                <li>jQuery 基础</li>
                <li>jQuery 选择器</li>
                <li>jQuery 过滤器</li>
                <li>jQuery 事件</li>
                <li>jQuery 效果</li>
            </ul>
        </div>
        <br>
        <button id="btn01" type="button">投影幕下降</button>
        <button id="btn02" type="button">投影幕上升</button>
        <script>
            $(document).ready(function() {
                //投影幕下降
                $("#btn01").click(function() {
                    $("div").slideDown(5000);
                });
                //投影幕上升
                $("#btn02").click(function() {
                    $("div").slideUp(5000);
                });
```

```
        });
      </script>
    </body>
</html>
```

jQuery 中的所有动画效果，都可以设置三种参数，即 slow、normal、fast（三者对应的时间分别为 0.6 秒、0.4 秒和 0.2 秒）。当使用关键字作为参数时，需要使用双引号引起来，如 fadeIn("slow");而使用时间数值作为速度参数时，则不需要使用双引号，如 fadeIn(500)。需要注意的是，当使用时间数值作为参数时，其单位为毫秒，而不是秒。

3. jQuery slideToggle()

jQuery slideToggle()方法用于切换滑动方向，其语法结构如下：

📖 **语法**
```
$(selector).slideToggle([speed][, callback])
```

该方法中 selector 参数位置可以是任意有效的选择器。其中可选参数 speed 用于规定淡出效果的时长，可填入"fast""slow"或具体时间值（单位为毫秒）；可选参数 callback 指的是 slideToggle()方法完成时需要执行的下一个函数名称。

🔘 **【示例 26】** jQuery 滑动方向切换的应用

```
<!DOCTYPE html>
<html>
    <head>
        <meta charset="utf-8">
        <title>jQuery 滑动方向切换的应用</title>
        <script src="js/jquery-1.12.4.js"></script>
        <style>
            div { border: 1px solid; padding: 20px 50px;display: none; width: 300px; }
        </style>
    </head>
    <body>
        <h3>jQuery 滑动的应用</h3>
        <hr>
        <div>
            <h3>jQuery 技术</h3>
            <ul>
                <li>jQuery 基础</li>
                <li>jQuery 选择器</li>
                <li>jQuery 过滤器</li>
                <li>jQuery 事件</li>
                <li>jQuery 效果</li>
            </ul>
        </div>
        <br>
        <button type="button"> 投影幕上升/下降 </button>
        <script>
            $(document).ready(function() {
                $("button").click(function() {
                    $("div").slideToggle(5000);
                });
            });
        </script>
    </body>
</html>
```

9.5.4 技能训练

上机练习 5 折叠菜单

需求说明

➢ 编写网页，如图 9.31 所示，设置 CSS 完成折叠菜单的结构和样式设置。

➢ 通过层级选择器、基本过滤选择器以及查找的方法获取指定的元素对象。

➢ 通过 css()方法设置需要折叠以及需要展开的菜单的 display 值。

图 9.31　折叠菜单效果图

上机练习 6 淡入淡出效果

需求说明

➢ 制作如图 9.32 所示的页面，实现点击按钮时图片的淡入和淡出。

➢ 点击"淡入"按钮以时长"slow"显示图片，点击"淡出"按钮以"1000"毫秒的时长显示图片。

上机练习 7 使用 jQuery 改变元素高度

需求说明

使用 slideUp()方法与 slideDown()方法制作如图 9.33 所示的效果。点击"窗边的小豆豆"标题时，相关的文字说明先缓慢向上收起，然后缓慢向下展开。

图 9.32　淡入淡出原始页面　　　　　　　图 9.33　改变元素高度

上机练习 8 制作常见问题分类页面

需求说明

➢ 制作如图 9.34 所示的仿京东常见问题分类页面。

> 使用复合事件 hover()实现鼠标指针移至"联系客服"，二级菜单以"slow"速度（时长）显示，如图 9.35 所示；当鼠标指针离开时，二级菜单以"fast"速度隐藏。

> 点击常见问题分类下的一级菜单时，使用 slideDown()方法实现二级菜单以"slow"速度显示，如图 9.36 所示；当再次点击一级菜单时，使用 slideUp()方法实现二级菜单以"slow"速度隐藏。

图 9.34　常见问题分类页面

图 9.35　显示"联系客服"的二级菜单

图 9.36　显示二级菜单

实现思路及关键代码

（1）使用列表制作左侧常见问题分类二级菜单，关键代码如下所示。

```
<li><dl>
    <dt>众筹</dt>
    <dd><a href="#">产品众筹</a></dd>
    <dd><a href="#">轻众筹</a></dd>
    <dd><a href="#">产品众筹发起者常见问题</a></dd>
    <dd><a href="#">产品众筹支持者常见问题</a></dd>
    <dd><a href="#">产品众筹永久众筹常见问题</a></dd>
    <dd><a href="#">京东众创常见问题</a></dd>
</dl></li>
```

（2）使用 siblings()获取<dt>的所有兄弟元素<dd>，使用 slideUp()和 slideDown()设置元素的高度，关键代码如下所示。

```
$(".nav dt").toggle(
    function(){ $(this).siblings().slideDown("slow");},
    function(){$(this).siblings().slideUp("slow");}
)
```

9.6 jQuery动画

利用 jQuery animate()方法通过更改元素的 CSS 属性值实现动画效果。其语法结构如下：

📖 **语法**

```
$(selector).animate({params} [, speed] [, callback])
```

其中 params 参数为必填项，speed 和 callback 参数为可选项。参数的具体解释如下：

➢ params 参数表示形成动画的 CSS 属性，允许同时实现多个属性的改变。

➢ speed 参数表示规定的效果时长，默认单位为毫秒，可以填入"slow""fast"或具体数值。其中"fast"表示持续时间为 200 毫秒，"slow"表示为 600 毫秒。若填入具体数值，则数值越大动画效果越缓慢。

➢ callback 参数表示动画完成后需要执行的函数名称，若无下一步需执行的函数可省略不填。

9.6.1 改变元素基本属性

jQuery animate()方法可以用于实现绝大部分 CSS 属性的变化，例如元素的宽度、高度、透明度等。但是 jQuery 核心库中并没有包含色彩变化效果，因此如果要实现颜色动画，需要在 jQuery 的官方网站另外下载色彩动画的相关插件。

当 CSS 属性名称中包含连字符"-"时，需要使用 Camel 标记法（注：又称为驼峰标记法，其特点是首个单词小写、接下来的单词都以首字母大写的一种形式）进行重新改写。例如，字体大小在 CSS 属性中写为"font-size"，如需在 jQuery animate()中使用则必须改写为"fontSize"。jQuery animate()方法可作用于各种 HTML 元素，如段落元素<p>、标题元素<h1>、块元素<div>等。以一个简单的<div>元素为例，并为其配置测试按钮，代码如下：

```
<button id="btn" type="button">开始动画效果</button>
<br>
<div>
你好，jQuery 动画！
</div>
```

为<div>元素设置一些初始属性，在内部样式表中相关代码的写法如下：

```
<style>
    div{width:200px; height:200px; background-color:yellow}
</style>
```

这段代码表示规定元素的宽度和高度均为 200 像素，并且把背景颜色设置为黄色。

为<div>元素设置动画效果，当点击按钮时执行该动画内容。

```
$("#btn").click(function(){
  $("div").animate({ width:"400px",  fontSize:"30px",  opacity:0.25  }, 2000);
  });
```

此段代码表示，当点击 id 为"btn"的按钮时激发<div>元素的动画效果，在 2 秒的持续时间内<div>元素的宽度从 200 像素变为 400 像素，字体大小从默认值变为 30 像素，透明度从默认值 1 变为 0.25。

🔴 **【示例 27】 jQuery 简单动画效果**

```
<!DOCTYPE html>
<html>
    <head>
        <meta charset="utf-8">
        <title>jQuery 简单动画效果</title>
        <script src="js/jquery-1.12.4.js"></script>
```

```
            <style>
                div {width: 200px;height: 200px;background-color: yellow;}
            </style>
        </head>
        <body>
            <h3>jQuery 简单动画效果</h3>
            <hr>
            <button id="btn" type="button">开始动画效果</button>
            <br>
            <div>你好，jQuery 动画! </div>
            <script>
                $(document).ready(function() {
                    $("#btn").click(function() {
                        $("div").animate({width : "400",fontSize : "30",opacity : 0.25}, 2000);
                    });
                });
            </script>
        </body>
</html>
```

示例 27 在浏览器中的运行效果如图 9.37 所示。

（a）页面初始加载效果

（b）动画过程的页面效果

（c）动画完毕的页面效果

图 9.37　示例 27 运行效果

9.6.2　改变元素位置

　　jQuery animate()方法也可以通过使用 CSS 属性中的方位值 left、right、top 和 bottom 改变元素位置来实现移动效果。

　　由于这些属性值均为相对值，而在 HTML 中所有元素的 position 属性值均默认是静态（static）无法移动的，因此需要事先设置指定元素的 position 为 relative、absolute 或者 fixed 方能生效。

　　以一个简单的<div>元素为例，并为其配置测试按钮，代码如下：

```
<button id="btn" type="button">开始移动</button>
<br>
```

```
<div>
你好，jQuery 动画！
</div>
```

为<div>元素设置一些初始属性，在内部样式表中相关代码的写法如下：

```
<style>
div{width:100px; height:100px; background-color:green; color:white; position:relative}
</style>
```

这段代码表示规定元素的宽度和高度均为 100 像素，设置背景颜色为绿色，元素初始位置为相对位置。

为<div>元素设置动画效果，当点击按钮时执行该动画内容。

```
$("#btn").click(function(){
    $("div").animate({
        left:"+=200",
        top:"+=100"
        }, 2000);
    });
});
```

上述代码表示当点击 id 为"btn"的按钮时激发<div>元素的动画效果。在 2 秒的持续时间内，<div>元素从初始位置向右平移 200 像素，并且同时向下垂直移动 100 像素。其中 left:"+=200"和 top:"+=100"为相对值写法，表示相对于初始位置的移动效果并省略了单位像素（px），加号表示坐标轴正方向，减号表示坐标轴负方向。

🌀 **【示例 28】 jQuery 位置移动动画效果**

```
<!DOCTYPE html>
<html>
    <head>
        <meta charset="utf-8">
        <title>jQuery 位置移动动画效果</title>
        <script src="js/jquery-1.12.4.js"></script>
        <style>
         div {width: 100px;height: 100px;background-color: green; color:
white;position: relative;}
        </style>
    </head>
    <body>
        <h3>jQuery 位置移动动画效果</h3>
        <hr>
        <button id="btn" type="button">开始移动</button>
        <br>
        <div>你好，jQuery 动画！</div>
        <script>
            $(document).ready(function() {
                $("#btn").click(function() {
                    $("div").animate({left : "+=200px",top : "+=100px"}, 2000);
                });
            });
        </script>
    </body>
</html>
```

示例 28 在浏览器中的运行效果如图 9.38 所示。

（a）初始状态

（b）动画过程的页面效果

（c）动画执行完毕的页面效果

图 9.38　示例 28 运行效果

9.6.3　动画队列

jQuery 可以为多个连续的 animate()方法创建动画队列，然后依次执行队列中的每一项动画，从而实现更加复杂的动画效果。在同一个 animate()方法中描述的多个动画效果会同时发生，但在不同的 animate()方法中描述的动画效果会按照动画队列中的先后次序发生。

以一个简单的<div>元素为例，为其配置测试按钮，后面代码如下：

```
<button id="btn" type="button">开始移动</button>
<br>
<div>
你好，jQuery 动画！
</div>
```

为<div>元素设置一些初始属性，在内部样式表中相关代码的写法如下：

```
<style>
div{width:100px; height:100px; color:white; background-color:purple; position:relative}
</style>
```

这段代码表示规定元素的宽度和高度均为 100 像素，设置背景颜色为紫色，元素初始位置为相对位置。

为<div>元素设置多种动画效果，当点击按钮时依次执行这些动画内容。

```
$("#btn").click(function(){
    $("div").animate({left:"+=200", opacity:0.25}, 2000);
    $("div").animate({top:"+=100", opacity:0.5}, 2000);
    $("div").animate({left:"-=200", opacity: 0.75}, 2000);
    $("div").animate({top:"-=100", opacity:1 }, 2000);
});
```

上述代码表示，当点击 id 为"btn"的按钮时激发<div>元素的动画效果，具体效果如下：在 0~2

秒的持续时间内<div>元素从初始位置向右平移 200 像素，透明度变为 0.25，如图 9.39(a)所示；在 2~4 秒的持续时间内<div>元素继续向下垂直移动 100 像素，透明度变为 0.5，如图 9.39(b)所示；在 4~6 秒的持续时间内<div>元素继续向左平移 200 像素，透明度变为 0.75，如图 9.39(c)所示；在 6~8 秒的持续时间内<div>元素继续向上垂直移动 100 像素，透明度变为 1，如图 9.39(d)所示。

⚫ 【示例 29】　jQuery 动画队列效果

```
<!DOCTYPE html>
<html>
    <head>
        <meta charset="utf-8">
        <title>jQuery 动画队列效果</title>
        <script src="js/jquery-1.12.4.js"></script>
        <style>
            div{width: 100px;height:100px;color:white;background-color:
purple;position: relative;}
        </style>
    </head>
    <body>
        <h3>jQuery 动画队列效果</h3>
        <hr>
        <button id="btn" type="button">开始系列动画</button>
        <br>
        <div>你好，jQuery 动画! </div>
        <script>
            $(document).ready(function() {
                $("#btn").click(function() {
                    $("div").animate({left : "+=200px",opacity : 0.25}, 2000);
                    $("div").animate({top : "+=100px",opacity : 0.5}, 2000);
                    $("div").animate({left : "-=200px",opacity : 0.75}, 2000);
                    $("div").animate({top : "-=100px",opacity : 1}, 2000);
                });
            });
        </script>
    </body>
</html>
```

示例 29 在浏览器中的运行效果如图 9.39 所示。

（a）第 0~2 秒的动画过程

（b）第 2~4 秒的动画过程

（c）第 4~6 秒的动画过程

（d）第 6~8 秒的动画过程

图 9.39　示例 29 运行效果

9.6.4　jQuery方法链接

jQuery 允许在同一个元素上连续运行多条 jQuery 命令，这种技术称为 jQuery 方法链接（chaining）。对于同一个元素，如果有多个动作需要依次执行，只需要将新的动作追加到上一个动作后面，形成一个方法链，而无须每次重复查找选择相同的元素。其基本语法如下：

语法

```
$(selector).action1().action2().action3()......actionN();
```

也可以每个动作另起一行，写法如下：

```
$(selector).action1()
.action2()
.action3()
......
.actionN();
```

前面的 action 动作可以任意换行，只要最后一个动作加上分号表示完成即可。jQuery 会自动过滤多余的空格和折行，并按照单行方法链接执行。

【示例 30】　jQuery 方法链接的应用

```html
<!DOCTYPE html>
<html>
    <head>
        <meta charset="utf-8">
        <title>jQuery 方法链接的应用</title>
        <script src="js/jquery-1.12.4.js"></script>
        <style>
            p {width: 100px;height: 100px;background-color: red;}
        </style>
    </head>
    <body>
        <h3>jQuery 方法链接的应用</h3>
        <hr>
        <button id="btn" type="button">开始</button>
        <p>测试段落</p>
        <script>
            $(document).ready(function() {
                $("#btn").click(function() {
                    $("p").slideUp("slow")
                    .slideDown("fast")
                    .css("background-color", "orange")
                    .fadeTo("slow", 0)
                    .fadeTo("slow", 1);
                });
            });
        </script>
    </body>
</html>
```

示例 30 在浏览器中的运行效果如图 9.40 所示。

（a）页面初始状态效果　　　　　　　　　　　（b）上下滑动的动画效果

图 9.40　示例 30 运行效果

(c) 透明度变化的动画过程   (d) 动画结束后的效果

图 9.40 示例 30 运行效果（续）

9.6.5 jQuery 停止动画

在 jQuery 中 stop()方法可用于停止动画效果。其语法结构如下：

语法

```
$(selector).stop([stopAll] [, goToEnd]);
```

该方法中 selector 参数位置可以是任意有效的选择器。

stop()方法中的两个参数均为可选参数，参数具体解释如下。

- ➢ stopAll：用于规定是否清除后续的所有动画内容，可填入布尔值。其默认值为 false，表示仅停止当前动画，允许动画队列中的后续动画继续执行。
- ➢ goToEnd：用于规定是否立即完成当前的动画内容，可填入布尔值。其默认值为 false，表示直接终止当前的动画效果。

【示例 31】 jQuery stop()方法的应用

```html
<!DOCTYPE html>
<html>
    <head>
        <meta charset="utf-8">
        <title>jQuery stop()不同参数对比效果</title>
        <script src="js/jquery-1.12.4.js"></script>
        <style>
            p{width: 200px; height: 200px; background-color: orange; font-size: 18px;}
        </style>
    </head>
    <body>
        <h3>jQuery stop()不同参数对比效果</h3>
        <hr>
        <button id="btnStart" type="button">开始</button>
        <button id="btnStop01" type="button">停止当前动画</button>
        <button id="btnStop02" type="button">停止所有动画</button>
        <button id="btnStop03" type="button">停止并直接完成当前动画</button>
        <p>你好, jQuery 动画! </p>
        <script>
            $(document).ready(function() {
                //开始动画
                $("#btnStart").click(function() {
                    $("p").animate({width : "100"}, 2000)
                    .animate({height : "100"}, 2000)
                    .animate({fontSize : "30"}, 2000);
                });
                //停止当前动画
                $("#btnStop01").click(function() {
                    $("p").stop();
                });
```

```
                    //停止所有动画
                    $("#btnStop02").click(function() {
                        $("p").stop(true, false);
                    });
                    //停止并直接完成当前动画
                    $("#btnStop03").click(function() {
                        $("p").stop(true, true);
                    });
                });
            </script>
        </body>
    </html>
```

示例 31 在浏览器中的运行效果如图 9.41 所示。

（a）页面初始状态

（b）仅停第一段动画的效果

（c）停止后续的所有动画效果

（d）停止并直接完成当前动画的效果

图 9.41　示例 31 运行效果

本章总结

- 在 jQuery 中，提供了 click()方法等一系列基础事件绑定方法，支持 window 事件、鼠标事件、键盘事件等基础事件的绑定。
- 使用 bind()方法可以一次性绑定一个或多个事件处理方法，使用 unbind()方法可以移除事件绑定。
- 在 jQuery 中，提供了 hover()和 toggle()等复合事件方法。

> ➤ 在 jQuery 中，提供了一系列显示动画效果的方法。其中，使用 show()方法控制元素的显示，使用 hide()方法控制元素的隐藏，使用 fadeIn()方法和 fadeOut()方法实现元素的淡入和淡出，使用 slideUp()方法和 slideDown()方法实现元素的收缩和展开，使用 animate()方法实现自定义动画。

本章作业

一、选择题

1. 在 jQuery 中，属于鼠标事件方法的是（　　）。
   A．onclick( )　　　　　B．mouseover( )　　　　C．onmouseout( )　　　　D．blur( )

2. 在 jQuery 中，既可模拟鼠标连续点击事件，又可以切换元素可见状态的方法是（　　）。
   A．hide( )　　　　　　B．toggle( )　　　　　　C．hover( )　　　　　　D．slideUp()

3. 关于 bind()方法与 unbind()方法说法正确的是（　　）。（选择两项）
   A．bind()方法可用来移除单个或多个事件
   B．unbind()方法可以同时移除多个事件，但不能移除单个事件
   C．使用 bind()方法可同时绑定鼠标事件和键盘事件
   D．unbind()方法是与 bind()方法对应的方法

4. 若要求隐藏<span>元素，则下列选项正确的是（　　）。
   A．$ ("span").css("display","none")
   B．$("span").addClass("display","none")
   C．$("span").show()
   D．$("span").hide()

5. 下列 jQuery 事件绑定正确的是（　　）。
   A．bind(type,[data],function(eventObject))
   B．$('#demo').click(function() {})
   C．$('#demo').on('click' ,function() {})
   D．$('#demo').one('click' ,function() {})

6. 以下方法能处理键盘事件的是（　　）。
   A．keydown()　　　　　B．keypress()　　　　　C．click()　　　　　D．以上选项都不正确

7. 下面（　　）属于 jQuery 提供的页面加载方式。
   A．$(document).ready()　　B．window.onload　　C．$().ready()　　D．$()

8. 关于以下代码描述错误的是（　）。
   $('div').animate({width: '100px'}, 100, 'linear');
   A．100 表示动画时长是 0.1 秒
   B．linear 表示动画的切换效果
   C．{width: '100px'}指定动画结束后<div>的宽度变为 100 像素
   D．以上说法都不正确

9. 在 jQuery 中，既可绑定两个或多个事件处理器函数，以响应被选元素的轮流的 click 事件，又可以切换元素可见状态的方法是（　　）。
   A．hide()　　　　　　B．toggle()　　　　　　C．hover()　　　　　　D．slideUp()

10. 在 jQuery 中，关于 fadeIn()方法描述正确的是（　　）。
    A．可以改变元素的高度
    B．可以逐渐改变被选元素的不透明度，从隐藏到可见（褪色效果）
    C．可以改变元素的宽度
    D．与 fadeIn( )相反的方法是 fadeOn( )

二、综合题

1. 常用 jQuery 事件根据其事件性质可以分成哪几类？
2. 试列举常用的 jQuery 键盘事件、jQuery 鼠标事件。
3. jQuery 常用的事件绑定函数有哪些？常用的事件解除函数有哪些？
4. 试用 jQuery 临时事件 one()为按钮元素<button>绑定一次性的点击事件。

5. jQuery 特效中哪两个函数分别用于元素的隐藏和显示？淡入和淡出？向上和向下滑动？

6. 试用 jQuery 方法链接对段落元素<p>依次执行隐藏-显示-淡入-淡出的系列动作，每个动作均要求持续 3 秒？

7. 请问 stop(true, false)停止的是哪些状态的动画效果？

8. jQuery 中有哪些基础事件方法？

9. 请简述 JavaScript 中的 window.onload 事件和 jQuery 中的 ready()方法的区别。

10. jQuery 中常用的动画方法有哪些？并简述它们的特点。

11. 将一个 HTML DOM 元素隐藏有哪几种方式？

12. 编写代码在网页中利用键盘的方向键（↑、↓、←、→）控制<div>块的移动，每次移动的步长为 5 像素。

13. 制作页面导航特效，初始状态下仅显示"购物特权"主菜单，点击"购物特权"二级菜单在显示和隐藏之间切换，如图 9.42 所示。当鼠标指针移至二级子菜单上时，为子菜单添加背景色，如图 9.43 所示。

14. 制作如图 9.44 所示的页面，当点击底部箭头时，隐藏菜单项的后 4 项，并且底部箭头向下；再次点击底部箭头时，显示隐藏的菜单项，并且底部箭头向上，如图 9.45 所示。

图 9.42　显示二级菜单

图 9.43　二级子菜单添加背景色

图 9.44　初始状态

图 9.45　隐藏菜单项

第 10 章
使用 jQuery 操作 DOM

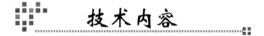

本章目标

◎ 使用 jQuery 操作网页元素

◎ 使用 jQuery 操作 CSS 样式

◎ 使用 jQuery 操作文本与属性值内容

◎ 使用 jQuery 操作 DOM 节点

◎ 使用 jQuery 操作 CSS-DOM

◎ 使用 jQuery 遍历 DOM 节点

本章简介

DOM 为文档提供了一种结构化的表示方法，通过操作 DOM 可以改变文档（如 HTML、XML 等）的内容和展现形式。在实际运用中，DOM 更像是一座桥梁，通过它可以实现跨平台、跨语言的标准访问。本章将详细介绍如何使用 jQuery 操作 DOM 中的各种元素和对象，并介绍 HTML 家族树的概念，接着以此为基础介绍 jQuery 遍历的相关知识。

技术内容

10.1　DOM操作

在 jQuery 中，DOM 操作是一个非常重要的组成部分。jQuery 中提供了一系列操作 DOM 强有力的方法，它们不仅简化了传统 JavaScript 操作 DOM 时繁冗的代码，更加解决了令开发者苦不堪言的跨平台浏览器兼容性。此外，还让页面元素真正动起来，动态地增加、减少、修改数据，令用户与计算机交互更加便捷，交互形式更加多样。下面就带领大家一同开启 jQuery 操作 DOM 的神奇世界吧。

10.1.1　DOM操作分类

在前面讲解使用 JavaScript 操作 DOM 时分为三类——DOM Core（核心）、HTML-DOM 和 CSS-DOM。jQuery 操作 DOM 同样分为这三类，现在主要回顾一下使用 JavaScript 操作 DOM。

JavaScript 中的 getElementById()、getElementsByTagName()、getElementsByName()等方法都是 DOM Core 的组成部分。例如，使用 document.getElementById("nav")可获取页面中 id 为 nav 的元素。相对于 DOM Core 获取对象、属性而言，使用 HTML-DOM 时，代码通常较为简短。例如，document.getElementById("intro").innerHTML 可获取 id 为 intro 元素的内容。在 JavaScript 中，CSS-DOM 技术的主要作用是获取和设置 style 对象的各种属性。例如，document.getElementsByTagName ("p").style.color= "#ff0000"用于设置<p>元素中的文本为红色。

　　jQuery 作为 JavaScript 程序库，继承并发扬了 JavaScript 对 DOM 对象的操作特性，使开发人员能方便地操作 DOM 对象。下面来看看在 jQuery 中有哪些 DOM 操作。

10.1.2　jQuery中的DOM操作

　　jQuery 中的 DOM 操作主要可分为样式操作、内容操作（文本和 value 属性值操作）、节点操作，节点操作中又包含属性操作、节点遍历和 CSS-DOM 操作。其中，最核心的部分是节点本身操作和节点遍历，掌握了这两部分内容，可以毫不夸张地说，你已经学会了一半。

　　下面就通过如图 10.1 所示的 jQuery 中的 DOM 操作厘清相关的知识结构，以帮助大家更有效地学习 jQuery 中的 DOM 操作。

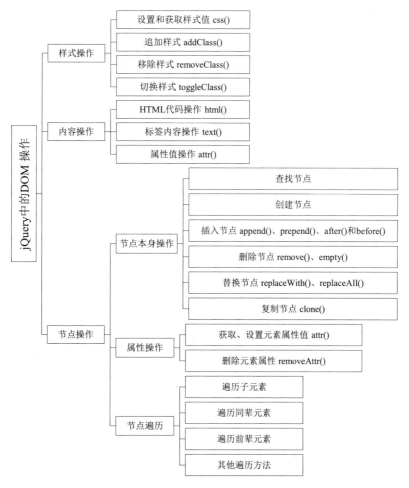

图 10.1　jQuery 中的 DOM 操作

厘清了 jQuery 中 DOM 操作的脉络结构之后，下面来详细讲解各种 DOM 操作的用法。

10.2　样式操作

在学习 CSS 相关内容时，大家已经领略了 CSS 样式表为页面带来的视觉震撼力、丰富多彩的表现形式、灵活便捷的排版方式等，可见样式在网页中有着如此重要的作用。jQuery 不仅对 CSS 样式表有着良好的支持，而且对浏览器也有着良好的兼容性。在 jQuery 中，对元素的样式操作主要有直接设置样式值、获取样式值、追加样式、移除样式和切换样式。下面详细介绍它们的特点和用法。

10.2.1　设置和获取样式值

1. 设置CSS属性值

在 jQuery 中，使用 css()方法为指定的元素设置样式值，在前面章节中大家已经多次应用，这里再回顾一下，其语法格式如下：

语法

```
$(selector).css(name, value) //设置单个属性
```

其中 selector 参数位置可以是任意有效的选择器，name 参数位置为 CSS 属性名称，value 参数位置为字符串或数值类型的 CSS 属性值。该方法可以批量设置所有符合条件元素的指定 CSS 属性值。css()方法的参数说明如表 10-1 所示。

表 10-1　css()方法的参数说明

参　　数	描　　述
name	必需。规定 CSS 属性的名称。该参数可以是任何 CSS 属性。例如，font-size、background 等
value	必需。规定 CSS 属性的值。该参数可以是任何 CSS 属性值。例如，#000000、24px 等

例如，将页面上所有段落元素<p>的字体颜色更新为红色，写法如下：

```
$("p").css("color","red");
```

如果有多个 CSS 属性需要同时设置，则语法结构如下：

语法

```
$(selector).css({propertyName1:value1 , propertyName2:value2, ... , propertyNameN:valueN});
```

即在 css()方法中填入一个自定义对象，该对象中的成员名称为 CSS 属性名称，成员的值为对应的 CSS 属性值。此时属性名称不需要加引号，并且需要写成 Camel 标记法的形式。例如字体粗细 font-weight 在这里需要改写成 fontWeight。例如，将所有的段落元素设置为字体加粗、背景颜色为浅蓝色，写法如下：

```
$("p").css({fontWeight:"bold", backgroundColor:"lightblue"});
```

2. 获取CSS属性值

在 jQuery 的前面章节中，已经用 css()方法设置过单个或多个 CSS 属性的功能，这里不再赘述。以上都是设置 CSS 属性，那么如何获取 CSS 属性的值呢？其实获取 CSS 属性值的方法很简单，语法格式如下：

语法

```
$ (selector).css(name)          //获取属性
```

其中 selector 可以是任意有效的 jQuery 选择器，name 参数位置为 CSS 属性名称。该方法可以获得符合条件的第一个元素的指定 CSS 属性值。例如：

```
var bgColor = $("p").css ("background-color");
```

$(".textDown").css("background-color")获取类样式为 textDown 的背景颜色值。

在 jQuery1.9 版本中新增了数组类型的 propertyName 参数，用于批量获取元素的多个属性值。其语法格式如下：

📖 **语法**

```
$(selector).css(propertyNames)
```

其中 selector 参数位置可以是任意有效的选择器，propertyNames 参数位置为 CSS 属性名称的数组。该方法返回值为数据形式，包含了符合条件的第一个元素的指定 CSS 属性值。

例如：

```
var props = $("p").css(["background-color","color","font-size"]);
```

上述代码的返回值包含了页面上第一个段落元素<p>的背景颜色、字体颜色与字体大小。

🔴 **【示例 1】** **用 jQuery css()方法获取和设置元素属性值**

```html
<!DOCTYPE html>
<html>
    <head>
        <meta charset="utf-8">
        <title>jQueryHTML 之 css()</title>
        <script src="js/jquery-1.12.4.js"></script>
        <style>
            div { width: 200px; height: 50px; border: 1px solid silver; }
        </style>
    </head>
    <body>
        <h3>jQueryHTML 之 css()</h3>
        <hr>
        <div>Hello jQuery</div>
        <button id="btn01">获取 CSS 样式</button>
        <button id="btn02">重置 CSS 样式</button>
        <script>
            $(document).ready(function() {
                    //按钮 1 的点击事件：获取段落元素的 CSS 样式
                $("#btn01").click(function() {
                        //批量获取多个 CSS 样式
                    var css = $("div").css(["color","background-color","font-size"]);
                    alert("当前的 CSS 样式为: \ncolor:"+css["color"]+
                        "\nbackground-color:"+css["background-color"]+
                        "\nfont-szie:"+css["font-size"]);
                });
                    //按钮 2 的点击事件：重置段落元素的 CSS 样式
                $("#btn02").click(function() {
                        //批量重置多个 CSS 样式
                    $("div").css({color:"white",backgroundColor:"lightcoral",
                            fontSize:30, fontWeight:"bold"});
                    alert("CSS 样式已重置。");
                });
            });
        </script>
    </body>
</html>
```

示例 1 在浏览器中的运行效果如图 10.2 所示。

（a）获取段落元素<p>的 css 属性值　　　　（b）设置段落元素<p>的 css 属性

图 10.2　示例 1 运行效果

10.2.2　追加样式和移除样式

1. 追加样式

除了使用 css()方法可以为元素添加样式，还能使用 addClass()方法为元素追加类样式。其语法格式如下：

📖 语法
```
$(selector).addClass(class)
```

其中，class 为类样式的名称，也可以增加多个类样式，各个类样式之间以空格隔开即可。其语法格式如下：

📖 语法
```
$(selector).addClass (classl class2 ... classN)
```

当需要为元素设置多项 CSS 样式属性时，除了使用 css()方法逐行添加还可以使用 addClass()方法直接为元素添加 CSS 样式表中的类名称。

例如下面这段代码为 CSS 样式表内容，表示声明了一种类名称为 style01 的样式集合，包括字体颜色为红色、背景颜色为黄色、字体大小为 20 像素、各边的内外边距为 20 像素。

```
<style>
.style01{
color:red;
background-color:yellow;
font-size:20px;
margin:20px;
padding:20px;
}
</style>
```

如果使用 css()方法为指定元素添加这些属性，需要写大量的代码。但若使用 addClass()方法只需一行代码，如下：

```
$("p").addClass("style01");
```

如果有多个 CSS 类需要同时添加，可以都写在 addClass()方法的参数位置，之间用空格隔开即可。例如：

```
$("p").addClass("style01 style02");
```

上述代码表示为段落元素添加 class="style01 style02"属性。下面主要演示使用 addClass (classl class2 ... classN)为元素增加多个样式，页面效果如图 10.3 所示，当鼠标指针移至标题上时，正文内容增加背景颜色，并且显示虚线边框，如图 10.4 所示，页面代码如示例 2 所示。

图 10.3　页面初始状态

图 10.4　增加两个样式

【示例 2】　追加和移除样式

```html
<!doctype html>
<html>
    <head lang="en">
        <meta charset="UTF-8">
        <title>追加和移除样式</title>
        <style type="text/css">
            *{ margin:0px; padding:0px; font-size: 14px; font-family:"微软雅黑";
line-height: 28px;}
            .title { font-size: 14px; color: #03F; text-align: center; }
            .text { padding: 10px; }
            .content { background-color: #FFFF00; }
            .border { border: 1px dashed #333; }
        </style>
    </head>
    <body>
        <h2 class="title">jQuery 操作 CSS</h2>
        <p class="text">
            css()设置或返回样式属性<br> addClass()增加一个或多个类
            <br> removeClass()移除一个或多个类
        </p>
        <script src="js/jquery-1.12.4.js"></script>
        <script>
            $(document).ready(function() {
                $("h2").mouseover(function() {
                    $("p").addClass("content border");
                });
            });
        </script>
    </body>
</html>
```

从以上代码中可以看到，当鼠标指针移至<h2>上时，使用 addClass()为<p>元素增加了两个样式 content 和 border，使<p>元素增加了背景颜色和虚线边框。

注意

　　使用 addClass()方法仅是追加类样式，即它依旧保存原有的类样式，在此基础上追加新样式，如代码<p>，执行代码$("p").addClass("content border"）之后，代码会变成<p class="text content border">，仍然保留原有类样式 text，仅是新增了类样式 content 和 border。在 JavaScript 中使用 className 仅能设置一个样式，而使用 addClass()追加样式是不是更方便？

　　通常为元素添加 CSS 样式时，addClass()比 css()更加常用，因为使用 addClass()添加样式，更加符合 W3C 规范中"结构与样式分离"的准则。

2. 移除样式

　　如果需要为元素取消某个 CSS 样式的类名称，只要使用 removeClass()方法即可，removeClass()

方法是 addClass()方法相对应的移除样式方法，其语法格式如下：

📖 语法

```
$ (selector).removeClass(class)        //移除单个样式
```

或者：

```
$ (selector).removeClass(class1 class2 ... classN)        //移除多个样式
```

其中，selector 为任意有效的 jQuery 选择器，参数 class 为类样式名称，该名称是可选的，当选某类样式名称时，则移除该类样式，要移除多个类样式时，与 addClass()方法语法相似，每个类样式之间用空格隔开。例如：

```
$("p").removeClass("style01");
```

上述代码表示为段落元素<p>删除 class="style01"属性。

依旧使用示例 2，若要在鼠标指针移出<h2>时，移除<p class= "text content border">中的类样式 text 和 content，jQuery 代码如下所示。

```
$("h2").mouseout(function() {
    $("p").removeClass("text content");
});
```

运行结果如图 10.5 所示，<p>元素去掉了背景颜色，并且 10px 的内边距已消失，文本内容紧贴边框显示，由此可说明使用 removeClass()能成功移除样式 text 和 content。

图 10.5　移除样式后

10.2.3　切换样式

如果需要为元素切换（轮流删除/添加）某个 CSS 样式的类名称，只要使用 toggleClass()方法即可。在前面的章节中已经学习过，在 jQuery 中，使用 toggle()方法可以切换元素的可见状态，使用 toggleClass()方法可以切换不同元素的类样式，其语法格式如下：

📖 语法

```
$(selector).toggleClass(class)
```

其中，参数 class 为类样式的名称，其功能是当元素中含有名称为 class 的 CSS 类样式时，删除该类样式，否则增加一个该名称的类样式。例如：

```
$("p").toggleClass("style01");
```

上述代码表示为段落元素<p>删除或添加 class="style01"属性。同样可以一次性添加或删除多个 class 属性。例如：

```
$("p").toggleClass("style01 style02");
```

上述代码表示为段落元素<p>删除或添加 class="style01 style02"属性。这里的 CSS 类名称可以填入任意数量。

　　toggleClass()方法模拟了 addClass()方法与 removeClass()方法实现样式切换的过程，它与 toggle() 方法切换元素可见状态有着异曲同工之妙，减少了代码量，提高了代码的运行效率。

注意

　　toggleClass()方法可以实现类样式之间的切换，而 css()方法或 addClass()方法仅是增加新的元素样式，并不能实现切换功能。

10.2.4　判断是否含指定的样式

　　在实际网页中，会经常用到追加样式和移除样式。如果需要追加的样式已经应用到指定元素，还需要追加吗？如果需要移除的样式根本就没有应用到指定的元素，还需要移除吗？那么问题来了，该如何判断某元素已应用指定的样式呢？在 jQuery 中，提供了 hasClass()方法来判断是否包含指定的样式，其语法如下：

📋 **语法**

```
$(selector).hasClass(class);
```

　　参数 class 是类名，该名称是必选的，规定指定元素中查找的类名，返回值为布尔型，如果包含查找的类则返回 true，否则返回 false。

　　为了让大家理解 hasClass()的用法，修改示例 2，当鼠标指针移至标题上时，增加样式 content，离开时移除 content，jQuery 代码如示例 3 所示。

↩ 【示例3】　hasClass 的用法

```
$(document).ready(function(){
    $("h2").mouseover(function() {
        if(!$("p").hasClass("content")){
            $("p").addClass("content");
        }
    });
    $("h2").mouseout(function() {
        if($("p").hasClass("content")) {
            $("p").removeClass("content");
        }
    });
});
```

　　运行示例 3，当鼠标指针移至标题上时页面效果如图 10.6 所示，鼠标指针离开时页面效果如图 10.3 所示。

图 10.6　增加样式 content

10.2.5　CSS-DOM操作

　　jQuery 支持 CSS-DOM 操作，除了之前讲过的 css()方法外，还有获取和设置元素高度、宽度、相对位置等的 CSS 操作方法，具体描述如表 10-2 所示。

表 10-2　CSS-DOM 相关操作方法说明

方　　法	描　　述	示　　例
css()	设置或返回匹配元素的样式属性	$ ("#box") .css("background-color","green")
height([value])	参数可选。设置或返回匹配元素的高度。如果没有规定长度单位，则使用默认的 px 作为单位	$ ("tbox").heigh(180)
width([value])	参数可选。设置或返回匹配元素的宽度。如果没有规定长度单位，则使用默认的 px 作为单位	$("#box").width(180)
offset([value])	返回以像素为单位的 top 和 left 坐标。此方法仅对可见元素有效	$("#box").offset ()
offsetParent()	返回最近的已定位祖先元素。定位元素指的是元素的 CSS position 值被设置为 relative、absolute 或 fixed 的元素	$("#box"). offsetParent ()
position()	返回第一个匹配元素相对于父元素的位置	$("#box"). position ()
scrollLeft([position])	参数可选。设置或返回匹配元素相对滚动条左侧的偏移	$("#box"). scrollLeft (20)
scrollTop([position])	参数可选。设置或返回匹配元素相对滚动条顶部的偏移	$ ("#box") . scrollTop (180)

此外，获取元素的高度除了可以使用 height()方法之外，还能使用 css()方法，其获取高度值的代码为$("#box").css("height")。两者的区别在于使用 css()方法获取元素高度值与样式设置有关，可能会得到"auto"，也可能得到"60px"之类的字符串；而 height()方法获得的高度值则是元素在页面中的实际高度，与样式的设置无关，且不带单位，获取元素宽度的方式也是同理。

大家还记得在前面章节中制作随鼠标滚动的广告图片时，需要考虑浏览器的兼容性，而现在学习了这些 CSS 方法则不需要考虑浏览器的兼容性，仅使用较少的代码就可以实现相同的效果，现在使用 jQuery 实现随鼠标滚动的广告图片，代码如示例 4 所示。

【示例 4】　随鼠标滚动的广告图片

```html
<!DOCTYPE html>
<html>
    <head lang="en">
        <meta charset="UTF-8">
        <title>随鼠标滚动的广告图片</title>
        <style type="text/css">
            #main { text-align: center; width: 1014px; margin: 0 auto; }
            #adver { position: absolute; left: 10px; top: 30px; z-index: 2; }
        </style>
    </head>
    <body>
        <div id="adver"><img src="images/adv.jpg" /></div>
        <div id="main"><img src="images/main1.jpg" /><img src="images/main2.jpg" />
            <img src="images/main3.jpg" /></div>
        <script src="js/jquery-1.12.4.js"></script>
        <script>
            $(document).ready(function() {
                var adverTop = parseInt($("#adver").css("top"));
                var adverLeft = parseInt($("#adver").css("left"));
                $(window).scroll(function() {
                    var scrollTop = parseInt($(this).scrollTop()); //获取滚动条翻上去
的距离
                    var scrollLeft = parseInt($(this).scrollLeft()); //获取滚动条向右
的距离
                    $("#adver").offset({
                        top: scrollTop + adverTop
                    });
                    $("#adver").offset({
```

```
                left: scrollLeft + adverLeft
            });
        });
    })
    </script>
  </body>
</html>
```

在浏览器中运行示例 4，无论滚动条如何滚动，广告图片的位置均相对浏览器窗口不变，如图 10.7 所示。

图 10.7　鼠标滚动，但广告图片不动

10.2.6　技能训练

需求说明

➢　制作如图 10.8 所示的页面。

➢　当鼠标指针移过商品信息时，使用 addClass()方法添加如图 10.8 中间图片所示的样式，边框及背景颜色值为#d51938，说明文字变为白色。

➢　当鼠标指针移出时，使用 removeClass()方法恢复初始状态。

图 10.8　今日团购

10.3　内容操作

除了对样式进行操作外，jQuery 还提供了对元素内容操作的方法，即对 HTML 代码（包括标签和标签内容）、标签内容和属性值内容三者的操作。下面就来分别介绍三者的特点及用法。

10.3.1　HTML代码操作

在 jQuery 中，可以使用 html()方法对 HTML 代码进行操作，该方法类似于传统 JavaScript 中的 innerHTML，通常用于动态地新增页面内容，如使用填写表单时出现的提示、论坛发帖与回复等，都可以使用 html()方法，其语法格式如下：

语法
```
html([content])
```

html()方法的参数说明如表 10-3 所示。

表 10-3　html()方法的参数说明

参　　数	描　　述
content	可选。规定被选元素的新内容。该参数可以包含 HTML 标签。无参数时，表示获取被选元素的文本内容

jQuery html()用于获取或设置选定元素标签的全部内容，包括内部的文本以及其他 HTML 标记。该方法调用的是 JavaScript 原生属性 innerHTML。

1. 获取HTML内容

获取选定元素标签之间 HTML 代码内容的方法如下：
```
$(selector).html()
```

在获取元素的 HTML 内容时，该方法无须带参数。

HTML 代码如下：
```
<div class="test">
<div>这是一段内容。</div>
</div>
```

使用$("div.test").html()获取到的结果如下：
```
<div>这是一段内容。</div>
```

需要注意的是，如果符合要求的元素不止一个，该方法也只获取第一个符合选择器要求的元素内部 HTML 代码。例如：
```
<div class="test">
<div class="style01">这是第一段内容。</div>
</div>
<div class="test">
<div class="style02">这是第二段内容。</div>
</div>
```

上述代码中有两个<div>均具有相同属性 class="test"，其内部 HTML 代码不同。使用$("div.test").html()方法获取的结果如下：
```
<div class="style01">这是第一段内容。</div>
```

该方法表示获取属性 class="test"的<div>标签内部 HTML 代码。由于 class 属性可以分配给任意元素，因此如果有多个<div>元素符合 class="test"条件，也只获取第一个符合的元素标签内部的 HTML 代码。

2. 设置HTML内容

设置选定元素标签之间 HTML 内容的方法如下：

```
$(selector).html("新 HTML 内容")
```

【示例 5】 用 jQuery html()方法获取和设置 HTML 内容

```
<!DOCTYPE html>
<html>
    <head>
        <meta charset="utf-8">
        <title>jQueryHTML 之 html()</title>
        <script src="js/jquery-1.12.4.js"></script>
        <style>
            div {  width: 200px; height: 50px; border: 1px solid; }
        </style>
    </head>
    <body>
        <h3>jQueryHTML 之 html()</h3>
        <hr>
        <div>Hello <i>JavaScript</i></div>
        <button id="btn01">获取 HTML 内容</button>
        <button id="btn02">重置 HTML 内容</button>
        <script>
            $(document).ready(function() {
                    //按钮 1 的点击事件：获取 HTML 内容
                $("#btn01").click(function() {
                    var html = $("div").html();
                    alert("当前的 HTML 内容为: " + html);
                });
                    //按钮 2 的点击事件：重置 HTML 内容
                $("#btn02").click(function() {
                    $("div").html("Hello <strong>jQuery</strong>");
                    alert("HTML 内容已重置。");
                });
            });
        </script>
    </body>
</html>
```

示例 5 在浏览器中的运行效果如图 10.9 所示。

(a) 获取当前 HTML 内容　　　　　　(b) 设置 HTML 内容

图 10.9　示例 5 运行效果

10.3.2　标签内容操作

在 jQuery 中，可以使用 text()方法获取或设置元素的文本内容，不含 HTML 标签。其语法格式如下：

语法
```
text ( [content])
```

text()方法的参数说明如表 10-4 所示。

<div style="text-align:center">表 10-4　text()方法的参数说明</div>

参　　数	描　　述
content	可选。规定被选元素的新文本内容。注释无参数时，表示获取被选元素的文本内容特殊字符会被编码

1. 获取文本内容

使用不带任何参数的 text()方法，可以获取选定元素标签之间所有的文本内容。其语法格式如下：

语法

```
$(selector).text()
```

该方法的返回结果为字符串类型，包含了所有匹配元素内部的文本内容。例如 id="test01"的段落元素<p>表示如下：

```
<p id="test01">hello</p>
```

使用$("p#test01").text()方法获取其中的文本内容，返回值为：

```
hello
```

返回值只包含文本内容，不带有前后的 HTML 标签。

如果是元素内部的后代元素中包含有文本，则使用 text()也会获取其中的文本内容。例如以下情况：

```
<div id="container">
<p>
element<i>1</i>
</p>
<p>
element<strong>2</strong>
</p>
</div>
```

上述代码在 id="container"的<div>元素中包含了两个段落元素<p>，并且这两个段落元素内部的文本内容还分别包括了格式标签<i>和<strong>。此时使用$("div#container").text()方法获取该<div>元素的文本内容，返回值为：

```
element1
element2
```

返回值只包含文本内容，其中的格式化标签<i>和<strong>均被忽略。需要注意的是，text()方法不能用于处理表单元素的文本内容，如果需要获取或设置表单中<textarea>或<input>元素的文本值需要使用 val()方法。

2. 设置文本内容

设置选定元素标签之间文本内容的方法如下：

```
$(selector).text("新文本内容")
```

【示例 6】　用 jQuery text()方法获取和设置文本内容

```
<!DOCTYPE html>
<html>
    <head>
        <meta charset="utf-8">
        <title>jQueryHTML 之 text()</title>
        <script src="js/jquery-1.12.4.js"></script>
        <style>
```

```
            div { width: 180px; height: 50px; border: 1px solid; }
        </style>
    </head>
    <body>
        <h3>jQueryHTML 之 text()</h3>
        <hr>
        <div>Hello JavaScript</div>
        <button id="btn01">获取文本内容</button>
        <button id="btn02">重置文本内容</button>
        <script>
            $(document).ready(function() {
                    //按钮 1 的点击事件：获取文本内容
                $("#btn01").click(function() {
                        var text = $("div").text();
                        alert("当前的文本内容为：" + text);
                });
                    //按钮 2 的点击事件：重置文本内容
                $("#btn02").click(function() {
                        $("div").text("Hello <b>jQuery</b>");
                        alert("文本内容已重置。");
                });
            });
        </script>
    </body>
</html>
```

示例 6 在浏览器中的运行效果如图 10.10 所示。

（a）获取当前文本内容　　　　　　　　　　（b）设置文本内容

图 10.10　示例 6 运行效果

从图 11.13 中可以看到，页面增加的内容并不是想象中的以列表方式呈现的，而是把 HTML 代码标签<b>作为文本内容显示在页面中，所以在 jQuery 中，html()方法与 text()方法都可以用来获取元素内容和动态改变元素内容，但两者也存在一些区别，如表 10-5 所示。

表 10-5　html()方法和 text()方法的区别

语法格式	参数说明	功能描述
html()	无参数	用于获取第一个匹配元素的 HTML 内容或文本内容
html(content)	content 参数为元素的 HTML 内容	用于设置所有匹配元素的 HTML 内容或文本内容
text()	无参数	用于获取所有匹配元素的文本内容
text(content)	content 参数为元素的文本内容	用于设置所有匹配元素的文本内容

此外，还需要注意的是，html()方法仅支持 HTML 文档，不能用于 XML 文档，而 text()方法既支持 HTML 文档，也支持 XML 文档。

虽然 html()方法与 text()方法在操作文本内容时，区别不是很大，但是由于 html()方法不仅能获取和设置文本内容，还能设置 HTML 内容，因此在实际应用中，html()方法比 text()方法更常用。

10.3.3 属性值操作

在 jQuery 中，除了可以使用 html()方法和 text()方法获取与设置元素内容外，还提供了获取元素 value 属性值的方法 val()。

该方法非常常用，多用于操作表单的<input>元素。例如，淘宝网的搜索功能，当文本框获得焦点时，初始的 value 属性值变为空；失去焦点时，value 属性值又恢复为初始状态。val()方法的语法格式如下：

📖 **语法**

```
val([value])
```

val()方法的参数说明如表 10-6 所示。

表 10-6　val()方法的参数说明

参　　数	描　　述
value	可选。规定被选元素的新内容。无参数时，返回值为第一个被选元素的 value 属性的值参数

1. 获取表单元素值

获取选定元素标签之间文本内容的方法如下：

```
$(selector).val()
```

2. 设置表单元素值

设置选定元素标签之间文本内容的方法如下：

```
$(selector).val("新文本内容")
```

🔷 【示例 7】　**用 jQuery val()方法获取和设置表单元素字段值**

```
<!DOCTYPE html>
<html>
    <head>
        <meta charset="utf-8">
        <title>jQueryHTML 之 val()</title>
        <script src="js/jquery-1.12.4.js"></script>
        <style>
            div { width: 200px; height: 50px; border: 1px solid; }
        </style>
    </head>
    <body>
        <h3>jQueryHTML 之 val()</h3>
        <hr>
        <form>
            <input type="text" value="Hello JavaScript" />
        </form>
        <button id="btn01">获取表单元素的值</button>
        <br>
        <button id="btn02">重置表单元素的值</button>
        <script>
            $(document).ready(function() {
                //按钮 1 的点击事件：获取 HTML 内容
                $("#btn01").click(function() {
                    var html = $("input").val();
                    alert("当前文本输入框内容为: " + html);
                });
                //按钮 2 的点击事件：重置 HTML 内容
                $("#btn02").click(function() {
                    $("input").val("Hello jQuery");
                    alert("文本输入框内容已重置。");
                });
```

```
        });
    </script>
  </body>
</html>
```

示例 7 在浏览器中的运行效果如图 10.11 所示。

（a）获取当前文本框内容

（b）设置文本框内容

图 10.11　示例 7 运行效果

10.3.4　技能训练

上机练习 2　制作常见问题模块

需求说明

➤ 下面制作如图 10.12 所示的页面，点击标题"常见问题"，使用 html()方法在页面上增加问题列表，如图 10.13 所示。

➤ 点击"×"按钮，使用 html()方法取消问题列表，返回如图 10.12 所示的界面。

图 10.12　常见问题页面初始状态

图 10.13　使用 html()方法增加问题列表内容

上机练习 3　制作搜索框特效

需求说明

制作如图 10.14 所示的搜索框特效。当文本框获得焦点时，初始值"电风扇"消失，如图 10.15 所示，失去焦点时如果文本框内容为空则该初始值出现。

图 10.14　搜索框初始状态

图 10.15　搜索框获得焦点

10.4　节点操作

上网冲浪时，使用最多的功能就是增、删、改、查，如增加或删除购物车内商品的数量，修改发布的日志，查找某一条发布的信息等。在 jQuery 的 DOM 操作中，同样提供了相应的操作方法，不仅如此，还提供了复制节点的方法。jQuery 中节点与属性操作是 jQuery 操作 DOM 的核心内容，非常重要，学好并掌握这部分的内容，能让大家在日后的开发过程中事半功倍。

jQuery 对于节点的操作主要分为两种类型，一种是对节点本身的操作，另一种是对节点中属性节点的操作。学习 DOM 模型的时候，大家应该已经十分清楚了，DOM 模型中的节点类型分为元素节点、文本节点和属性节点，文本节点与属性节点都包含在元素节点之中，它们都是 DOM 中的节点类型，只是相对特殊。下面就分别从节点操作和属性操作两大方面来详细介绍 jQuery 中的节点与属性操作。

图 10.16　战"疫"快报初始页面

10.4.1　查找节点

在 jQuery 中，节点操作主要分为查找、创建、插入、删除、替换和复制六种操作方式。其中，查找、创建、插入、删除和替换节点是日常开发中使用最多，也是最为重要的，为了更好地理解节点操作，首先设计一个如图 10.16 所示的战"疫"快报页面，其 HTML代码如示例 8 所示。

【示例8】　节点操作

```html
<div class="contain">
    <h2>战"疫"快报</h2>
    <ul class="gameList">
        <li>战"疫"考察 习近平指引向科学要答案</li>
        <li>图解：数读习近平二月战"疫"部署 微视频</li>
        <li>国家主席习近平任免驻外大使 理上网来</li>
        <li>致敬！最可爱的人 致敬志愿者</li>
        <li>新华网评：向不懈的坚持致敬</li>
    </ul>
</div>
```

下面首先看看如何使用 jQuery 查找节点。要想对节点进行操作，即增、删、改，首先必须找到要操作的元素。在 jQuery 中，获取\<ul>元素，可以使用 jQuery 选择器，其代码如下：

```javascript
//用过滤选择器给 h2 设置背景颜色和字体颜色
$(".contain :header").css({"background":"#2a65ba","color":"#ffffff"});
//li 最后一个 没有边框
$(".gameList li:last").css("border","none");
```

关于使用选择器获取元素在本书的前面章节已经详细讲解过了，这里不再赘述。

10.4.2　创建节点元素

在前面章节讲解 jQuery 的语法时，讲解过函数$()。该函数是用于将匹配到的 DOM 元素转换为 jQuery 对象的，它就好像一个零配件的生产工厂，所以被形象地称为工厂函数。$()方法的语法格式如下：

📖 **语法**

```
$(selector)
```

或者：

```
$(element)
```

或者：

```
$(html)
```

其参数说明如表 10-7 所示。

表 10-7　$()的参数说明

参　　数	描　　述
selector	选择器。使用 jQuery 选择器匹配元素
element	DOM 元素。以 DOM 元素来创建 jQuery 对象
html	HTML 代码。使用 HTML 字符串创建 jQuery 对象

关于$(selector)与$(element)的用法在前面已经使用过很多次了，如$("li")和$(document)，这里就不再详细讲解了，我们主要介绍如何用它们来创建元素。下面使用$(html)创建两个新的<li>元素节点，其 jQuery 代码如下：

```
var $newNode=$ ("<lix/li>");      //空<li>
var $newNode1=$("<li>他们把防护服穿成了"记事本" </li>");
var $newNode2=$("<li title='last'>我国口罩日产能产量双破亿背后的"硬核"支撑</li>");
```

这相当于在工厂函数$()中直接写了一段 HTML 代码，该代码使用双引号包裹，属性值使用单引号包裹，这样就创建了一个新元素。以上 jQuery 代码仅是创建了一个新元素，而并未将该元素添加到 DOM 文档中。要想新增一个节点，必须把创建好的新元素，插入到 DOM 文档中。下面就来介绍如何将创建好的新元素插入 DOM 中，形成一个新的 DOM 节点。

10.4.3　插入节点

在 jQuery 中，要想实现动态地新增节点，必须对创建的节点执行插入或追加操作，而 jQuery 提供了多种方法实现节点的插入。从插入方式上主要分为两大类：内部插入节点和外部插入节点，其对应的具体方法如表 10-8 所示。

表 10-8　插入节点方法

插入方式	方　　法	描　　述
内部插入	append(content)	向所选择的元素内部插入内容，$(A).append(B)表示将 B 追加到 A 中
	appendTo(content)	把所选择的元素追加到另一个指定的元素集合中，$(A).appendTo(B)表示把 A 追加到 B 中
	prepend(content)	向每个选择的元素内部前置内容，$(A).prepend(B)表示将 B 插入到 A 前
	prependTo(content)	将所有匹配元素前置到指定的元素中。该方法仅颠倒了常规 prepend()插入元素的操作，$(A).prependTo(B)表示将 A 前置到 B 中
外部插入	after(content)	在每个匹配的元素之后插入内容，$(A).after (B)表示将 B 插入到 A 之后
	insertAfter(content)	将所有匹配元素插入到指定元素的后面。该方法仅颠倒了常规 after()插入元素的操作，$(A).insertAfter(B)表示将 A 插入到 B 之后
	before(content)	向所选择的元素外部前面插入内容，before (B)表示将 B 插入到 A 之前
	insertBefore(content)	将所匹配的元素插入到指定元素的前面，该方法仅是颠倒了常规 before()插入元素的操作，$(A).insertBefore (B)表示将 A 插入到 B 之前

1. 内部插入

jQuery append()方法用于在所有符合条件的元素内部结尾处追加内容。append()方法的语法格式如下：

语法
```
append(content [,content])
```

其中 content 参数的类型可以是文本、数组、HTML 代码或元素标签。jQuery prepend()与 append()方法的参数完全相同，只不过追加位置从指定元素内部的结尾处变更为开始处。prepend()方法的语法格式如下：

语法
```
prepend(content [,content])
```

（1）追加文本

使用 append()或 prepend()方法添加文本内容允许带有格式化标签。例如下面这段 HTML 代码：

```
<div id="test">
<div>这是第一个子元素。</div>
<div>这是第二个子元素。</div>
</div>
```

对其使用 jQuery append()方法选定 id="test"的<div>元素，并在其内部追加文本内容。相关 jQuery 代码如下：

```
$("div#test").append("这段文本带有<i>格式化</i>标签。");
```

HTML 代码片段更新如下：

```
<div id="test">
<div>这是第一个子元素。</div>
<div>这是第二个子元素。</div>
这段文本带有<i>格式化</i>标签。
</div>
```

上述 jQuery 代码相当于下面这段 JavaScript 代码：

```
//创建一个新的文本节点
var text = document.createTextNode("这段文本带有<i>格式化</i>标签。");
//获取 id="test"的<div>元素
var div = document.getElementById("test");
//将新建的文本内容添加到指定的 div 元素中去
div.appendChild(p);
```

由此可见，jQuery 化简了 JavaScript 关于文本内容创建与添加的代码。

如果换成使用 prepend()方法追加文本内容，相关 jQuery 代码如下：

```
$("div#test").prepend("这段文本带有<i>格式化</i>标签。");
```

HTML 代码片段更新如下：

```
<div id="test">
这段文本带有<i>格式化</i>标签。
<div>这是第一个子元素。</div>
<div>这是第二个子元素。</div>
</div>
```

（2）追加元素

使用 append()或 prepend()方法添加新元素可以直接在参数位置填入相关 HTML 代码。

以 append()为例，添加一个新的标题元素<h1>的方法如下：

```
append("<h1>这是一个标题</h1>")
```

例如，使用 append()方法在指定元素的内容结尾处添加段落元素<p>。
相关 HTML 代码片段如下：

```
<div id="test">
<div>这是第一个子元素。</div>
<div>这是第二个子元素。</div>
</div>
```

使用 jQuery append()方法选定 id="test"的<div>元素，并在其内部追加子元素。相关 jQuery 代码
如下：

```
$("div#test").append("<p>这是新的子元素。</p>");
```

HTML 代码片段更新如下：

```
<div id="test">
<div>这是第一个子元素。</div>
<div>这是第二个子元素。</div>
<p>这是新的子元素。</p>
</div>
```

上述 jQuery 代码相当于下面这段 JavaScript 代码：

```
//创建一个新的段落元素<p>
var p = document.createElement("p");
//为该段落元素添加文本内容
p.innerHTML = "这是新的子元素。";
//获取 id="test"的<div>元素
var div = document.getElementById("test");
//将新建的段落元素<p>添加到指定的 div 元素中去
div.appendChild(p);
```

由此可见，jQuery 大幅度化简了 JavaScript 中关于元素创建与添加的代码。如果换成使用 prepend()
方法追加元素，相关 jQuery 代码如下：

```
$("div#test").prepend("<p>这是新的子元素。</p>");
```

HTML 代码片段更新如下：

```
<div id="test">
<p>这是新的子元素。</p>
<div>这是第一个子元素。</div>
<div>这是第二个子元素。</div>
</div>
```

如果在 append()或 prepend()方法的参数位置使用选择器，可以将已存在的其他元素对象移动到
指定元素中，例如以下这种情况：

```
<h3>这是一个标题</h3>
<div id="test">
<p>这是一个段落</p>
</div>
```

对其使用$("div#test").append($("h3"))会将标题元素<h3>整个移动到<div>元素中。运行结果如下：

```
<div id="test">
    <h3>这是一个标题</h3>
```

```
    <p>这是一个段落</p>
</div>
```

（3）追加混合内容

如果有不同类型的内容（比如文本和 HTML 元素）需要同时添加，可以在参数位置添加若干个变量，其间用逗号隔开即可。例如下面这段代码将分别创建新的段落元素、标题元素和一段文本内容，并按照先后顺序添加到 id="test"的<div>元素内部的结尾处。

```
//使用 HTML 代码创建段落元素
var p = "<p>段落元素</p>";
//使用 JavaScript 代码创建标题元素
var h1= document.createElement("h1");
h1.innerHTML = "标题元素";
//创建文本内容
var text = "纯文本内容";
//依次追加到 id="test"的<div>元素中
$("div#test").append(p, [h1, text]);
```

2. 外部插入

jQuery after()方法分别用于在选定元素之后加入新的内容。

after()方法的语法格式如下：

📖 语法
```
after(content [,content])
```

其中 content 参数的类型可以是文本、数组、HTML 代码或元素标签。jQuery before()与 after()方法的参数完全相同，只不过追加位置从指定元素之后变更为元素之前。before()方法的语法格式如下：

📖 语法
```
before(content [,content])
```

（1）追加文本

使用 after()或 before()方法添加文本内容允许带有格式化标签。例如下面这段 HTML 代码：

```
<p id="test">这是测试用的段落元素</p>
```

对其使用 jQuery after()方法在该元素后面追加文本内容。相关 jQuery 代码如下：

```
$("p#test").append("这段文本带有<i>格式化</i>标签。");
```

HTML 代码片段更新如下：

```
<p id="test">这是测试用的段落元素</p>
```

这段文本带有<i>格式化</i>标签。如果换成使用 before()方法追加文本内容，则相关 jQuery 代码如下：

```
$("div#test").before("这段文本带有<i>格式化</i>标签。");
```

HTML 代码片段更新如下：

```
这段文本带有<i>格式化</i>标签。
<p id="test">这是测试用的段落元素</p>
```

（2）追加元素

使用 after()或 before()方法添加新元素可以直接在参数位置填入相关 HTML 代码。以 after()为例，添加一个新的段落元素<p>的方法如下：

```
after("<p>这是一个段落元素。</p>")
```

例如以下情况：

```
<div id="test">这是一个测试元素。</div>
```

分别使用 after()和 before()查看效果。使用 jQuery after()方法选定 id="test"的<div>元素，并在其后面追加段落元素。相关 jQuery 代码如下：

```
$("div#test").after("<p>这是一个段落元素。</p>");
```

HTML 代码片段更新如下：

```
<div id="test">这是一个测试元素。</div>
<p>这是一个段落元素。</p>
```

如果换成使用 before()方法追加元素，则相关 jQuery 代码如下：

```
$("div#test").before("<p>这是一个段落元素。</p>");
```

HTML 代码片段更新如下：

```
<p>这是一个段落元素。</p>
<div id="test">这是一个测试元素。</div>
```

如果在 after()或 before()方法的参数位置使用选择器，可以将已存在的其他元素对象移动到指定位置。例如以下这种情况：

```
<h3>这是一个标题</h3>
<div>
<p id="test">这是一个段落</p>
</div>
```

对其使用$("p#test").after($("h3"))会将标题元素<h3>整个移动到<p>元素后面。运行结果如下：

```
<div id="test">
  <p>这是一个段落</p>
  <h3>这是一个标题</h3>
</div>
```

（3）追加混合内容

如果有不同类型的内容（比如文本和 HTML 元素）需要同时添加，可以在参数位置添加若干个变量，其间用逗号隔开即可。例如这段代码将分别创建新的段落元素、标题元素和一段文本内容，并按照先后顺序添加到 id="test"的<div>元素内部的结尾处。

```
var p = "<p>段落元素</p>";              //使用 HTML 代码创建段落元素
var h1= document.createElement("h1");    //使用 JavaScript 代码创建标题元素
h1.innerHTML = "标题元素";
var text = "纯文本内容";                  //创建文本内容
$("div#test").after(p, [h1, text]);      //依次追加到 id="test"的<div>元素中
```

下面将新创建的节点$newNode1、$newNode2 插入到修改后示例 8 的无序列表中，分别使用append()方法和 prepend()方法插入，代码如下：

```
var $newNode1 = $("<li>他们把防护服穿成了"记事本"</li>");
var $newNode2 = $("<li title='last'>我国口罩日产能产量双破亿背后的"硬核"支撑</li>");
$("ul").append($newNode1);
$("ul").prepend($newNode2);
```

在浏览器中打开页面，效果如图 10.17 所示，可以看到节点$newNode1 被追加到列表后面，而节点$newNode2 被插入到列表前面。

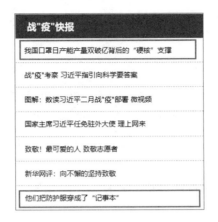

图 10.17 内部插入节点

以上演示内部插入节点的方法。下面在前面代码的基础上分别使用 after()方法和 before()方法将两个节点导入到如图 10.18 所示的页面中，代码如下所示。

```
var $newNode3 = $("<li>科学适度消毒很重要，这些你做对了吗？</li>");
var $newNode4 = $("<li>全国疾控系统驰援湖北检测队 完成检测总量破十万</li>");
$("ul").after($newNode3);
$("ul").before($newNode4);
```

在浏览器中打开页面，效果如图 10.18 所示，可以看到节点$newNode3 被插入到列表外面且在列表后面，而节点$newNode4 被插入到列表外面且在列表前面。

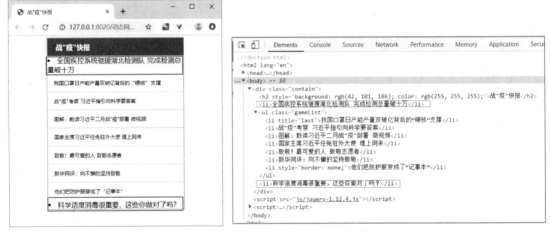

图 10.18 外面插入节点

通过以上的演示，相信大家已经掌握如何在页面中插入节点了，限于篇幅其他几个方法就不再详细讲解了。

10.4.4 技能训练1

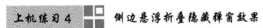 **上机练习4** 侧边悬浮折叠隐藏弹窗效果

需求说明

在服务类网站上，一般在网站的左侧或者右侧会显示客服的电话，方便有意向的浏览者联系客服询问情况。本案例将实现侧边悬浮折叠隐藏弹窗效果，如图 10.19 和 10.20 所示。

图 10.19　默认折叠状态

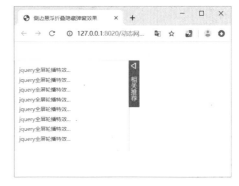

图 10.20　点击展开状态

实现思路及关键代码

➢　设置\<div\>大盒子，里边放置左侧展开内容和右侧可点击图片。

➢　左侧内容用 ul、li、a 来搭建结构。

➢　右侧点击区域使用 a 标签来搭建结构。

➢　在\<script\>中添加点击事件，设置动画。

上机练习 5　单行文字滚动

需求说明

在新闻类网站上，为了节省页面区域，一般在网站中会显示单行新闻的自动滚动，告知人们新闻消息内容。本案例将实现单行文字的滚动效果。效果如图 10.21 所示，矩形框中文本内容自动变换。

图 10.21　单行文字滚动

10.4.5　删除节点

在操作 DOM 时，删除多余或指定的页面元素是非常必要的。好比小明在别人微博上刚写了一条回复，又感觉措辞不够妥当，必须删除一样，删除也是 DOM 操作中必不可少的操作之一。jQuery 提供了 remove()、detach()和 empty()三种删除节点的方法，其中，detach()的使用频率不太高，了解即可。

下面首先介绍 remove()方法，该方法用于删除匹配元素，删除的内容包括匹配元素包含的文本和子节点，其语法格式如下：

语法

```
$(selector).remove([expr])
```

参数 expr 为可选项，如果接收参数，则该参数为筛选元素的 jQuery 表达式，通过该表达式获取指定元素，并进行删除。其中 selector 可以是任意有效的 jQuery 选择器。例如，删除页面上所有段落元素\<p\>的写法如下：

```
$("p").remove();
```

jQuery remove()方法也可以在括号中填入一个参数，用于筛选出特定的元素进行删除。该参数可以是任何 jQuery 选择器的语法。例如，删除所有 class="style01"的段落元素\<p\>的写法如下：

```
$("p").remove(".style01");
```

在示例 8 的基础上删除第 2 条新闻，jQuery 代码如下：

```
$(".gameList li:eq(1)").remove();
```

在浏览器中打开页面，效果如图 10.22 所示，第 2 条新闻所在的节点被删除。

📌 **注意**

remove()方法与 detach()方法都能将匹配的元素从 DOM 文档中删除。两者的相同之处是都能将匹配的元素从 DOM 中删除，而且删除后该元素在 jQuery 对象中仍然存在。例如，下面的代码执行后，虽然 id 为 "name" 的元素在页面中不存在了，但是$name 对象中仍然包含这个元素。

```
var $name = $("#name").remove();
```

两者不同的地方在于 detach()可以在删除元素后，在 jQuery 对象中保留元素的绑定事件、附加的数据。例如，上述代码中，如果在删除前，id 为 "name" 的元素已经绑定了 click 事件，在删除后，$name 包含的元素仍然绑定着该事件。而 remove()方法没有这种作用。

除了能够使用 remove()方法删除 DOM 中的节点外，还可以使用 empty()方法。严格意义上而言，empty()方法并不是删除节点，而是清空节点，它能清空元素中的所有后代节点。其语法格式如下：

📋 **语法**

```
$ (selector).empty()
```

该方法仅用于清空元素内部的内容，但保留元素本身的结构。例如下面这种情况：

```
<h1>这是标题</h1>
<p>这是段落</p>
```

使用$("h1").empty()方法清空标题元素<h1>，运行结果如下：

```
<h1> </h1>
<p>这是段落</p>
```

由此可见，指定元素的首尾标签仍保留在页面结构中。

依旧在示例 8 的基础上清空第 2 条新闻，jQuery 代码如下：

```
$(".gameList li:eq(1)").empty();
```

在浏览器中打开页面，效果如图 10.23 所示，第 2 条新闻内容被删除，但是<li>节点仍然存在。

图 10.22　remove()方法删除节点 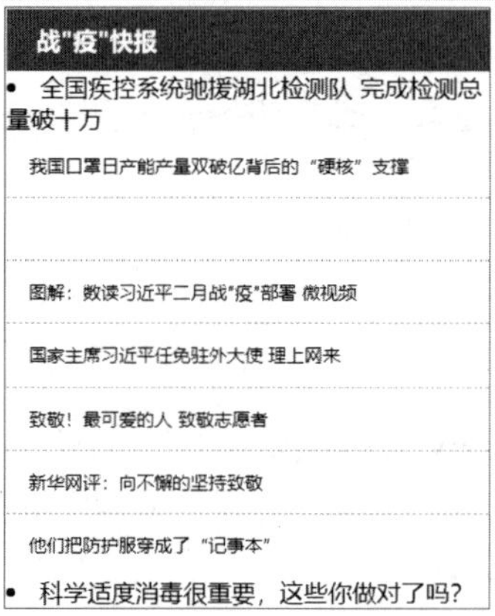　　　　图 10.23　empty()方法删除内容

对比如图 10.22 和图 10.23 所示的效果不难发现，remove()方法与 empty()方法的区别就在于前者删除了整个节点，而后者仅删除了节点中的内容。

10.4.6　替换节点

在 jQuery 中，如果需要替换某个节点，可以使用 replaceWith()方法和 replaceAll()方法。replaceWith()方法的作用是将所有匹配的元素都替换成指定的 HTML 或者 DOM 元素。例如，在战"疫"快报初始页面的基础上，把第 3 条新闻替换成"他们把防护服穿成了"记事本""，jQuery 代码如示例 9 所示。

【示例 9】　战"疫"快报替换节点

```
var $newNode1 = $("<li>他们把防护服穿成了"记事本"</li>");
$(".gameList li:eq(2)").replaceWith($newNode1);
```

在浏览器中打开页面，效果如图 10.24 所示，第 3 行列表内容被成功替换。

要实现如图 10.24 所示的效果，也可以使用方法 replaceAll()来实现，该方法与 replaceWith()方法的作用相同，与 append()方法和 appendTo()方法类似，它只是颠倒了 replaceWith()方法操作，使用 replaceWith()方法的代码如下所示：

```
$($newNode1).replaceAll(".gameList li:eq(2)");
```

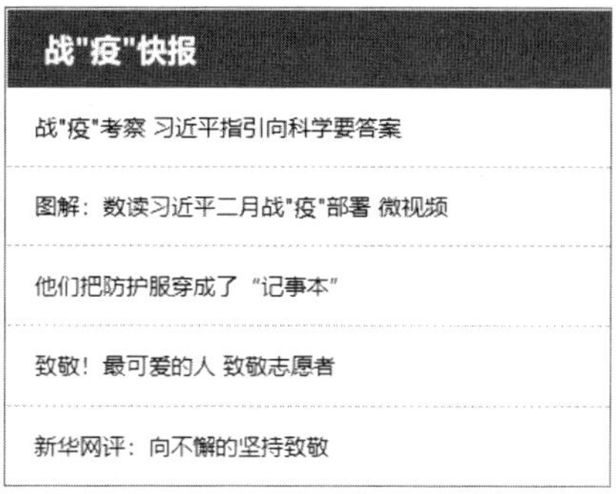

图 10.24　替换节点内容

10.4.7　复制节点

在 jQuery 中，若要对节点进行复制，则可以使用 clone()方法。该方法能够生成被选元素的副本，包含子节点、文本和属性。其语法格式如下：

语法

```
$ (selector) .clone([includeEvents])
```

其中参数 includeEvents 为可选值，为布尔值 true 或 false，规定是否复制元素的所有事件处理，为 true 时复制事件处理，为 false 时反之。

在战"疫"快报初始页面的基础上，实现节点的复制，得到如图 10.25 所示的效果，代码如示例 10 所示。

【示例 10】　战"疫"快报复制节点

```
$(".gameList li:eq(1)").click(function(){
    $(this).clone(true).appendTo(".gameList");
})
$(".gameList li:eq(2)").click(function(){
    $(this).clone(false).appendTo(".gameList");
})
```

从代码中可以看到，列表中第 2 行、第 3 行均绑定了点击事件，点击第 2 行实现 true 复制，点击第 3 行实现 false 复制。

在浏览器中运行示例 10，分别点击第 2、3 行，复制内容添加至页面第 6、7 行，如图 10.25 中①②箭头指向的两行内容，点击第 6 行将复制内容显示在第 8 行，如图 10.25 中③箭头指向的内容，这说明布尔值为 true 时在复制内容的同时，也复制了它的事件；同样点击第 7 行，结果页面无任何变化，这说明布尔值为 false 时仅复制内容。

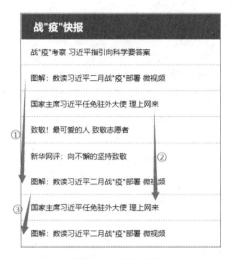

图 10.25　复制节点

10.4.8　技能训练 2

上机练习 6　　左移与右移

需求说明

➢　编写如图 10.26 所示的网页，设置 CSS 完成左移右移的结构和样式设置。

➢　通过层级选择器和表单选择器获取选中的操作项。

➢　通过 append()方法将匹配到的内容追加到指定元素的尾部。

图 10.26　左移与右移

10.5　属性操作

　　jQuery 不仅提供了元素节点的操作方法，还提供了属性节点的操作方法。在 jQuery 中，属性操作的方法有两种，即获取与设置元素属性的 attr()方法和删除元素属性的 removeAttr()方法，这两种方法在日常开发中使用得非常频繁。下面详细介绍 attr()和 removeAttr()的使用方法。

10.5.1　获取元素属性值

　　获取选定元素标签之间文本内容的方法如下：

语法

```
$ (selector).attr([name])    //获取属性值
```

或者：

```
$(selector).attr({[name1:value1], [name2 : value2]... [nameN: valueN] }) //设置多个属性值
```

其参数 name 表示属性名称，value 表示属性值。该方法只能获取符合条件的第一个元素的值。例如以下这种情况：

```
<img src="image/flower.jpg" />
<img src="image/balloon.jpg" />
```

如果使用$("img").attr("src")只能获取第一个<img>元素的 src 属性值，即 image/flower.jpg。

10.5.2　设置元素属性值

设置选定元素标签之间文本内容的方法如下：

```
$(selector).attr(attributeName, value)
```

该方法可以将所有符合条件的元素属性值全部设置。例如：

```
$("a").attr("href","http://www.test.com")
```

上述代码会将所有超链接元素<a>的 href 属性更改为 http://www.test.com。

下面在战"疫"快报初始页面的基础上，在<h2>元素之前新建节点，HTML 代码如示例 11 所示。

【**示例 11**】　**战"疫"快报操作元素属性**

```
<div class="contain">
    <div><img src="images/winter.jpg" alt="战疫快报" width="100%"></div>
    <h2>战"疫"快报</h2>
    <ul class="gameList">
        <li>战"疫"考察 习近平指引向科学要答案</li>
        <li>图解：数读习近平二月战"疫"部署 微视频</li>
        <li>国家主席习近平任免驻外大使 理上网来</li>
        <li>致敬！最可爱的人 致敬志愿者</li>
        <li>新华网评：向不懈的坚持致敬</li>
    </ul>
</div>
```

在浏览器中查看页面效果，如图 10.27 所示。现在实现点击图片获取图片和 alt 属性的值，以提示框的方式输出，如图 10.28 所示，jQuery 代码如下所示。

图 10.27　插入节点

图 10.28　获取属性值

```
$(".contain img").click(function() {
    alert($(this).attr("alt"));
});
```

使用 attr()方法设置图片的宽度和高度的属性值，jQuery 代码如下：

```
$(".contain img").attr({width:"200",height:"80"});
```

把图片的宽度和高度分别设为 200 和 80，在浏览器中打开页面，页面效果如图 10.29 所示，以看到图片被压缩。

图 10.29 使用 attr()方法设置属性值

📬**注意**

  在 jQuery 中，很多方法都是用同一个方法实现获取与设置两种功能的，即一个方法实现两种用途，无参数时为获取元素，带参数时为设置元素的文本、属性值等，如 attr()方法、html()方法、val()方法等。

10.5.3 删除元素属性

  在 jQuery 中，与元素节点操作相同，对于属性而言也有删除属性的方法。如果想删除某个元素中特定的属性，则可以使用 removeAttr()方法，它的用法与 attr()方法获取属性值的方法非常相似，其语法格式如下：

📋**语法**

```
$(selector).removeAttr(name)
```

其中，参数为元素属性的名称。例如下面这种情况：

```
<p id="test">这是段落</p>
```

使用$("p").removeAttr("id")方法可以清除段落元素的 id 属性，运行结果如下：

```
<p>这是段落</p>
```

下面在示例 11 的基础上，删除图片的 alt 属性，其 jQuery 代码如下：

```
$(".contain img").removeAttr("alt");
```

在浏览器中打开页面，页面效果如图 10.30 所示，可以看到<li>中已无 alt 属性。

图 10.30 用 removeAttr()方法删除属性后的效果

10.5.4　技能训练

上机练习 7　制作帮助中心页面

需求说明

➤ 制作如图 10.31 所示的帮助中心页面。

➤ 左导航：当前二级菜单项展开时，其余导航项关闭，如图 10.32 所示。

➤ 帮助中心：文本框获得焦点时，默认文字消失，失去焦点时，再次显示文字。

➤ 购物流程：鼠标指针移过时，当前项高亮显示，鼠标指针移至父元素或祖先元素时，依旧高亮，只有当鼠标指针移至其同辈元素时，同辈元素高亮，而去掉该元素高亮样式，如图 10.33 所示。

➤ 右下角问题解决：当选中单选按钮"未解决"时，出现如图 10.34 所示的内容。

图 10.31　帮助中心页面

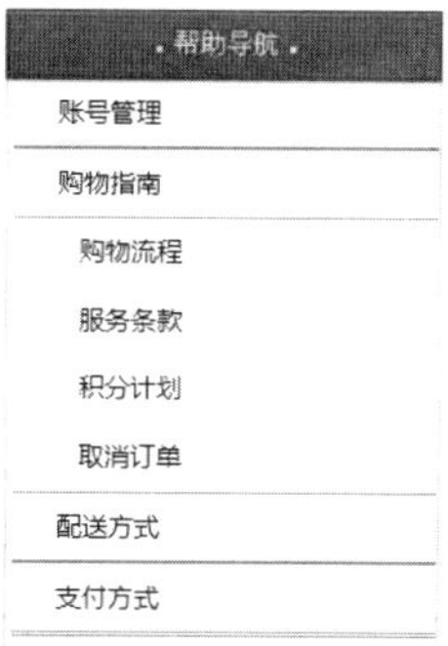

图 10.32　左导航效果

图 10.33　购物流程效果

图 10.34　选中"未解决"单选按钮效果

10.6 jQuery遍历

在 jQuery 中，不仅能够对获取到的元素进行操作，还能通过已获取到的元素，选取与其相邻的兄弟元素、祖先元素等进行操作。

在 jQuery 中，主要提供了遍历子元素、遍历同辈元素、遍历前辈元素和一些特别的遍历方法，即 children()、next()、prev()、siblings()、parent()和 parents()等。下面就分别来介绍各个方法的用法。使用遍历节点的方式，能使代码更为简洁，操作更加方便，它们也是 jQuery 中 DOM 操作的核心内容之一。

10.6.1 HTML家族树简介

同一个 HTML 页面上的所有元素按照层次关系可以形成树状结构，这种结构称为家族树（Family Tree）。最常见的遍历方式统称为树状遍历（Tree Traversal）。根据移动的层次方向可以分为向下移动（后代遍历）、水平移动（同胞遍历）和向上移动（祖先遍历）。其中后代遍历指的是遍历元素的子、孙、曾孙元素等；同胞遍历指的是遍历具有同一个父元素的其他元素；祖先遍历指的是遍历元素的父、祖父、曾祖父元素等。

例如以下这段 HTML 代码，其 HTML 结构如图 10.35 所示。

```
<div>
    <ul>
        <li>item01</li>
        <li>item02</li>
    </ul>
    <p>
    这是一个<span>段落元素</span>
    </p>
</div>
```

图 10.35 中元素关系解释如下：

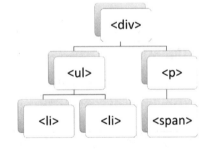

图 10.35 HTML 家族树结果

➤ <div>元素：是无序列表元素<ul>和段落元素<p>的父元素，同时也是其他所有元素的祖先元素。

➤ <ul>元素：是两个列表选项元素<li>的父元素，也是<div>的子元素。与段落元素<p>互为同辈元素。

➤ <p>元素：是<span>元素的父元素，也是<div>的子元素。与无序列表元素<ul>互为同辈元素。

➤ <li>元素：是<ul>元素的子元素，同时也是<div>元素的后代。两个<li>元素互为同辈元素。

➤ <span>元素：是<p>元素的子元素，同时也是<div>元素的后代。该元素没有同辈元素。

10.6.2 jQuery后代遍历

jQuery 后代遍历指的是以指定元素为出发点，遍历该元素内部包含的子、孙、曾孙等后代元素，直到全部查找完毕。

常用的方法有下列 2 种。

➤ children()：查找元素的直接子元素。

➤ find()：查找元素的全部后代，直到查找到最后一层元素。

1. jQuery children()

在 jQuery 中，遍历子元素的方法只有一个，即 children()方法。如果想获取某元素的子元素，并对其进行操作，可以使用 jQuery 中提供的 children()方法。该方法可以用来获取元素的所有子元素，而不考虑其他后代元素。jQuery children()方法只能查找指定元素的第一层子元素，其语法格式如下：

📰 **语法**

```
$(selector).children([expr])
```

其参数 expr 为可选，用于过滤子元素的表达式。其中 selector 参数为可选内容，可以是任意 jQuery 选择器，用于进一步筛选需要匹配的子元素。如果不填写任何参数，则表示查找所有的子元素。例如：

```
$("p").children()
```

上述代码表示查找 HTML 页面上所有段落元素<p>的子元素。如果加上参数，可以进一步匹配子元素。例如：

```
$("p").children(".style01")
```

上述代码表示在 HTML 页面上所有段落元素<p>中查找 class="style01"的子元素。

🔄 **【示例 12】** *jQuery 后代遍历 children()方法的应用*

```html
<!DOCTYPE html>
<html>
    <head>
        <meta charset="utf-8">
        <title>jQuery 后代遍历 children()的应用</title>
        <script src="js/jquery-1.12.4.js"></script>
        <style>
            div { width: 300px; }
            span { display: block; }
            ul { list-style: none; }
            div,ul,p,li,span {border: 1px solid gray;padding: 10px;
                margin: 10px;background-color: white;}
        </style>
    </head>
    <body>
        曾祖父 body
        <div>
            祖父元素 div
            <ul>
                父元素 ul
                <li>元素 li</li>
                <li>元素 li</li>
            </ul>
            <p>
                父元素 p
                <span>元素 span</span>
            </p>
        </div>
        <script>
            $(document).ready(function() {
                $("div").children().css({
                    border: "1px solid red",
                    backgroundColor: "pink"
                });
            });
        </script>
    </body>
</html>
```

示例 12 在浏览器中的运行效果如图 10.36 所示。

2. jQuery find()

jQuery find()方法可用于查找指定元素的所有后代元素，其语法结构如下：

语法

```
$(selector).find(selector)
```

其中 selector 参数可以是任意 jQuery 选择器，用于进一步筛选需要匹配的子元素。例如：

```
$("p").find("span").css("border","1px solid red");
```

上述代码表示在段落元素<p>中找到所有的<span>元素，并为其设置 1 像素宽的红色实线边框。

selector 参数位置也可以填入元素对象。例如上述代码可以改写为以下内容：

```
var spans = $("span");
$("p").find(spans).css("border","1px solid red");
```

修改后的代码运行效果完全相同。

【示例 13】 jQuery 后代遍历 find()方法的应用

```html
<!DOCTYPE html>
<html>
    <head>
        <meta charset="utf-8">
        <title>jQuery 后代遍历 find()的应用</title>
        <script src="js/jquery-1.12.4.js"></script>
        <style>
        div{ width:300px; }
        span{ display:block; }
        ul{ list-style:none; }
        div,ul,p,li,span{ border:1px solid gray; padding:10px;
            margin:10px; background-color:white; }
        </style>
    </head>
    <body>
        曾祖父 body
        <div>
            祖父元素 div
            <ul>
                父元素 ul
                <li>元素 li</li>
                <li>元素 li</li>
            </ul>
            <p>
                父元素 p
                <span>元素 span</span>
            </p>
        </div>
        <script>
            $(document).ready(function() {
                $("div").find("*").css({border:"1px solid red",backgroundColor:"pink"});
            });
        </script>
    </body>
</html>
```

示例 13 在浏览器中的运行效果如图 10.37 所示。

图 10.36 示例 12 运行效果

图 10.37 示例 13 运行效果

10.6.3 jQuery同辈遍历

jQuery 同辈遍历指的是以指定元素为出发点，遍历与该元素具有相同父元素的同辈元素，直到全部查找完毕。

常用的方法有：

➢ siblings()：查找指定元素的所有同辈元素。

➢ next()：查找指定元素的下一个同辈元素。

➢ nextAll()：查找指定元素后面的所有同辈元素。

➢ nextUntil()：查找指定元素后面指定范围内的所有同辈元素。

➢ prev()：查找指定元素的前一个同辈元素。

➢ prevAll()：查找指定元素前面的所有同辈元素。

➢ prevUntil()：查找指定元素前面指定范围内的所有同辈元素。

1. jQuery siblings()

用 jQuery siblings()方法可以查找指定元素的其他所有同辈元素，其语法结构如下：

📋 **语法**

```
$(selector).siblings([selector])
```

其中 selector 参数为可选内容，可以是任意 jQuery 选择器，用于进一步筛选需要匹配的同辈元素。如果不填写任何参数，则表示查找所有的子元素。例如：

```
$("p").siblings()
```

上述代码表示查找段落元素<p>的所有同辈元素。

如果加上参数，可以进一步匹配子元素。例如：

```
$("p").siblings(".style01")
```

上述代码表示查找所有与段落元素<p>相同的父元素，并且满足 class="style01"的元素。

🎯 **【示例 14】** jQuery 同胞遍历 siblings()方法的应用

```
<!DOCTYPE html>
<html>
    <head>
        <meta charset="utf-8">
```

```
            <title>jQuery 同胞遍历 siblings()的应用</title>
            <script src="js/jquery-1.12.4.js"></script>
            <style>
                div{ width:300px; }
                span{ display:block; }
                ul{ list-style:none; }
                div,ul,p,li,span{ border:1px solid gray; padding:10px;margin:10px;
background-color:white;}
            </style>
        </head>
        <body>
            曾祖父 body
            <div>
                祖父元素 div
                <ul>
                    父元素 ul
                    <li>元素 li</li>
                     <li>元素 li</li>
                </ul>
                <p>
                    父元素 p
                    <span>元素 span</span>
                </p>
            </div>
            <script>
                $(document).ready(function() {
                    $("p").siblings().css({border:"1px solid red",backgroundColor:"pink"});
                });
            </script>
        </body>
    </html>
```

示例 14 在浏览器中的运行效果如图 10.38 所示。

2. jQuery next()、nextAll()和nextUntil()

（1）jQuery next()

用 jQuery next()方法可以查找指定元素的下一个同辈元素，其语法结构如下：

图 10.38　示例 14 运行效果

📘 **语法**

```
$(selector).next([selector])
```

其中 selector 参数为可选内容，可以是任意 jQuery 选择器，用于进一步筛选需要匹配的同辈元素。

如果不填写任何参数，则表示查找指定元素的下一个同辈元素。例如：

```
$("p").next()
```

上述代码表示查找段落元素<p>的下一个同辈元素。如果加上参数，可以进一步匹配同辈元素。例如：

```
$("p").next(".style01")
```

上述代码表示查找段落元素<p>的下一个同辈元素，并且该元素必须带有 class="style01"属性，否则认为没有找到匹配元素。

（2）jQuery nextAll()

用 jQuery nextAll()方法可以查找指定元素后面的全部同辈元素，其语法结构如下：

📖 **语法**

```
$(selector).nextAll([selector])
```

其中 selector 参数为可选内容，可以是任意 jQuery 选择器，用于进一步筛选需要匹配的同辈元素。如果不填写任何参数，则表示查找指定元素后面的所有同辈元素。例如：

```
$("p").nextAll()
```

上述代码表示查找段落元素<p>后面所有的同辈元素。如果加上参数，可以进一步匹配子元素。例如：

```
$("p").nextAll(".style01")
```

上述代码表示查找 class="style01"的段落元素<p>后面的所有同辈元素。

（3）jQuery nextUntil()

用 jQuery nextUntil()方法可以查找从指定元素开始，往后水平遍历直到指定元素结束的所有同辈元素，不包括作为结束标识的元素本身。其语法结构如下：

📖 **语法**

```
$(selector).nextUntil([selector] [,filter])
```

其中 selector 和 filter 参数均为可选内容，可填入有效的 jQuery 选择器。参数 selector 表示水平遍历同辈元素时的结束位置，参数 filter 表示进一步筛选指定范围内的同辈元素。例如以下这种情况：

```
<div>
<p id="test1">第一个子元素</p>
<p id="test2">第二个子元素</p>
<p id="test3">第三个子元素</p>
<span>第四个子元素</span>
</div>
```

使用 nextUntil()方法如下：

```
$("p#test1").nextUntil("span")
```

上述语句表示从 id="test1"的段落元素<p>后面开始查找其同辈元素，直到<span>元素为止，不包括结尾的<span>元素本身。查找结果为：

```
<p id="test2">第二个子元素</p>
<p id="test3">第三个子元素</p>
```

如果加上 filter 参数，可以进一步筛选指定范围内的同辈元素。例如：

```
$("p#test1").nextUntil("span", "#test3")
```

上述语句表示进一步筛选 id="test3"的元素。查找结果为：

```
<p id="test3">第三个子元素</p>
```

🔰 **【示例 15】** jQuery 同胞遍历 next()、nextAll()、nextUntil()方法的应用

```
<!DOCTYPE html>
<html>
    <head>
        <meta charset="utf-8">
        <title>jQuery 同胞遍历 next()、nextAll()、nextUntil()的应用</title>
        <script src="js/jquery-1.12.4.js"></script>
        <style>
        div{ width:300px; }
        ul{ list-style:none; }
        div,ul,li{ border:1px solid gray; padding:10px; margin:10px; background-
color:white; }
```

```
            .mark{ border: 1px solid red; background-color:pink; }
        </style>
    </head>
    <body>
        <h3>jQuery 同胞遍历 next()、nextAll()、nextUntil() 的应用</h3>
        <hr>
        <div>
            祖父元素 div
            <ul>
                父元素 ul
                <li class="style01">元素 li</li>
                <li>元素 li</li>
                <li>元素 li</li>
                <li class="style01">元素 li</li>
                <li>元素 li</li>
            </ul>
        </div>
        <button id="btn01">$("li:eq(0)").next()</button>
        <button id="btn02">$("li:eq(0)").nextAll()</button>
        <button id="btn03">$("li:eq(0)").nextUntil("li:eq(3)")</button>
        <script>
            $(document).ready(function() {
                //按钮 1 的点击事件：标记第一个 li 元素的下一个同辈元素
                $("#btn01").click(function() {
                    $("li:eq(0)").nextAll().removeClass("mark");
                    $("li:eq(0)").next().addClass("mark");
                });
                //按钮 2 的点击事件：标记第一个 li 元素的后面所有同辈元素
                $("#btn02").click(function() {
                    $("li:eq(0)").nextAll().addClass("mark");
                });
                //按钮 3 的点击事件：标记第一个 li 元素之后、第四个 li 元素之前的所有同辈元素
                $("#btn03").click(function() {
                    $("li:eq(0)").nextAll().removeClass("mark");
                    $("li:eq(0)").nextUntil("li:eq(3)").addClass("mark");
                });
            });
        </script>
    </body>
</html>
```

示例 15 在浏览器中的运行效果如图 10.39 所示。

（a）初识页面加载状态

（b）使用 next() 方法选择指定元素的下一个同辈元素

图 10.39　示例 15 运行效果

（c）使用 nextAll()方法选择指定元素后面所有的同辈元素　（d）使用 nextUntil()方法选择指定元素后面规定范围内的同辈元素

图 10.39　示例 15 运行效果（续）

3. jQuery prev()、prevAll()和 prevUntil()

（1）jQuery prev()

用 jQuery prev()方法可以查找指定元素的前一个同辈元素，其语法结构如下：

语法

```
$(selector).prev([selector])
```

其中 selector 参数为可选内容，可以是任意 jQuery 选择器，用于进一步筛选需要匹配的同辈元素。如果不填写任何参数，则表示查找指定元素的前一个同辈元素。例如：

```
$("li").prev()
```

上述代码表示查找列表选项元素<li>的前一个同辈元素。如果加上参数，可以进一步匹配同辈元素。例如：

```
$("li").prev(".style01")
```

上述代码表示查找列表选项元素<li>的前一个同辈元素，并且该元素必须带有 class="style01"属性，否则认为没有找到匹配元素。

（2）jQuery prevAll()

用 jQuery prevAll()方法可以查找指定元素前面的全部同辈元素，其语法结构如下：

语法

```
$(selector).prevAll([selector])
```

其中 selector 参数为可选内容，可以是任意 jQuery 选择器，用于进一步筛选需要匹配的同辈元素。如果不填写任何参数，则表示查找指定元素前面的所有同辈元素。例如：

```
$("div#test").prevAll()
```

上述代码表示查找 id="test"的<div>元素前面所有的同辈元素。如果加上参数，可以进一步匹配同辈元素。例如：

```
$("div#test").prevAll(".style01")
```

上述代码表示查找 class="style01"并且处于 id="test"的<div>元素前面的所有同辈元素。

（3）jQuery prevUntil()

用 jQuery prevUntil()方法可以查找从指定元素开始，往前水平遍历直到指定元素结束的所有同辈元素，不包括作为结束标识的元素本身。其语法结构如下：

📋 **语法**

```
$(selector).prevUntil([selector] [,filter])
```

其中 selector 和 filter 参数均为可选内容，可填入有效的 jQuery 选择器。参数 selector 表示水平遍历同辈元素时的结束位置，参数 filter 表示进一步筛选指定范围内的同辈元素。例如以下这种情况：

```
<div>
<p id="test1">第一个子元素</p>
<p id="test2">第二个子元素</p>
<p id="test3">第三个子元素</p>
<span>第四个子元素</span>
</div>
```

使用 prevUntil()方法如下：

```
$("span").prevUntil("p#test1")
```

上述语句表示从<span>元素开始向前查找其同辈元素，直到 id="test1"的段落元素<p>为止，不包括 id="test1"的段落元素<p>本身。查找结果为：

```
<p id="test2">第二个子元素</p>
<p id="test3">第三个子元素</p>
```

如果加上 filter 参数，可以进一步筛选指定范围内的同辈元素。例如：

```
$("span").prevUntil("p#test1", "#test2")
```

上述语句则表示在上述结果中进一步筛选 id="test2"的元素。查找结果为：

```
<p id="test2">第二个子元素</p>
```

🔵 **【示例 16】** jQuery 同胞遍历 prev()、prevAll()、prevUntil()方法的应用

```html
<!DOCTYPE html>
<html>
    <head>
        <meta charset="utf-8">
        <title>jQuery 同胞遍历 prev()、prevAll()、prevUntil()的应用</title>
        <script src="js/jquery-1.12.4.js"></script>
        <style>
        div{ width:300px; }
        ul{ list-style:none; }
        div,ul,li{ border:1px solid gray; padding:10px;
            margin:10px; background-color:white; }
        .mark{ border: 1px solid red; background-color:pink;}
        </style>
    </head>
    <body>
        <h3>jQuery 同胞遍历 prev()、prevAll()、prevUntil()的应用</h3>
        <hr>
        <div>
            祖父元素 div
            <ul>
                父元素 ul
                <li>元素 li</li>
                <li>元素 li</li>
                <li>元素 li</li>
                <li>元素 li</li>
                <li>元素 li</li>
            </ul>
        </div>
        <button id="btn01">$("li:last").prev()</button>
        <button id="btn02">$("li:last").prevAll()</button>
```

```
            <button id="btn03">$("li:last").prevUntil("li:eq(1)")</button>
        <script>
            $(document).ready(function() {
                //按钮1的点击事件：标记最后一个 li 元素的前一个同辈元素
                $("#btn01").click(function() {
                    $("li:last").prevAll().removeClass("mark");
                    $("li:last").prev().addClass("mark");
                });
                //按钮2的点击事件：标记最后一个 li 元素的前面所有同辈元素
                $("#btn02").click(function() {
                    $("li:last").prevAll().addClass("mark");
                });
                //按钮3的点击事件：标记第二个 li 元素之后、最后一个 li 元素之前的所有同辈元素
                $("#btn03").click(function() {
                    $("li:last").prevAll().removeClass("mark");
                    $("li:last").prevUntil("li:eq(1)").addClass("mark");
                });
            });
        </script>
    </body>
</html>
```

示例 16 在浏览器中的运行效果如图 10.40 所示。

（a）页面初始加载状态

（b）使用 prev() 方法选择元素

（c）使用 prevAll() 方法选择元素

（d）使用 prevUntil () 方法选择元素

图 10.40　示例 16 运行效果

10.6.4 jQuery祖先遍历

jQuery 祖先遍历指的是以指定元素为出发点，遍历该元素的父、祖父、曾祖父元素等，直到全部查找完毕。

常用的方法有如下 3 种。

➢ parent()：查找指定元素的直接父元素。

➢ parents()：查找指定元素的所有祖先元素。

➢ parentsUntil()：查找指定元素向上指定范围的所有祖先元素。

1. jQuery parent()

用 jQuery parent()方法可以查找指定元素的直接父元素，其语法结构如下：

📋 **语法**

```
$(selector).parent([selector])
```

其中 selector 参数为可选内容，可以是任意 jQuery 选择器，用于进一步筛选需要匹配的同辈元素。如果不填写任何参数，则表示查找所有的子元素。例如：

```
$("p").parent()
```

上述代码表示查找所有段落元素<p>的直接父元素。如果加上参数，可以进一步匹配父元素。例如：

```
$("p").parent(".style01")
```

上述代码表示查找既是段落元素<p>的父元素，也满足 class="style01"的元素。

🔄 【**示例 17**】 jQuery 祖先遍历 parent()方法的应用

```
<!DOCTYPE html>
<html>
    <head>
        <meta charset="utf-8">
        <title>jQuery 祖先遍历 parent()的应用</title>
        <script src="js/jquery-1.12.4.js"></script>
        <style>
        div{ width:300px; }
        span{ display:block; }
        ul{ list-style:none; }
        div,ul,p,li,span{ border:1px solid gray; padding:10px;
            margin:10px; background-color:white; }
        </style>
    </head>
    <body>
        曾曾祖父 body
        <div>曾祖父元素 div
            <ul>祖父元素 ul
                <li>父元素 li
                    <span>元素 span</span>
                </li>
            </ul>
        </div>
        <script>
            $(document).ready(function() {
                    $("span").parent().css({
                        border:"1px solid red"
                        ,backgroundColor:"pink"});
            });
        </script>
    </body>
</html>
```

示例 17 在浏览器中的运行效果如图 10.41 所示。

图 10.41　示例 17 运行效果

2. jQuery parents()

用 jQuery parents() 方法可以查找指定元素的所有祖先元素，其语法结构如下：

语法

```
$(selector).parents([selector])
```

其中 selector 参数为可选内容，可以是任意 jQuery 选择器，用于进一步筛选需要匹配的祖先元素。如果不填写任何参数，则表示查找所有的祖先元素。例如：

```
$("p").parents()
```

上述代码表示查找段落元素<p>的所有祖先元素。

如果加上参数，可以进一步匹配祖先元素。例如：

```
$("p").parents(".style01")
```

上述代码表示在段落元素<p>全部祖先元素中查找满足 class="style01"的元素。

【示例 18】　jQuery 祖先遍历 parents()方法的应用

```html
<!DOCTYPE html>
<html>
    <head>
        <meta charset="utf-8">
        <title>jQuery 祖先遍历 parents()的应用</title>
        <script src="js/jquery-1.12.4.js"></script>
        <style>
        div{ width:300px; }
        span{ display:block; }
        ul{ list-style:none; }
        div,ul,p,li,span{ border:1px solid gray; padding:10px;
            margin:10px; background-color:white; }
        </style>
    </head>
    <body>
        曾祖父 body
        <div>
            祖父元素 div
            <ul>
                父元素 ul
                <li>元素 li</li>
                 <li>元素 li</li>
            </ul>
            <p>
                父元素 p
                <span>元素 span</span>
            </p>
        </div>
```

```
        <script>
            $(document).ready(function() {
                    $("li").parents().css({border:"1px solid red",
                                backgroundColor:"pink"});
            });
        </script>
    </body>
</html>
```

示例 18 在浏览器中的运行效果如图 10.42 所示。

图 10.42　示例 18 运行效果

3. jQuery parentsUntil()

用 jQuery parentsUntil()方法可以查找指定元素的其他所有同辈元素，其语法结构如下：

📖 **语法**

```
$(selector).parentsUntil([selector][,filter])
```

其中 selector 和 filter 参数均为可选内容，可填入有效的 jQuery 选择器。参数 selector 表示向上遍历祖先元素时的结束位置，参数 filter 表示进一步筛选指定范围内的祖先元素。例如：

```
$("p").parentsUntil()
```

上述代码表示查找段落元素<p>的所有同辈元素。

例如以下这种情况：

```
<div id="layer01">曾祖父元素 div
<div id="layer02">祖父元素 div
<ul>父元素 ul
<li>列表选项元素 li</li>
</ul>
</div>
</div>
```

使用 parentsUntil()方法如下：

```
$("li").parentsUntil("div")
```

上述语句表示从<li>元素开始向上追溯其祖先元素，直到<div>元素为止，不包括<div>元素本身。

查找结果为：

```
<div id="layer02">祖父元素 div
<ul>父元素 ul</ul>
</div>
```

如果加上 filter 参数，可以进一步筛选指定范围内的同辈元素。使用 parentsUntil()方法如下：

```
$("li").prevUntil("div#layer01","#layer02")
```

上述语句表示从<li>元素向上查找满足 id="layer02"的祖先元素，并且其查找范围不可超过 id="layer01"的<div>元素。

查找结果为：

```
<div id="layer02">祖父元素 div</div>
```

【示例 19】　jQuery 祖先遍历 parentsUntil()方法的应用

```
<!DOCTYPE html>
<html>
    <head>
        <meta charset="utf-8">
        <title>jQuery 祖先遍历 parentsUntil()的应用</title>
        <script src="js/jquery-1.12.4.js"></script>
        <style>
        div{ width:300px; }
        span{ display:block; }
        ul{ list-style:none; }
        div,ul,p,li,span{ border:1px solid gray;padding:10px;margin:10px;
background-color:white;}
        </style>
    </head>
    <body>
        曾祖父 body
        <div>
            祖父元素 div
            <ul>
                父元素 ul
                <li>元素 li</li>
                 <li>元素 li</li>
            </ul>
            <p>
                父元素 p
                <span>元素 span</span>
            </p>
        </div>
        <script>
            $(document).ready(function() {
                $("li").parentsUntil("body").css({border:"1px solid
red",backgroundColor:"pink"});
            });
        </script>
    </body>
</html>
```

示例 19 在浏览器中的运行效果如图 10.43 所示。

图 10.43　示例 19 运行效果

10.6.5 其他遍历方法

除了以上介绍的节点遍历方法，jQuery 中还有许多遍历的方法，如 each()、end()、find()、filter()、eq()、first()和 last()等。

1. each()方法

each()方法为每个匹配元素规定运行的函数，其语法如下所示。

语法
```
$(selector).each(function(index,element))
```

其中，参数 index 表示选择器的 index 位置，element 表示当前的元素，当返回值为 false 时可用于及早停止循环。

现在点击图片，使用 each()方法输出列表内容，jQuery 代码如下所示。

```
$(document).ready(function(){
    $("img").click(function(){
        $("li").each(function(){
            var str=$(this).text()+"<br>";
            $("section").append(str);
        })
    });
});
```

2. end()方法

end()方法用于结束当前链条中最近的筛选操作，并将匹配元素集还原为之前的状态，语法如下所示。

语法
```
.end();
```

在这里主要介绍 each()和 end()，其他的遍历方法不再详细讲解，有兴趣的读者可以参考 W3CSchool 进行学习。

本章总结

- ➢ DOM 的操作分为 DOM Core、HTML-DOM 和 CSS-DOM 三种操作类型。
- ➢ 使用 css()方法可以为元素添加样式，使用 addClass()方法可以为元素追加类样式，使用 removeClass()方法可以移除样式，使用 toggleClass()方法可以切换样式。
- ➢ 使用 html()方法可以获取或设置元素的 HTML 代码，使用 text()方法可获取或设置元素的文本内容，使用 val()方法可获取元素的 value 属性值。
- ➢ 对 DOM 元素节点的操作包括查找、创建、替换、复制和遍历等。
- ➢ 在 jQuery 中，提供了 append()等一系列方法插入节点，使用 remove()等方法可删除节点。
- ➢ 在 jQuery 中，使用 attr()方法可获取或设置元素属性，使用 removeAttr()方法可删除元素属性。
- ➢ 在 jQuery 中，遍历操作包括遍历子元素、遍历同辈元素和遍历前辈元素。
- ➢ 在 jQuery 中，提供了获取和设置元素高度、宽度、相对位置等 CSS-DOM 方法。
- ➢ 介绍了 HTML 家族树的概念，并以此为基础介绍了 jQuery 遍历的相关知识。
- ➢ jQuery 遍历这一行为主要指的是在 HTML 页面上沿着某个指定元素节点位置进行移动，直到查找到需要的 HTML 元素为止。

➢ 该技术主要用于准确地查找和定位指定的一个或多个元素。

➢ jQuery 遍历可以根据查找范围的不同划分为后代遍历、同胞遍历以及祖先遍历三种情况。

本章作业

一、选择题

1. 在 jQuery 中，能够操作 HTML 代码及其文本的方法是（　　　）。

　　A. attr()　　　　　　　　B. text()　　　　　　　　C. html()　　　　　　　　D. val()

2. （　　　）是遍历同辈节点的方法。（选择两项）

　　A. next()　　　　　　　　B. parent()　　　　　　　C. children()　　　　　　D. prev()

3. 在 jQuery 中，可用于获取和设置元素属性值的方法是（　　　）。

　　A. val()　　　　　　　　B. attr()　　　　　　　　C. removeAttr()　　　　　D. css()

4. 以下 jQuery 代码运行后，对应的 HTML 代码变为（　　　）。

```
HTML 代码:
<p>你好! </p>
jQuery 代码:
$("p").append("<b>快乐达人</b>");
```

　　A. <p>你好! </p><b>快乐达人</b>　　　　　　B. <p>你好! <b>快乐达人</b></p>

　　C. <b>快乐达人</b><p>你好! </p>　　　　　　D. <p><b>快乐达人</b>你好! </p>

5. 若需要对下列 HTML 代码片段 1 进行操作，得到代码片段 2，则应选用（　　　）jQuery 代码。（选择两项）

```
代码片段 1:
<p id="hello">欢迎登录! </p>
代码片段 2:
<p id="hello"><b>kisscat</b>欢迎登录! </p>
```

　　A. $("#hello").prepend("<b>kisscat</b>");　　　B. $("p").prepend("<b>kisscat</b>");

　　C. $("#hello").after("<b>kisscat</b>");　　　　D. $("p").after("<b>kisscat</b>");

6. 下面对$('div').find($("ul:contains('s')"))描述错误的是（　　　）。

　　A. find()方法用于搜索所有与指定表达式匹配的元素

　　B. 查找<div>元素下内容中含有 s 的<ul>元素对象

　　C. 功能作用等价于$("div>ul:contains('s')")

　　D. 以上说法都不正确

7. 下面选项中，可用来追加到指定元素的末尾的是（　　　）。

　　A. insertAfter()　　　　B. append()　　　　　　　C. appendTo()　　　　　D. after()

8. 下面关于 each()方法描述错误的是（　　　）。

　　A. 用于遍历选择器匹配到的所有元素

　　B. 参数可以是一个回调函数，每个匹配元素都会去执行这个函数

　　C. 第一个参数可以是待遍历的选择器

　　D. 以上说法都不正确

9. 在 jQuery 中想要找到所有元素的同辈元素，下面哪一个是可以实现的？（　　　）

　　A. eq(index)　　　　　　B. find(expr)　　　　　　C. siblings([expr])　　　D. next()

10. 如果想在被选元素之后插入 HTML 标记或已有的元素，可以用下面哪个实现？（　　　）

　　A. append(content)　　　B. appendTo(content)　　C. insertAfter(content)　　D. after(content)

二、综合题

1. jQuery 中有哪些 DOM 操作？

2. 简述 html()方法、text()方法和 val()方法的异同。

3. 简述 css()方法与 addClass()方法的异同。

4. 什么是 jQuery 后代遍历？其中 children()和 find()函数的作用分别是什么？

5. 什么是 jQuery 同胞遍历？其中 siblings()、next()以及 prev()函数的作用分别是什么？

6. 什么是 jQuery 祖先遍历？其中 parent()、parents()以及 parentsUntil()函数的作用分别是什么？

7. 制作如图 10.44 所示的游戏列表页面，游戏列表放置在一个边框颜色为#cccccc 的 1px 实线框中，该线框与浏览器四周间距为 10px，与其内容之间间距为 15px，标题文字大小为 14px，颜色为#0066ff，超链接颜色为#ff3300，光标指针移过时显示下划线；点击"删除"链接时，其对应的图片和名称等信息被删除，如图 10.45 所示；点击"新增游戏"按钮时，添加如图 10.46 所示的游戏信息。

图 10.44　游戏列表页面

图 10.45　删除中心列表信息

图 10.46　增加游戏

8. 制作如图 10.47 所示的"男生地带"页面，鼠标指针移过商品图片时，图片变为半透明显示，透明度为 0.6，鼠标指针移出时，恢复正常显示，即图片透明度变为 1。

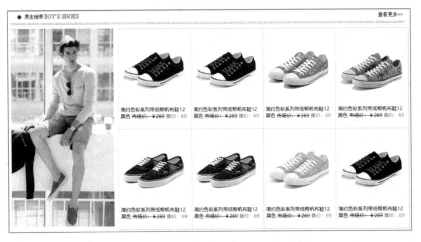

图 10.47　"男生地带"页面

第 11 章
表单校验与正则表达式

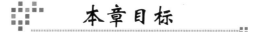

本章目标

◎ 掌握 String 对象的用法
◎ 会使用表单选择器选择页面元素
◎ 掌握正则表达式的语法
◎ 熟悉正则表达式的应用
◎ 会使用 HTML5 的方式验证表单内容

本章简介

　　本章将介绍一种非常实用的技术——表单校验，你将学习到如何校验文本是否输入，如何检查 Email 地址的合法性、如何校验文本框是否包含数字等，这些都是实际开发中经常需要考虑的内容。表单校验，其实是对前面所学内容的综合应用。本章将应用前面学习过的 JavaScript、jQuery 和 DOM 的知识，完成一个个表单验证实例。另外，本章还将介绍正则表达式的知识，学习如何使用它实现更精确、更高效的验证。最后，我们还将介绍 jQuery 的一种选择器——表单选择器，用它可以方便地获取表单元素，并实现更复杂表单的验证功能。

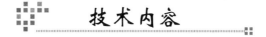

11.1 表单基本验证技术

　　无论是动态网站，还是其他 B/S 结构的系统，都离不开表单。表单作为客户端向服务器端提交数据的主要载体，如果提交的数据不合法，将会引出各种各样的问题。那么如何避免这样的问题呢？

11.1.1 表单验证的必要性

　　使用 JavaScript 可以十分便捷地进行表单验证，它不但能检查出用户输入的无效或错误数据，还能检查出用户遗漏的必选项，从而减轻服务器端的压力，避免服务器端的信息出现错误。

　　有时，在用户填写表单时，我们希望所填入的资料必须是某特定类型的信息（如 int)，或是填入的值必须在某个特定的范围之内（如月份必须是 1~12）。在正式提交表单之前，必须检查这些值是否有效。

我们先来了解一下什么是客户端验证和服务器端验证。客户端验证实际上就是在已下载的页面中，当用户提交表单时，它直接在页面中调用脚本来进行验证，这样可以减少服务器端的运算。而服务器端的验证则是将页面提交到服务器，由服务器端的程序对提交的表单数据进行验证，然后返回响应结果到客户端，如图 11.1 所示。它的缺点是每一次验证都要经过服务器，不但消耗时间较长，而且会大大增加服务器的负担。

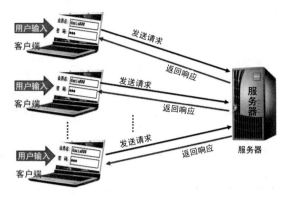

图 11.1 服务器端验证

那么到底是在客户端验证好还是在服务器端验证好呢？下面先来看一个例子。假如有一个网站，每天大约有 10000 名用户注册使用它的服务，如果用户填写的表单信息都让服务器去检查是否有效，那么服务器就得每天为这 10000 名用户的表单信息进行验证，这样服务器将会不堪重负，甚至会出现死机现象。所以最好的解决办法就是在客户端进行验证，这样就能把服务器端的任务分给多个客户端去完成，从而减轻服务器端的压力，让服务器专门做更重要的事情。

基于以上原因，需要使用 JavaScript 在客户端对表单数据进行验证。下面来具体了解表单验证通常包括的内容。

11.1.2 表单验证的内容

在学习表单验证之前，需要好好想想，在表单验证过程中会遇到哪些需要控制的地方。就像软件工程思想一样，先分析一下要在哪些方面进行验证。

其实，表单验证包括的内容非常多，如验证日期是否有效或日期格式是否正确，检查表单元素是否为空、Email 地址是否正确，验证身份证号，验证用户名和密码，验证字符串是否以指定的字符开头，阻止不合法的表单被提交等。下面我们就以常用的注册表单为例，来说明表单验证通常包括哪些内容。

在如图 11.2 所示的网站注册页面中，在注册表单中标注了常用的表单验证应包括哪些内容，还说明了一些验证规则。

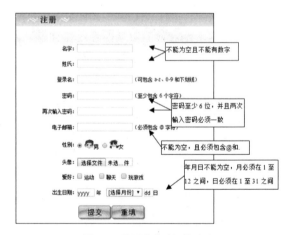

图 11.2 注册表单验证的内容

下面结合图 11.2 所示的表单，说明表单验证通常包括的内容。

➢ 检查表单元素是否为空（如名字和姓氏不能为空）。

➢ 验证是否为数字（如出生日期中的年月日必须为数字）。

➢ 验证用户输入的邮件地址是否有效（如电子邮件地址中必须有 "@" 和 "." 字符）。

➢ 检查用户输入的数据是否在某个范围之内（如出生日期中的月份必须是 1~12，日期必须为 1~31）。

> ➤ 验证用户输入的信息长度是否足够（如输入的密码必须大于等于六个字符）。
> ➤ 检查用户输入的出生日期是否有效（如出生年份由四位数字组成，1、3、5、7、8、10、12 月为 31 天，4、6、9、11 月为 30 天，2 月根据是否是闰年判断为 28 天或 29 天）。

实际上，在设计表单时，还会因情况不同而遇到其他很多不同的问题，这就需要我们自己去做出一些规定和限制。

11.1.3　表单验证的思路

在网上进行注册或填写一些表单数据时，如果数据不符合要求，通常会进行提示。例如，在注册页面输入了不合要求的电子邮箱地址时，将会弹出提示信息，那么这些提示信息在什么情况下会弹出？如何编写 JavaScript 来验证表单数据的合法性？具体分析如下：

（1）获取表单元素的值，这些值一般都是 String 类型，包含数字、下划线等。

（2）使用 JavaScript 中的一些方法对获取的 String 类型的数据进行判断。

（3）表单 form 有一个事件 onsubmit，它是在提交表单之前调用的，因此可以在提交表单时触发 onsubmit 事件，对获取的数据进行验证。

在学习使用 JavaScript 对 String 类型的数据进行验证之前，先学习一下表单中的选择器。

11.2　表单选择器

使用 jQuery 进行表单验证，首先就是使用选择器获取元素，所用的选择器主要是 ID 选择器、类选择器等，但是在一些复杂的表单中，有时候需要获取多个表单元素，事实上 jQuery 提供了专门针对表单的一类选择器，这就是表单选择器。

11.2.1　表单选择器简介

顾名思义，表单选择器就是用来选择文本输入框、按钮等表单元素的，示例 1 的代码是包含了各种表单元素的代码。

【示例 1】 **表单选择器**

```html
<!doctype html>
<html lang="en">
    <head>
        <meta charset="UTF-8">
        <title>用户注册</title>
    </head>
    <body>
        <h1 class="bold" colspan="2">用户注册</h1>
        <form method="post" name="myform" id="myform">
            <p>您的 Email: <input type="hidden" name="userId" />
                <input id="email" type="text" class="inputs" /> </p>
            <p>输入密码: <input id="pwd" type="password" class="inputs" /> </p>
            <p>再输入一遍密码:
                <input id="repwd" type="password" class="inputs" /> </p>
            <p>您的姓名: <input id="user" type="text" class="inputs" /> </p>
            <p>性别: <input name="sex" type="radio" value="1" checked="checked" /> 男
                <input name="sex" type="radio" value="0" /> 女 </p>
            <p>出生日期:
                <select name="year">
                    <option value="1998">1998</option>
                </select>年
                <select name="month">
```

```
                <option value="1">1</option>
            </select>月
            <select name="day">
                <option value="12">12</option>
            </select>日 </p>
        <p>爱好:
            <input type="checkbox" checked="checked" />编程
            <input type="checkbox" />读书
            <input type="checkbox" />运动
        </p>
        <p> <input name="btn" type="submit" value="注册"
            class="rb1" />  
            <input name="btn" type="reset" value="重置"
                class="rb1" />
        </p>
    </form>
  </body>
</html>
```

示例 1 在浏览器中的运行效果如图 11.3 所示。

图 11.3　示例 1 运行效果

表 11-1 列举了各种表单选择器，并使用这些选择器对示例 1 的表单元素进行选取。

表 11-1　表单选择器

语　　法	描　　述	示　　例
:input	匹配所有 input、textarea、select 和 button 元素	$("#myform:input")选取表单中所有的 input、select 和 button 元素
:text	匹配所有单行文本框	$("#myform:text")选取 Email 和姓名的 2 个 input 元素
:password	匹配所有密码框	$("#myform:password")选取 2 个\<input type= "password" /\> 元素
:radio	匹配所有单选按钮	$("#myform:radio")选取性别对应的 2 个\<input type= "radio" /\>元素
:checkbox	匹配所有复选框	$("#myform:checkbox")选取 3 个\<input type="checkbox"/\>元素
:submit	匹配所有提交按钮	$("#myform:submit")选取 1 个\<inputtype="submit" /\>元素
:image	匹配所有图像域	$("#myform:image")选取 1 个\<inputtype="image" /\>元素
:reset	匹配所有重置按钮	$("#myform:reset")选取 1 个\<input type="reset"/\>元素
:button	匹配所有按钮	$("#myform:button")选取最后 2 个 button 元素

续表

语　　法	描　　述	示　　例
:file	匹配所有文件域	$("#myform:file") 选取 1 个<input type="file" />元素
:hidden	匹配所有不可见元素，或者 type 为 hidden 的元素	$("#myform type='hidden:hidden'") 选取的元素包括 3 个 option 元素、1 个<input/>元素、style="display: none"的 2 个 button 元素

虽然 jQuery 考虑了浏览器兼容性问题，但是由于浏览器版本众多，也不能做到百分之百的兼容，另外，不同版本的 jQuery 库兼容程度也不太一致。上述 ":hidden" 选择器在 Firefox 浏览器下，不包括 option 元素。

除了基本的表单选择器，jQuery 中还提供了针对表单元素的属性过滤器，按照表单元素的属性获取特定属性的表单元素。示例 2 展示了包含不同属性的表单元素，在浏览器中打开页面，效果如图 11.4 所示。

图 11.4　示例 2 新做的表单

【示例 2】　表单过滤选择器

```html
<!doctype html>
<html lang="en">
    <head>
        <meta charset="UTF-8">
        <title>用户注册</title>
    </head>
    <body>
        <h1 class="bold" colspan="2">用户注册</h1>
        <form id="userform" name="userform">
            <p>
                编号: <input name="code" disabled="disabled" value="10010" />
            </p>
            <p>
                姓名: <input name="name" type="text" value="张三" />
            </p>
            <p>
                性别: <input name="sex" type="radio" value="1" checked="checked" /> 男
                <input name="sex" type="radio" value="0" />女
            </p>
            <p>
                爱好:
                <input type="checkbox" checked="checked" />编程
                <input type="checkbox" />读书
                <input type="checkbox" />运动
            </p>
            <p>
                家乡: <select name="hometown">
                    <option value="1" selected="selected">北京</option>
                    <option value="2">上海</option>
                    <option value="3">天津</option>
                </select>
            </p>
        </form>
        <script src="js/jquery-1.12.4.js"></script>
        <script>
            $(function() {
                var html = "";
                $("#userform :selected").each(
                    function() {
                        html = $("<div></div>").append($(this).clone()).html();
                        alert(html);
                    });
```

```
            });
        </script>
    </body>
</html>
```

表 11-2 展示了各种表单元素属性过滤器，并使用这些属性过滤器选取示例 2 中的表单元素。

表 11-2　表单属性过滤器

语　　法	描　　述	示　　例
:enabled	匹配所有可用元素	$("#userform:enabled")匹配 form 内部除编号输入框外的所有元素
:disabled	匹配所有不可用元素	$("#userform:disabled")匹配禁用的编号输入框
:checked	匹配所有被选中元素（复选框、单选按钮、select 中的 option）	$("#userform:checked")匹配"性别"中的"男"选项和"爱好"中的"编程"选项
:selected	匹配所有选中的 option 元素	$("#userform:selected")匹配"家乡"中的"北京"选项

11.2.2　验证表单内容

以上学习了表单验证内容、思路和表单选择器，现在根据上述学习内容，介绍如何对 String 类型的数据进行验证。例如，在页面中输入不符合要求的电子邮箱时，会弹出如图 11.5 所示的提示信息。

图 11.5　弹出验证信息

1. 使用String对象验证邮箱

在前面章节中，已经初步接触了 String 对象的用法，下面结合电子邮件格式来验证这一应用场景，进一步巩固这种用法知识。

在注册表单或登录电子邮箱时，经常需要填写 Email 地址。对输入的 Email 地址进行有效性验证，可以提高数据的有效性，避免不必要的麻烦。那么如何编写如图 11.6~图 11.9 所示的验证表单呢？当在如图 11.6 所示的 Email 文本框中没有输入任何内容而点击"登录"按钮时，将会弹出如图 11.7 所示的提示框，提示"Email 不能为空"；当输入"test"再点击"登录"按钮时，将会弹出如图 11.8 所示的提示框，提示"Email 格式不正确必须包含@"；当输入"test@"时，再点击"登录"按钮，将会弹出如图 11.9 所示的提示框，提示"Email 格式不正确必须包含."。只有在 Email 地址中包含"@"和"."符号时，其才是有效的 Email 地址。那么如何编写这样的 Email 地址验证脚本呢？

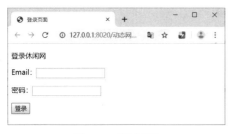

图 11.6　登录页面

图 11.7　Email 不能为空

图 11.8　Email 中必须包含@

图 11.9　Email 中必须包含.

思路分析

（1）先获取表单元素（Email 文本框）的值（String 类型），然后进行判断。

（2）使用 jQuery 表单选择器获得表单的输入元素（文本框对象），然后使用 jQuery 的 val()方法获取文本框的值。

（3）使用字符串方法（indexOf()）来判断获得的文本框元素的值是否包含"@"和"."符号。

（4）编写了判断表单元素的值是否为空，是否包含"@"和"."，符号的脚本函数之后，该如何调用编写好的脚本函数呢？其实，Email 地址的有效性验证发生在点击"登录"按钮之后，所以该事件是在提交表单时产生的，应该使用点击按钮来触发 onsubmit 事件，然后执行脚本。使用 jQuery后，可以相应地使用 jQuery 封装的事件方法 submit()，它对应的是 onsubmit 事件。

（5）当调用脚本函数验证表单数据时，如何判断表单是否被提交呢？表单的 onsubmit 事件根据返回值是 true 还是 false 来决定是否提交表单。当返回值是 false 时，不能提交表单；当返回值是 true时，提交表单。

根据分析制作登录页面并进行验证。首先制作页面，在页面中插入一个表单，然后在表单中插入两个文本框，代码如示例 3 所示。

【示例 3】　验证登录页面

```
<!doctype html>
<html lang="en">
<head>
    <meta charset="UTF-8">
    <title>登录页面</title>
</head>
<body>
    <div>
        <form action="#" id="myform" method="post" name="myform" >
            <p>登录休闲网</p>
            <p><span>Email: </span><input type="text" class="inputs" /></p>
            <p><span>密码: </span><input type="password" class="inputs" /></p>
            <p><input name="btn" id="btn" type="submit" value="登录" class="rb1" /></p>
        </form>
    </div>
    <script  src="js/jquery-1.12.4.js"></script>
    <script>
        $(document).ready(function(){
            $("form").submit(function(){
                var mail = $("#myform :text").val();
                if (mail=="") {//检测 Email 是否为空
                    alert("Email 不能为空");
                    return false;
                }
                if (mail.indexOf("@") == -1) {
                    alert("Email 格式不正确\n 必须包含@");
                    return false;
                }
                if (mail.indexOf(".") == -1) {
                    alert("Email 格式不正确\n 必须包含.");
```

```
                    return false;
                }
                return true;
            })
        })
    </script>
</body>
</html>
```

从上述代码可以看到，验证 Email 中是否包含符号"@"和"."，由于是从字符串的首字符开始验证的，因此 indexOf()方法中第二个参数可以省略。mail.indexOf("@") == -1 用来检测是否包含"@"符号，若不包含，则表达式 mail.indexOf("@")的返回值为-1；若包含，则返回找到的位置。同理，mail.indexOf(".") == -1 用来检测是否包含"."符号。

在浏览器中运行示例 3，如果 Email 文本框中输入的内容不符合要求，将弹出如图 11.7~图 11.9 所示的提示框。如果用户在 Email 文本框中输入了正确的电子邮件地址，那么在点击"登录"按钮之后，将显示成功信息网页。

在上面的例子中，jQuery 主要用来方便地获取表单元素的值，但是对于字符串对象的判断和处理，还需要借助于原生 JavaScript 来实现；另外，还使用了 jQuery 事件方法 submit()，该事件方法在表单提交时执行。

> 📢注意
>
> 养成添加 return true/false 语句的习惯。在验证代码中，onsubmit 事件将根据返回结果决定是否提交表单到服务器。

2. 文本框内容的验证

在网站的注册等页面中，除了要经常验证电子邮件的格式，用户名、密码等文本内容也经常需要验证。例如，验证文本框的内容不能为空，注册页面中两次输入的密码必须相同，下面通过验证如图 11.10 所示的页面来学习如何验证文本框内容的合法性，要求如下：

- ➢ 密码不能为空，并且密码包含的字符不能少于 6 个。
- ➢ 两次输入的密码必须一致。
- ➢ 姓名不能为空，并且姓名中不能有数字。

思路分析

（1）首先制作如图 11.10 所示的表单页面，密码输入框的 id 分别为 pwd 和 repwd，姓名文本框的 id 为 user，然后确定编写脚本验证文本输入框中内容的有效性。

图 11.10 注册页面

（2）使用 String 对象的 length 属性验证密码的长度，代码如下：

```
var pwd = $("#pwd").val();
if (pwd.length < 6) {
    alert("密码必须等于或大于 6 个字符");
    return false;
}
```

（3）验证两次输入密码是否一致。当两个输入框的内容相同时，表示一致，代码如下：

```
var repwd = $("#repwd").val();
if (pwd != repwd) {
```

```
            alert("两次输入的密码不一致");
            return false;
    }
```

（4）判断姓名中是否有数字。首先使用 length 属性获取文本长度，然后使用 for 循环和 substring()方法依次截取单个字符，最后判断每个字符是否是数字，代码如下：

```
var user = $("#user").val();
for (var i = 0; i < user.length; i++) {
    var j = user.substring(i, i + 1);
    if (isNaN(j) == false) {
        alert("姓名中不能包含数字");
        return false;
    }
}
```

根据以上的分析编写代码，完成注册页面的验证，代码如示例 4 所示。

【示例 4】　注册验证

```
<!doctype html>
<html lang="en">

    <head>
        <meta charset="UTF-8">
        <title>注册页面</title>
        <style>
            .register { margin: 0 auto; width: 350px; clear: both; }
            .register dl dt { width: 35%;  text-align: right; height: 25px; float:
left; }
            .register dl dd img { vertical-align: middle; }
        </style>
    </head>
    <body>
        <div class="register">
            <form method="post" name="myform" id="myform">
                <h1 class="bold">注册休闲网</h1>
                <dl>
                    <dt>您的 Email: </dt>
                    <dd><input id="email" type="text" class="inputs" /></dd>
                </dl>
                <dl>
                    <dt>输入密码: </dt>
                    <dd><input id="pwd" type="password" class="inputs" /></dd>
                </dl>
                <dl>
                    <dt>确认密码: </dt>
                    <dd><input id="repwd" type="password" class="inputs" /></dd>
                </dl>
                <dl>
                    <dt>您的姓名: </dt>
                    <dd><input id="user" type="text" class="inputs" /></dd>
                </dl>
                <dl>
                    <dt>性别: </dt>
                    <dd>
                        <input name="sex" type="radio" value="1" checked="checked" />男
                        <input name="sex" type="radio" value="0" />女</dd>
                </dl>
                <dl>
                    <dt class="left">出生日期: </dt>
                    <dd>
                        <select name="year">
                            <option value="1998">1998</option>
                        </select>年
                        <select name="month">
                            <option value="1">1</option>
```

```
                    </select>月
                    <select name="day">
                        <option value="12">12</option>
                    </select>日</dd>
            </dl>
            <dl>
                <dt> </dt>
                <dd><input name="btn" type="submit" value="注册" class="rb1" />
</dd>
            </dl>
        </form>
    </div>
    <script src="js/jquery-1.12.4.js"></script>
    <script>
        $(document).ready(function() {
            $("#myform").submit(function() {
                var pwd = $("#pwd").val();
                if(pwd == "") {
                    alert("密码不能为空");
                    return false;
                }
                if(pwd.length < 6) {
                    alert("密码必须等于或大于 6 个字符");
                    return false;
                }
                var repwd = $("#repwd").val();
                if(pwd != repwd) {
                    alert("两次输入的密码不一致");
                    return false;
                }
                var user = $("#user").val();
                if(user == "") {
                    alert("姓名不能为空");
                    return false;
                }
                for(var i = 0; i < user.length; i++) {
                    var j = user.substring(i, i + 1);
                    if(isNaN(j) == false) {
                        alert("姓名中不能包含数字");
                        return false;
                    }
                }
                return true;
            })
        })
    </script>
</body>
</html>
```

在浏览器中运行示例 4，点击"注册"按钮时，如果没有输入密码，则弹出如图 11.11 所示的提示框；如果密码长度小于 6，则弹出如图 11.12 所示的提示框；如果两次输入的密码不同，则弹出如图 11.13 所示的提示框；如果没有输入姓名，则提示姓名不能为空；如果输入的姓名中有数字，则弹出如图 11.14 所示的提示框。

图 11.11　密码不能为空

图 11.12　密码必须等于或大于 6 个字符

图 11.13　两次输入的密码不一致　　　　　　图 11.14　姓名中不能包含数字

11.2.3　技能训练 1

上机练习 1　验证电子邮箱的合法性

需求说明

根据提供的贵美商城注册页面（如图 11.15 所示），验证电子邮箱输入框中输入内容的有效性，要求如下：

➢　电子邮箱不能为空。

➢　电子邮箱中必须包含符号"@"和"."。

➢　当电子邮箱输入框中的内容正确时，页面跳转到注册成功页面（register_success.html）。

图 11.15　贵美商城注册页面

11.2.4　校验提示特效

在网上注册或填写各种表单时，经常会在某些文本框中显示自动提示信息，如图 11.16 所示的是 Email 自动提示文本。当点击此文本框时提示文本自动被清除，文本框的效果发生了变化，如图 11.17 所示。网上类似这样的效果有很多，这些效果是如何实现的呢？

图 11.16　Email 文本框中自动显示提示文本　　　图 11.17　文本框边框变化效果

1. 表单验证事件和方法

文本框作为一个 HTML DOM 元素，可以应用 DOM 相关的方法和事件，通过这些方法和事件可改变文本框的效果，表 11-3 列出了表单验证常用的事件和方法。

表 11-3　表单验证常用的方法和事件

类　别	名　称	描　述
事件	onblur	失去焦点，当光标离开某个文本框时触发
	onfocus	获得焦点，当光标进入某个文本框时触发
	blur()	从文本域中移开焦点
方法	focus()	在文本域中设置焦点，即获得光标
	select()	选取文本域中的内容，突出显示输入区域的内容

了解了文本框控件可用的常用方法和事件之后，下面应用这些事件来动态地改变文本框的效果。以登录页面中的邮箱文本输入框为例进行讲解，要求如下：

➢ 文本框自动显示提示输入正确电子邮箱的信息。
➢ 点击文本框时，清除自动提示的文本，并且文本框的边框变为红色。
➢ 点击"登录"按钮时，验证 Email 文本框不能为空，并且必须包含字符"@"和"."。
➢ 当用户输入无效的电子邮件地址时，点击"登录"按钮将弹出错误的提示信息框。
➢ 点击提示信息框上的"确定"按钮之后，Email 文本框中的内容将被自动选中并且高亮显示，提示用户重新输入，如图 11.18 所示。

图 11.18　提示用户重新输入

对于电子邮件文本框中的初始信息如何设置，以及电子邮件文本框中的内容要求不能为空，并且必须包含字符"@"和"."如何实现，在此之前都已学过，这里不再赘述。下面主要分析如何自动清除文本提示信息、使文本框改变效果和获得光标等。

当点击文本框时清除自动提示的文本信息，使用 onfoucs 事件，通过光标移入文本框，然后把文本框的值设为空即可，并且设置文本框的边框颜色，关键代码如下：

```
$("#myform :text").focus(function(){
    if ($(this).val() == "请输入正确的电子邮箱") {
        $(this).val("");
        $(this).css("border", "1px solid #ff0000");
    }
});
```

当 Email 文本框中没有输入任何内容时，弹出 Email 不能为空的信息，然后 Email 文本框获得焦点，使用 jQuery 中的 focus()方法可让文本框获得焦点，代码如下：

```
$("#myform :text").focus();
```

自动选中 Email 文本框中的内容并且高亮显示，要使用 jQuery 中的 select()方法，关键代码如下：

```
$("#myform :text").select();
```

根据以上的分析，实现以上要求的 JavaScript 代码如示例 5 所示。

【示例5】　动态改变文本框效果

```
<!doctype html>
<html lang="en">
    <head>
        <meta charset="UTF-8">
        <title>休闲网登录页面</title>
        <style>
            ul,
            li {list-style: none; }
            .register {width: 350px; margin: 5px auto;border: 1px #cccccc solid;
                border-radius: 5px;background: #efefef; clear: both; }
            .register li {height: 35px; line-height: 35px; }
            .register span {display: inline-block; width: 80px; text-align: right; }
            .register li:last-of-type {padding-left: 90px; }
        </style>
    </head>
    <body>
        <div class="register">
            <form action="#" id="myform" method="post" name="myform">
                <ul>
                    <li class="bold">登录休闲网</li>
```

```
                    <li><span>Email: </span><input type="text" class="inputs"
                            value="请输入正确的电子邮箱" /></li>
                    <li><span>密码: </span><input type="password" class="inputs" /></li>
                    <li><input name="btn" id="btn" type="submit" value="登录"
class="rb1" /></li>
                </ul>
            </form>
        </div>
        <script src="js/jquery-1.12.4.js"></script>
        <script>
            $(document).ready(function() {
                $("#myform").submit(function() {
                    var mail = $("#myform :text").val();
                    if(mail == "") { //检测 Email 是否为空
                        alert("Email 不能为空");
                        $("#myform :text").focus();
                        return false;
                    }
                    if(mail.indexOf("@") == -1 || mail.indexOf(".") == -1) {
                        alert("Email 格式不正确\n 必须包含符号@和.");
                        $("#myform :text").select();
                        return false;
                    }
                    return true;
                });
            })
            $("#myform :text").focus(function() {
                if($(this).val() == "请输入正确的电子邮箱") {
                    $(this).val("");
                    $(this).css("border", "1px solid #ff0000");
                }
            });
        </script>
    </body>
</html>
```

在浏览器中运行示例 5，当点击 Email 文本框时，自动清除 Email 提示文本，并且文本框的边框显示为红色。当 Email 中输入的内容不符合要求时，将弹出对应的提示信息。当 Email 输入的内容正确时，将显示登录成功的页面。

以上学习了互联网上表单验证的几种方法，有时当表单中输入不合要求的内容时，并不是以弹出提示信息框的方式警示的，而是直接在文本框后面显示提示信息，效果如图 11.19 所示。由

图 11.19　文本输入提示效果

于"再输入一遍密码"和"您的姓名"文本框中的内容不符合要求，当光标离开文本框时，直接在对应的文本框后面提示错误信息，从而使用户方便、及时、有效地改正输入的错误信息，那么这样的效果如何实现呢？

2. 制作文本输入提示特效

文本输入提示特效就是当光标离开文本域时，验证文本域中的内容是否符合要求。如果不符合要求，则要即时地提示错误信息。下面以注册页面为例，学习如何制作文本输入提示特效，本页面的验证要求与示例 4 相同，这里不再重复。

思路分析

（1）由于错误信息是动态显示的，可以把错误信息动态地显示在<span>中，然后使用 jQuery 的

html()方法，设置<span>和</span>之间的内容。以 Email 为例，表单元素和相关错误信息显示的 HTML 代码如下：

```
<dd><input id="email" type="text" class="inputs" /><span id="DivEmail"></span></dd>
```

（2）编写脚本验证函数。首先设置<span>中的内容为空，然后验证 Email 是否符合要求，如果不符合要求，则使用 html ()方法在 div 中显示错误信息，代码如下：

```
function checkEmail() {
        var $mail = $("#email");
        var $divID = $("#DivEmail");
        $divID.html("");
        if ($mail.val() == "") {
            $divID.html("Email 不能为空");
            return false;
        }
        if ($mail.val().indexOf("@") == -1) {
            $divID.html("Email 格式不正确，必须包含@");
            return false;
        }
        if ($mail.val().indexOf(".") == -1) {
            $divID.html("Email 格式不正确，必须包含.");
            return false;
        }
        return true;
    }
```

由于页面中的错误提示信息都是当光标离开文本域时显示的，因此可以知道是光标失去焦点时出现的即时提示信息，所以要用到前面学过的 blur()事件方法。以验证 Email 为例，代码如下：

```
$("#email").blur(checkEmail);
```

根据以上分析及给出的关键代码，实现休闲网注册页面验证的代码，如示例 6 所示。

【示例 6】 **文本输入提示特效**

```
<script>
    $(document).ready(function() {
        //绑定失去焦点事件
        $("#email").blur(checkEmail);
        $("#pwd").blur(checkPass);
        $("#repwd").blur(checkRePass);
        $("#user").blur(checkUser);
        //提交表单,调用验证函数
        $("#myform").submit(function() {
            var flag = true;
            if(!checkEmail()) flag = false;
            if(!checkPass()) flag = false;
            if(!checkRePass()) flag = false;
            if(!checkUser()) flag = false;
            return flag;
        });
    })
    //验证 Email
    function checkEmail() {
        var $mail = $("#email");
        var $divID = $("#DivEmail");
        $divID.html("");
        if($mail.val() == "") {
            $divID.html("Email 不能为空");
            return false;
        }
        if($mail.val().indexOf("@") == -1) {
            $divID.html("Email 格式不正确，必须包含@");
            return false;
```

```
            }
            if($mail.val().indexOf(".") == -1) {
                $divID.html("Email 格式不正确, 必须包含.");
                return false;
            }
            return true;
        }
        //验证输入密码
        function checkPass() {
            var $pwd = $("#pwd");
            var $divID = $("#DivPwd");
            $divID.html("");
            if($pwd.val() == "") {
                $divID.html("密码不能为空");
                return false;
            }
            if($pwd.val().length < 6) {
                $divID.html("密码必须等于或大于 6 个字符");
                return false;
            }
            return true;
        }
        //验证重复密码
        function checkRePass() {
            var $pwd = $("#pwd"); //输入密码
            var $repwd = $("#repwd"); //再次输入密码
            var $divID = $("#DivRepwd");
            $divID.html("");
            if($pwd.val() != $repwd.val()) {
                $divID.html("两次输入的密码不一致");
                return false;
            }
            return true;
        }
        //验证用户名
        function checkUser() {
            var $user = $("#user");
            var $divID = $("#DivUser");
            $divID.html("");
            if($user.val() == "") {
                $divID.html("姓名不能为空");
                return false;
            }
            for(var i = 0; i < $user.val().length; i++) {
                var j = $user.val().substring(i, i + 1)
                if(j >= 0) {
                    $divID.html("姓名中不能包含数字");
                    return false;
                }
            }
            return true;
        }
    </script>
```

在浏览器中运行示例 6,点击 Email 文本输入框,然后什么内容也没有输入,使光标离开 Email 文本框,将提示"Email 不能为空"的错误信息,如图 11.20 所示。如果 Email 输入的内容不符合要求,则根据情况显示不同的错误信息;如果 Email 输入的内容符合要求,则不会显示任何提示信息。

图 11.20 提示 Email 不能为空

> **提示**
>
> 本例使用<span>显示提示信息，也可以使用块级元素<div>，但要设置显示在层中的错误信息和文本框在同一行，需要使用 CSS 样式设置<div>的 display 属性值为 inline 或 inline-block，把<div>设置为内联元素或行内块元素，与文本框在同一行显示。

11.2.5 技能训练 2

上机练习 2 ◼◻ 验证网站注册页面

需求说明

使用文本输入提示的方式验证网站的注册页面，验证要求如下：

> ➢ 名字和姓氏均不能为空，并且不能有数字。
>
> ➢ 密码不能少于六位，两次输入的密码必须相同。
>
> ➢ 电子邮箱不能为空，并且必须包含符号"@"和"."。

页面完成后，如果文本框中输入的内容不符合要求，则光标离开该文本框时，将在对应的文本框后面显示错误的提示信息，如图 11.21 所示。

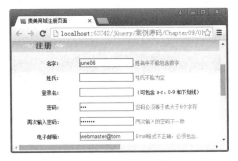

图 11.21 错误的文本提示

11.3 正则表达式

前面学习了如何使用 JavaScript 验证邮箱、用户名、密码等文本输入内容，下面将介绍另一种表单验证技术——正则表达式。

11.3.1 为什么需要正则表达式

在开发 HTML 表单时，经常会对用户输入的内容进行验证。例如，前面验证邮箱是否正确，当用户输入的邮箱是"june@."，如图 11.22 所示，然后点击"登录"按钮进行 Email 验证时，检测的结果却认为这是一个正确的邮箱地址。

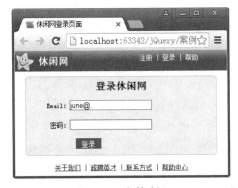

图 11.22 邮箱验证

我们知道这并不是一个正确的邮箱，但检测却认为是正确的，为什么会出现这样的情况呢？因为我们在验证邮箱时，只检测邮箱地址中是否包含符号"@"和"."，这样简单的验证是不能严谨地验证邮箱是否正确的。在网上进行用户邮箱验证是非常严谨的，例如当输入"rose@sina."时，检测的结果是电子邮件格式不正确，重新输入"rose@sina.c"，检测结果仍然不正确，当输入"rose@sina.com"时检测通过。从上面的例子可以看出，必须输入正确的邮箱地址，否则检测不能通过。这么严谨的邮件格式验证，是否需要写许多代码呢？我们来看下面这个验证邮箱地址的代码：

```
function checkEmail(){
    var email=$("temail").val();
    var $email_prompt=$("#email_prompt");
    $email_prompt.html("");
    var reg= /^\w+@\w+(\.[a-zA-Z]{2, 3}){1, 2}$/;
```

```
    if(reg.test(email) ==false){
        $email_prompt.html("电子邮件格式不正确，请重新输入");
        return false;
    }
    return true;
}
```

从上面的代码可以看到，仅仅用了几行代码就实现了这么严谨的验证，是不是很神奇呢？这是如何实现的呢？答案——正则表达式。

实际上，在工作中对表单的验证并不是简单地验证输入内容的长度，是否是数字、字母等，通常会验证输入的内容是否符合某种格式。例如，电话号码必须是"区号-电话号码"的格式，区号必须是 3 位或 4 位，电话号码必须是 7 位或 8 位，如 010-12345678 或 0371-12345678，如果在页面中输入电话号码"010-231243560"，验证的结果是其为不正确的电话号码。

还有日期必须是"年-月-日"的格式，如 2016-05-09 或 2016-5-12，这些必须符合某些格式的验证。如果使用前面介绍的方式编写代码，那么代码量将非常大，很烦琐；而如果使用正则表达式，写出的代码将会简洁许多，并且验证的内容会非常准确。那么，什么是正则表达式呢？

11.3.2　什么是正则表达式

正则表达式（Regular Expression，简称 RegExp）是一种描述字符串结构的语法规则，是一个特定的格式化模式，用于验证各种字符串是否匹配这个特征，进而实现高级的文本查找、替换、截取内容等操作。在项目开发中，手机号码指定位数的隐藏、数据采集、敏感词的过滤以及表单的验证等功能，都可以利用正则表达式来实现。

正则表达式是一个描述字符模式的对象，它是由一些特殊的符号组成的，这些符号和在数据库中学过的通配符一样，其组成的字符模式用来匹配各种表达式。

以文本查找为例，若在大量的文本中找出符合某个特征的字符串（如手机号码），就将这个特征按照正则表达式的语法写出来，形成一个计算机程序识别的模式（pattern），然后计算机程序会根据这个模式到文本中进行匹配，找出符合规则的字符串。

1. 定义正则表达式

定义正则表达式有两种构造形式，一种是普通方式，另一种是构造函数的方式。

（1）普通方式

普通方式的语法格式如下：

📘 **语法**

```
var reg=/表达式/附加参数
```

➢ 表达式：一个字符串代表了某种规则，其中可以使用某些特殊字符来代表特殊的规则，后面会详细介绍。

➢ 附加参数：用来扩展表达式的含义，主要有以下三个参数。

　◎　g：代表可以进行全局匹配。

　◎　i：代表忽略大小写匹配。

　◎　m：代表可以进行多行匹配。

上面三个参数可以任意组合，代表复合含义，当然也可以不加参数。例如：

```
var reg=/white/;
```

```
var reg=/white/g;
```

因此用于全局检索数字 0~9 的正则表达式声明可修改为如下内容：

```
var pattern = /[0-9]/g;
```

（2）构造函数

RegExp 对象表示正则表达式，通常用于检索文本中是否包含指定的字符串。其语法格式如下：

语法

```
var reg=new RegExp(pattern [, attributes])
```

参数解释如下。

➢ pattern：该参数为字符串形式，用于规定正则表达式的匹配规则或填入其他正则表达式。

➢ attributes：该参数为可选参数，可包含属性值 g、i 或者 m，分别表示全局匹配、区分大小写匹配与多行匹配。

例如：

```
var reg=new RegExp("white");
var reg=new RegExp ("white", "g");
var pattern = new RegExp([0-9], g);
```

上述代码表示声明了一个用于全局检索文本中是否包含数字 0~9 之间任意字符的正则表达式。

说明

普通方式中的表达式必须是一个常量字符串，而构造函数中的表达式可以是常量字符串，也可以是一个 JavaScript 变量。例如，根据用户的输入作为表达式的参数：

```
var reg=new RegExp($("#id").val(), "g");
```

无论使用普通方式还是使用构造函数的方式定义正则表达式，都需要规定表达式的模式，那么怎样去规定一个表达式呢？方括号用于查找某个范围内的字符，如表 11-4 所示。

表 11-4　JavaScript 中常用的正则表达式——方括号表达式

方括号表达式	描　　述	方括号表达式	描　　述
[abc]	查找方括号之间的任何字符	[A-z]	查找任何从大写 A 到小写 z 的字符
[^abc]	查找任何不在方括号之间的字符	[adgk]	查找给定集合内的任何字符
[0-9]	查找任何从 0 至 9 的数字	[^adgk]	查找给定集合外的任何字符
[a-z]	查找任何从小写 a 到小写 z 的字符	[red|blue|green]	查找任何指定的选项
[A-Z]	查找任何从大写 A 到大写 Z 的字符		

2. 表达式的模式

从规范上讲，表达式的模式分为简单模式和复合模式。

（1）简单模式

简单模式是指通过普通字符的组合来表达的模式。例如：

```
var reg=/china/;
var reg=/abc8/;
```

可见简单模式只能表示具体的匹配，如果要匹配一个邮箱地址或一个电话号码，就不能使用具体的匹配，这时就用到了复合模式。

（2）复合模式

复合模式是指含有通配符来表达的模式，这里的通配符与 SQL Server 中的通配符相似。例如：

```
var reg=/^\w+$/;
```

其中，\w、+和$都是通配符，代表着特殊的含义，因此复合模式可以表达更为抽象化的规则模式。

3. RegExp对象的方法

RegExp 对象的常用方法如表 11-5 所示。

表 **11-5**　RegExp 对象的常用方法

方　　法	描　　述
compile()	编译正则表达式
exec()	检索字符串中指定的值。返回找到的值，并确定其位置
test()	检索字符串中指定的值。返回 true 或 false

接下来对 exec()和 test()方法进行讲解。

（1）exec()方法

exec()方法用于在目标字符串中搜索匹配，一次仅返回一个匹配结果。其语法格式如下：

语法
```
RegExpObject.exec(string)
```

该方法如果找到了匹配内容，其返回值为存放检索结果的数组；如果未找到任何匹配内容，则返回 null 值。

例如：

```
var pattern = new RegExp("e");//检索文本中是否包含小写字母 e 的正则表达式
var result1 = pattern.exec("Hello");//返回值为e，因为字符串中包含小写字母e
var result2 = pattern.exec("HELLO");//返回值为null，因为字符串中不包含小写字母e
```

如果查到内容较多，可以使用 while 循环语句进行检索。例如：

```
var s = "Hello everyone";//初始字符串
var pattern = new RegExp("e");//检索文本中是否包含小写字母 e 的正则表达式
var result;//用于获取每次检索结果
//while 循环
while((result=pattern.exec(s))!=null){
    alert(result);//输出本次检索结果
}
```

例如，在指定字符串 str 中搜索 abc，具体示例如下：

```
var str = 'AbC123abc456';
var reg = /abc/i;// 定义正则对象
reg.exec(str); // 匹配结果: ["AbC", index: 0, input: "AbC123abc456"]
```

在上述代码中，"/abc/i"中的"/"是正则表达式的定界符，"abc"表示正则表达式的模式文本，"i"是模式修饰标识符，表示在 str 中忽略大小写。exec()方法的参数是待匹配的字符串 str，匹配成功时，该方法的返回值是一个数组，否则返回 null。从 exec()的返回结果中可以看出，该数组保存的第 1 个元素（AbC）表示匹配到的字符串；第 2 个元素 index 表示匹配到的字符位于目标字符串中的索引值（从 0 开始计算）；第 3 个元素 input 表示目标字符串（AbC123abc456）。

【**示例7**】 **JavaScript 正则表达式 exec()方法的简单应用**

```html
<!DOCTYPE html>
<html>
    <head>
        <meta charset="utf-8">
        <title>JavaScript 正则表达式 exec()方法的应用</title>
    </head>
    <body>
        <h3>JavaScript 正则表达式 exec()方法的应用</h3>
        <hr />
        <p>原始字符串为: "Hello jQuery"</p>
        <script>
        //原始字符串
        var s = "Hello jQuery";
        //定义正则表达式，用于全局检索字母 Q 是否存在
        var pattern = /Q/g;
        //第一次匹配结果
        var result1 = pattern.exec(s);
        //第二次匹配结果
        var result2 = pattern.exec(s);
        alert("第一次匹配结果:"+result1+"\n 第二次匹配结果:"+result2);
        </script>
    </body>
</html>
```

示例 7 在浏览器中的运行效果如图 11.23 所示。

图 11.23 示例 7 运行效果

（2）test()方法的应用

test()方法用于检测文本中是否包含指定的正则表达式内容，返回值为布尔值。其语法格式如下：

语法

```
RegExpObject.test(string)
```

例如：

```
var pattern = new RegExp("e");//检索文本中是否包含小写字母 e 的正则表达式
var result = pattern.test("Hello ");//返回值为 true，因为字符串中包含小写字母 e
```

如果字符串中含有与正则表达式匹配的文本，则返回 true；否则，返回 false。例如：

```
var str="my cat";
var reg=/cat/;
var result=reg.test(str);
```

result 的值为 true。

【**示例8**】 **JavaScript 正则表达式 test()方法的简单应用**

```html
<!DOCTYPE html>
<html>
    <head>
        <meta charset="utf-8">
```

```
            <title>JavaScript 正则表达式 test()方法的应用</title>
        </head>
        <body>
            <h3>JavaScript 正则表达式 test()方法的应用</h3>
            <hr />
            <p>原始字符串为："Hello jQuery"</p>
            <script>
            //原始字符串
            var s = "Hello jQuery";
            //定义正则表达式，用于全局检索字母 N 是否存在
            var pattern = /N/g;
            //匹配结果
            var result = pattern.test(s);
            alert("查找字母 N 的匹配结果:"+result);
            </script>
        </body>
</html>
```

示例 8 在浏览器中的运行效果如图 11.24 所示。

图 11.24　示例 8 运行效果

4. String对象的方法

JavaScript 除了支持 RegExp 对象的正则表达式方法，还支持 String 对象的正则表达式方法。String 对象定义了使用正则表达式来执行强大的模式匹配和文本检索与替换函数的方法。String 对象的方法如表 11-6 所示。

表 11-6　String 对象的方法

方　　法	描　　述
match()	找到一个或多个正则表达式的匹配
search()	检索与正则表达式相匹配的值
replace()	替换与正则表达式匹配的字符串
split()	把字符串分隔为字符串数组

（1）match()方法

match()方法可以在字符串内检索指定的值，找到一个或多个正则表达式的匹配，该方法类似于 indexOf()方法，但是 indexOf()方法返回字符串的位置，而不是指定的值。match()方法的语法格式如下：

📖 **语法**

```
字符串对象.match (searchString 或 regexpObject)
```

searchString 是要检索的字符串的值，regexpObject 是规定要匹配模式的 RegExp 对象。例如：

```
var str="my cat";
var reg=/cat/;
var result=str.match(reg);
```

运行上述代码，result 的值为 cat。

String 对象中的 match()方法除了可在字符串内检索指定的值，还可以在目标字符串中根据正则匹配出所有符合要求的内容，匹配成功后将其保存到数组中，若匹配失败则返回 false。具体示例如下：

```
var str = "It's is the shorthand of it is";
var reg1 = /it/gi;
str.match(reg1);      // 匹配结果: (2) ["It", "it"]
var reg2 = /^it/gi;
str.match(reg2);      // 匹配结果: ["It"]
var reg3 = /s/gi;
str.match(reg3);      // 匹配结果: (4) ["s", "s", "s", "s"]
var reg4 = /s$/gi;
str.match(reg4);      // 匹配结果: ["s"]
```

在上述代码中，定位符"^"和"$"用于确定字符在字符串中的位置，前者可用于匹配字符串开始的位置，后者可用于匹配字符串结尾的位置。其中，g 表示全局匹配，用于在找到第一个匹配之后仍然继续查找。

（2）replace()方法

replace()方法用于在字符串中用一些字符替换另一些字符，或替换一个与正则表达式匹配的子串，语法格式如下：

📖 语法

字符串对象.replace(RegExp 对象或字符串，"替换的字符串")

如果设置了全文搜索，则符合条件的 RegExp 或字符串都将被替换；否则只替换第一个，返回替换后的字符串。例如：

```
var str="My little white cat,is really a very lively cat";
var result=str.replace(/cat/, "dog");
var results=str.replace(/cat/g,"dog");
```

result 的值为 My little white dog, is really a very lively cat。

results 的值为 My little white dog, is really a very lively dog。

（3）split()方法

split()方法将字符串分隔成一系列子串并通过一个数组将这一系列子串返回，语法格式如下：

📖 语法

字符串对象.split(分隔符，n)

分隔符可以是字符串，也可以是正则表达式。n 为限制输出数组的个数，为可选项，如果不设置 n，则返回包含整个字符串的元素数组。例如：

```
var str="red,blue,green,white";
var result=str.split(",");
var string="";
for(var i=0;i<result.length;i++){
 string+=result[i]+"\n";
}
alert(string);
```

图 11.25　split()方法的应用

在浏览器中运行上面的代码，弹出如图 11.25 所示的提示框。

5. RegExp对象的属性

了解了 RegExp 对象和 String 对象的常用方法之后，继续学习 RegExp 对象的属性，如表 11-7 所示。

表 11-7　RegExp 对象的属性

属　　性	描　　述
global	RegExp 对象是否具有标志 g
ignoreCase	RegExp 对象是否具有标志 i
multiline	RegExp 对象是否具有标志 m

（1）global

global 属性用于返回正则表达式是否具有标志 g，它声明了给定的正则表达式是否执行全局匹配。如果 g 标志被设置，则该属性为 true；否则为 false。例如，在上面 replace()方法的例子中，result 结果中没有使用 global 属性，则只替换了第一个"cat"；而 results 结果中使用了 global 属性，则替换了所有的"cat"。

（2）ignoreCase

ignoreCase 属性用于返回正则表达式是否具有标志 i，它声明了给定的正则表达式是否执行忽略大小写的匹配。如果 i 标志被设置，则该属性为 true；否则为 false。

（3）multiline

multiline 属性用于返回正则表达式是否具有标志 m，它声明了给定的正则表达式是否以多行模式执行模式匹配。如果 m 标志被设置，则该属性为 true；否则为 false。

6. 正则表达式的模式匹配

以上学习了正则表达式的方法和属性，那么如何定义一个正则表达式来进行模式匹配呢？例如，前面验证电子邮箱的正则表达式"reg=/^\w+@\w+(\.[a-zA-Z]{2,3}){1,2}$/"，这些符号都表示什么意义呢？表 11-8 列出了正则表达式中常用的符号和用法。

表 11-8　正则表达式中常用的符号和用法

元　字　符	描　　述	元　字　符	描　　述
/…/	代表一个模式的开始和结束		
^	匹配字符串的开始	$	匹配字符串的结束
.	查找单个字符，除了换行和行结束符	\0	查找 NULL 字符
\w	查找单词字符	\n	查找换行符
\W	查找非单词字符	\f	查找换页符
\d	查找数字	\r	查找回车符
\D	查找非数字字符	\t	查找制表符
\s	查找空白字符	\v	查找垂直制表符
\S	查找非空白字符	\xxx	查找以八进制数 xxx 规定的字符
\b	匹配单词边界	\xdd	查找以十六进制数 dd 规定的字符
\B	匹配非单词边界	\uxxxx	查找以十六进制数 xxxx 规定的 Unicode 字符

从前面验证邮箱的正则表达式可以看出，字符"@"前、后的字符可以是数字、字母或下划线，但是在字符"."之后的字符只能是字母，那么{2,3}是什么意思呢？有时我们会希望某些字符在一个正则表达式中出现规定的次数。表 11-9 列出了正则表达式中重复次数的字符。

表 11-9　正则表达式中重复次数的字符

量　　词	描　　述
n+	匹配任何包含至少一个 n 的字符串
n*	匹配任何包含零个或多个 n 的字符串
n?	匹配任何包含零个或一个 n 的字符串

续表

量　　词	描　　述
n{X}	匹配包含 X 个 n 的序列的字符串
n{X,Y}	匹配包含 X 至 Y 个 n 的序列的字符串
n{X,}	匹配包含至少 X 个 n 的序列的字符串
n$	匹配任何结尾为 n 的字符串
^n	匹配任何开头为 n 的字符串
?=n	匹配任何其后紧接指定字符串 n 的字符串
?!n	匹配任何其后没有紧接指定字符串 n 的字符串

从表 11-9 中可以看出，电子邮件字符"."后只能是两个或三个字母，字符串"(\.[a-zA-Z]{2.3}){1,2}"表示字符"."后加 2~3 个字母，可以出现一次或两次，即匹配".com"、".com.cn"这样的字符串。在这两个表中的符号称为元字符，我们可以看到$、+、? 等符号被赋予了特殊的含义。如果在一个正则表达式中要匹配这些字符本身，那该怎么办呢？

在 JavaScript 中，使用反斜杠"\"来进行字符转义，将这些元字符作为普通字符来进行匹配。例如，正则表达式中的"\$"用来匹配美元符号，而不是行尾。类似地，正则表达式中的"\."用来匹配"."字符，而不是任何字符的通配符。

> **注意**
>
> 在正则表达式中，（ ）、[]和{}的区别如下所述：
> ➤ ()是为了提取匹配的字符串，表达式中有几个（ ）就有几个相应的匹配字符串。
> ➤ []是定义匹配的字符串，如[A-Za-z0-9]表示字符串要匹配英文字符和数字。
> ➤ {}用来匹配长度，W\s{3}表示匹配三个空格。

11.3.3　正则表达式的应用

了解了如何定义一个正则表达式，那么在实际的工作应用中，经常使用正则表达式验证哪些内容呢？针对如图 11.26 和图 11.27 所示的两个新用户注册页面，需要验证的内容有用户名、密码、电子邮箱、手机号码、身份证号码、生日、邮政编码、固定电话等，主要是检查输入的内容是否是中文字符、英文字母、数字、下划线等，以及对输入内容的长度验证。例如，用户名是否只有中文字符、英文字母、数字及下划线，手机号码是否由数字组成，身份证号码的长度是否是 15 位或 18 位，等等。

图 11.26　新用户注册

图 11.27　邮箱申请

上面我们看到的是网页中经常用到的验证内容，那么如何编写正则表达式来实现呢？例如，图 11.27 中邮政编码、手机号码的验证，中国的邮政编码都是 6 位；而手机号码都是 11 位，并且第一位都是 1。因此，对邮政编码和手机号码进行验证的正则表达式如下：

```
var regCode=/^\d{6}$//;
var regMobile=/^1\d{10}$/;
```

验证邮政编码和手机号码的代码如示例 9 所示。

【示例 9】　验证邮政编码和手机号码

```
<!doctype html>
<html lang="en">
    <head>
        <meta charset="UTF-8">
        <title>验证邮编和手机号码</title>
        <style type="text/css">
            body {line-height: 25px; }
            input {width: 120px; height: 16px; }
            div {color: #F00; font-size: 12px; display: inline-block;padding-left: 5px;}
            ul, li {list-style: none; }
        </style>
    </head>
    <body>
        <ul>
            <li>邮政编码: <input id="code" type="text" />
                <div id="divCode"></div>
            </li>
            <li>手机号码: <input id="mobile" type="text" />
                <div id="divMobile"></div>
            </li>
        </ul>
        <script src="js/jquery-1.12.4.js"></script>
        <script>
            $(document).ready(function() {
                $("#code").blur(function() {
                    var code = $(this).val();
                    var $codeId = $("#divCode");
                    var regCode = /^\d{6}$/;
                    if(regCode.test(code) == false) {
                        $codeId.html("邮政编码不正确，请重新输入");
                        return false;
                    }
                    $codeId.html("");
                    return true;
                });
                $("#mobile").blur(function() {
                    var mobile = $(this).val();
                    var $mobileId = $("#divMobile");
                    var regMobile = /^1\d{10}$/;
                    if(regMobile.test(mobile) == false) {
                        $mobileId.html("手机号码不正确，请重新输入");
                        return false;
                    }
                    $mobileId.html("");
                    return true;
                });
            });
        </script>
    </body>
</html>
```

在浏览器中运行示例 9，如果在邮政编码输入框中输入的不全是数字或长度不是 6 位，均提示错误；如果在手机号码输入框中输入的不全是数字，或第一位不是 1，或长度不是 11 位，均提示错误，如图 11.28 所示。

图 11.28　邮政编码和手机号码输入不正确

以上使用正则表达式验证了手机号码和邮政编码，但是这只是规定了字符串的长度及字符串中某一位上的数字的范围，如果要对年龄进行验证，则年龄必须为0~120，该如何编写正则表达式呢？

思路分析

（1）10~99这个范围都是两位数，十位是1~9，个位是0~9，正则表达式为[1-9]\d。

（2）0~9这个范围是一位数，正则表达式为\d。

（3）100~119这个范围是三位数，百位是1，十位是0~1，个位是0~9，正则表达式为1[0-1]\d。

（4）根据以上可知，所有年龄的个位都是0~9，当百位是1时，十位是0~1，当年龄为两位数时十位是1~9，因此0~119这个范围的正则表达式为(1[0-1]|[1-9])?\d。

（5）年龄为120是单独的一种情况，需要单独列出来。

根据思路分析，^和$限制了匹配单独的一行，使用正则表达式验证年龄的完整代码如示例10所示。

【示例10】 验证年龄

```html
<!doctype html>
<html lang="en">
<head>
    <meta charset="UTF-8">
    <title>验证年龄</title>
    <style type="text/css">
        span{color: #ff0000; padding-left: 5px; font-size: 12px;}
    </style>
</head>
<body>
    年龄：  <input id="age" type="text"/><span id="divAge"></span>
    <script  src="js/jquery-1.12.4.js"></script>
    <script>
        $(document).ready(function(){
            $("#age").blur(function(){
                var age = $(this).val();
                var $ageId = $("#divAge");
                var regAge = /^120$|^((1[0-1]|[1-9])?\d)$/m;
                if (regAge.test(age) == false) {
                    $ageId.html("年龄不正确，请重新输入");
                    return false;
                }
                $ageId.html("");
                return true;
            });
        });
    </script>
</body>
</html>
```

上述校验年龄的正则表达式，对于"01""012""0012"这样的数字，校验结果是不合法的，这样的结果对用户来说似乎有些苛刻，毕竟在正常年龄前多个0，仍然是个正确的年龄数字，因此可以进一步修改前面的正则表达式，允许开头有任意个0，可以表示为"[0]*"，完整验证年龄的正则表达式则变成"^[0]*(120|((1[0-1]|[1-9])?\d))$"。

从前面的示例可以看出，结果要匹配得越精确，则编写的正则表达式就越复杂。编写一个复杂的表达式，应该先分解问题，从简单的表达式开始，然后组合成复杂的表达式。

至此，我们学习了什么是正则表达式及如何定义一个正则表达式，并且使用正则表达式进行了简单的验证。下面我们综合运用以上所学的知识，验证一个用户的注册页面，学习并巩固复杂正则表达式的验证技术。

说明

在实际的开发中，经常会遇到电子邮箱地址、用户名、密码、日期、各种号码等的判断。关于这些内容的正则表达式可以在网上查阅资料，一般不用自己书写。

11.3.4　技能训练

上机练习3　　**使用正则表达式验证注册页面**

需求说明

使用正则表达式验证博客园注册页面，如图 11.29 所示，验证用户名、密码、电子邮箱、手机号码和生日，具体要求如下：

➢ 用户名只能由英文字母和数字组成，长度为 4~16 位字符，并且以英文字母开头。

➢ 密码只能由英文字母和数字组成，长度为 4~10 位字符。

➢ 手机号码只能是 1 开头的 11 位数字。

➢ 生日的年份为 1900~2016，生日格式为 1980-5-12 或 1988-05-04 的形式。

➢ 在每个输入框后面添加一个 div，用来显示错误信息。

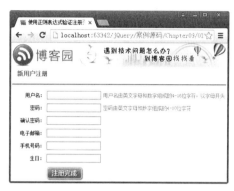

图 11.29　博客园注册页面

➢ 生日的年份为 1900~2016，当年份为 1900~1999 时，前两位是 19，后两位是任意的数字，正则表达式为 19\d{2};当年份为 2000~2009 时，前 3 位是 200，最后一位是任意数字的正则表达式为(200\d)；当年份为 2010~2016 时，正则表达式为 201[0-6]。因此，表示年份的正则表达式为(19\d{2})|(200\d)|(201[0-6])。

➢ 生日的月份为 1~12，当月份为 1~9 时，正则表达式为 0?[1-9]；当月份为 10~12 时，正则表达式为 1[0-2]，因此表示月份的正则表达式为 0?[1-9]|1[0-2]。

➢ 生日的日为 1~31，当日为 1~9 时，正则表达式为 0?[1-9]；当日为 10~29 时，正则表达式为 [l-2]\d；当日为 30、31 时，正则表达式为 3[0-1]；因此，表示日的正则表达式为 0?[1-9]|[l-2]\d|3[0-l]。

11.4　使用HTML5 的方式验证表单

以上学习了表单验证技术，以及使用正则表达式精确地验证表单内容输入的合法性，使大家在工作中能够方便地验证表单内容。实际上，当 HTML5 出现以后，它增加了一些表单元素的属性，通过这些属性可以更方便地验证表单内容的合法性，并且 HTML5 中提供了 validityState 验证表单。下面分别学习这两种验证表单的方式。

11.4.1　HTML5 新增属性

HTML5 新增了如表 11-10 所示的表单元素属性，用来对<input>的输入内容进行限制和验证。

表 11-10　HTML5 新增验证属性

属　　性	描　　述
placeholder	提供一种提示（hint），输入域为空时显示，获得焦点输入内容后消失

续表

属　　性	描　　述
required	规定输入域不能为空
pattern	规定验证 input 域的模式（正则表达式）

为了让大家回顾并掌握 HTML5 新增属性的用法，下面制作如图 11.30 所示 QQ 注册页面，对应的 HTML 代码如示例 11 所示。

图 11.30　QQ 注册页面

【示例 11】　QQ 注册验证

```
<!doctype html>
<html lang="en">
 <head>
  <meta charset="UTF-8">
  <meta name="Generator" content="EditPlus®">
  <title>仿 QQ 注册</title>
  <link href="css/style.css" rel="stylesheet"/>
 </head>
 <body>
    <div class="container">
        <h2 class="reg-top"></h2>
        <div class="reg-box">
            <div class="reg-main">
                <h3>注册账号</h3>
                <form action="" method="post" class="reg-form">
                    <div class="reg-input">
                        <label><i>*</i>昵称: </label>
                        <input type="text" id="uName" required
                        placeholder="英文、数字长度为 6-10 个字符" pattern="[a-zA-
Z0-9]{6,10}"  />
                    </div>
                    <div class="reg-input">
                        <label><i>*</i>密码: </label>
                        <input type="password" id="pwd" required
                            placeholder="长度为 6-16 个字符" pattern="[a-zA-Z0-
9]{6,16}"/>
                    </div>
                    <div class="reg-input">
                        <label>手机号码: </label>
                        <input type="text" pattern="^1[34578][0-9]{9}$"/>
                        <span id="tel-tip">忘记密码时找回密码使用</span>
                    </div>
                    <div class="reg-input">
                        <label><i>*</i>邮箱: </label>
```

```
                                <input type="email" required id="email"/>
                        </div>
                        <div class="reg-input">
                                <label>年龄: </label>
                                <input type="number" min="12"/>
                        </div>
                        <div class="submit-box">
                                <input type="submit" id="submit" value="立即注册" >
                        </div>
                </form>
            </div>
        </div>
    </div>
</body>
</html>
```

1. placeholder

在上网时，大家经常看到有些输入框中提供给用户一些提示信息，告诉用户应该在此输入框中输入什么内容，当用户在输入框中输入内容时提示信息自动消失，这种特效在一些注册页面、填写资料的页面特别流行，这种特效该如何实现呢？这就需要用到 placeholder 了。下面在 QQ 注册页面中，给昵称和密码添加输入提示信息，代码如下：

```
<input type="text" id="uName" placeholder="英文、数字长度为 6-10 个字符"/>
<input type="password" id="pwd" placeholder="长度为 6-16 个字符"/>
```

在浏览器中打开页面，如图 11.31 所示，昵称和密码输入框中显示了提示信息。

图 11.31　输入框中提示信息

2. required

HTML5 中 required 属性的出现，对验证不能为空的元素提供了非常便利的方法，只要在文本输入框中增加此属性，提交表单时就会自动验证表单元素是否为空，如果为空则自动给出提示，在 QQ 注册页面的昵称和密码设置不能为空，代码如下：

```
<input type="text" id="uName" required placeholder="英文、数字长度为 6-10 个字符"/>
<input type="password" id="pwd" required  placeholder="长度为 6-16 个字符"/>
```

在浏览器中打开页面，如果没有输入昵称，点击"立即注册"按钮则提示"请填写此字段。"，并且不能提交表单，如图 11.32 所示。到这里，大家是不是觉得很神奇，仅仅一个属性就实现了表单输入不能为空的验证。

图 11.32 昵称不能为空提示

3. pattern

使用 required 属性可以实现输入框的非空验证，那么要想实现更复杂的验证该怎么办呢？别着急，HTML5 已经给大家提供了一个更让人惊叹的属性——pattern，它用于验证输入框中用户输入内容是否与自定义的正则表达式相匹配，该属性要求用户指定一个正则表达式，验证时要求用户输入的内容必须符合正则表达式所指定的规则。正则表达式在前面已学习，这里看看如何使用 pattern 属性实现 QQ 注册页面昵称和密码的验证，代码如下：

```
<input type="text" id="uName" required placeholder="英文、数字长度为 6-10 个字符"
          pattern="[a-zA-Z0-9]{6,10}"/>
<input type="password" id="pwd" required  placeholder="长度为 6-16 个字符"
          pattern="[a-zA-Z0-9]{6,16}"/>
```

从以上代码可以看到，在文本框中直接设置属性 pattern 的值为正则表达式规则即可，这里设置昵称为 6~10 个字符的英文、数字：密码设置为 6~16 个字符的英文、数字；在浏览器中打开页面，当在昵称和密码输入框中输入不符合规则的内容时，提交表单会出现如图 11.33 和图 11.34 所示的效果。

图 11.33 昵称不符合规则的提示

从图 11.33 和图 11.34 可知，虽然 HTML5 提供了便利的表单验证属性，但是输入内容不符合要求时，会出现默认提示，给用户一种不友好的感觉，并且用户无法准确获取错误信息。那么该怎么办呢？有办法，HTML5 提供的 validity 属性可以自定义错误信息提示，这样大家就可以根据用户输入的内容情况提供准确的错误提示。

图 11.34　密码不符合规则的提示

到目前为止，大家已经可以使用 HTML5 的表单属性 required、placeholder 和 pattern 进行表单验证，但是此验证的提示不是很明确，而接下来将要学习的 validity 属性则可以自定义提示错误信息，使提示的信息更加明确。

11.4.2　validity属性

validity 属性可以获取表单元素的 validityState 对象，语法如下所示：

语法

```
var validityState=document.getElementById("uName").validity;
```

validityState 对象包括八个属性，分别针对八个方面的错误验证，如表 11-11 所示。

表 11-11　validityState 对象

属　　性	描　　述
valueMissing	表单元素设置了 required 特性，则该项为必填项。如果必填项的值为空，就无法通过表单验证，valueMissing 属性会返回 true，否则返回 false
typeMismatch	输入值与 type 类型不匹配。HTML 5 新增的表单类型如 email、number、url 等，都包含一个原始的类型验证。如果用户输入的内容与表单类型不符合，则 typeMismatch 属性将返回 true，否则返回 false
patternMismatch	输入值与 pattern 特性的正则表达式不匹配。如果输入的内容不符合 pattern 验证模式的规则，则 patternMismatch 属性将返回 true，否则返回 false
tooLong	输入的内容超过了表单元素的 maxLength 特性限定的字符长度。虽然在输入的时候会限制表单内容的长度，但在某种情况下，如通过程序设置，还是会超出最大长度限制。如果输入的内容超过了最大长度限制，则 tooLong 属性返回 true，否则返回 false
rangeUnderflow	输入的值小于 min 特性的值。如果输入的数值小于最小值，则 rangeUnderflow 属性返回 true，否则返回 false
rangeOverflow	输入的值大于 max 特性的值。如果输入的数值大于最大值，则 rangeOverflow 属性返回 true，否则返回 false
stepMismatch	输入的值不符合 step 特性所推算出的规则。用于填写数值的表单元素可能需要同时设置 min、max 和 step 特性，这就限制了输入的值必须是最小值与 step 特性值的倍数之和。例如，从 0～10，step 特性值为 2，因为合法值为该范围内的偶数，其他数值均无法通过验证。如果输入值不符合要求，则 stepMismatch 属性返回 true，否则返回 false

属　　性	描　　述
customError	使用自定义的验证错误提示信息。使用 setCustomValidity()方法自定义错误提示信息：setCustomValidity(message)会把错误提示信息自定义为 message，此时 customError 属性值为 true；setCustomValidity("")会清除自定义的错误信息，此时 customError 属性值为 false

通过学习 validityState 对象的八个属性，大家可能已经知道该如何使用了。实际上在开发中，这八个属性也不是都经常用到的，应用较多的为 valueMissing、typeMismatch 和 patternMismatch，下面就主要演示这几个属性的应用。在前面 QQ 注册页面的基础上，增加如下的验证代码：

```
<script>
$(document).ready(function(){
    $("#submit").click(function(){
        var u=document.getElementById("uName");
        if(u.validity.valueMissing==true){
            u.setCustomValidity("昵称不能为空");
        }else if(u.validity.patternMismatch==true){
            u.setCustomValidity("昵称必须是 6~10 位的英文和数字");
        }else{
            u.setCustomValidity("");
        }
        var pwd=document.getElementById("pwd");
        if(pwd.validity.valueMissing==true){
            pwd.setCustomValidity("密码不能为空");
        }else if(pwd.validity.patternMismatch==true){
            pwd.setCustomValidity("密码必须是 6~16 位的英文和数字");
        }else{
            pwd.setCustomValidity("");
        }
        var email=document.getElementById("email");
        if(email.validity.valueMissing==true){
            email.setCustomValidity("邮箱不能为空");
        }else if(email.validity.typeMismatch==true){
            email.setCustomValidity("邮箱格式不正确");
        }else{
            email.setCustomValidity("");
        }
    })
})
</script>
```

在浏览器中打开页面，当输入内容不符合要求时，弹出自定义的提示，如图 11.35 和图 11.36 所示。这样的提示非常人性化，用户能接收到非常准确的提示信息。

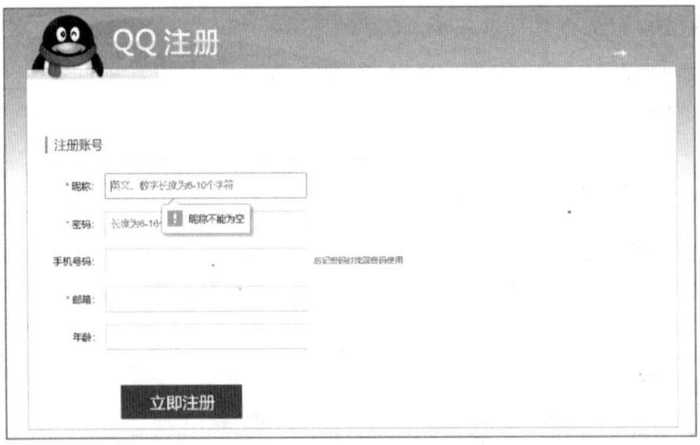

图 11.35　提示昵称不能为空

图 11.36　弹出自定义提示

11.4.3　技能训练

上机练习 4　　使用 HTML5 验证博客园注册页面

需求说明

使用 HTML5 新增属性和 validity 属性相结合的方式验证博客园用户注册页面，验证用户名、密码、电子邮箱、手机号码和生日，具体要求如下：

➢ 使用 HTML5 属性设置用户名和密码默认提示信息，如图 11.37 所示。

➢ 用户名只能由英文字母和数字组成，长度为 4~16 个字符，并且以英文字母开头，当输入内容不符合要求时进行提示，如图 11.38 所示。

➢ 密码只能由英文字母和数字组成，长度为 4~10 个字符。

➢ 手机号码只能是以 1 开头的 11 位数字。

➢ 生日的年份为 1900~2018，生日格式为 1980-5-12 或 1988-05-04 的形式。

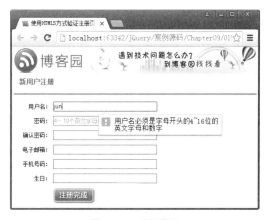

图 11.37　设置提示信息　　　　　　　图 11.38　错误提示

本章总结

➢ 表单校验的常见内容包括验证输入是否为空、验证数据格式是否正确、验证数据的范围、验证数据的长度等。

> ➤ 使用表单选择器和表单属性过滤器可以方便地获取匹配的表单元素。
> ➤ 在表单校验中通常需要用到 String 对象的成员，包括 indexOf()、substring()和 length 等。
> ➤ 表单校验中常用的两个事件是 onsubmit 和 onblur，常用来激发验证。
> ➤ 使用正则表达式可验证用户输入的内容，如验证电子邮箱地址、电话号码等。
> ➤ 定义正则表达式有两种构造形式，一种是普通方式，另一种是构造函数的方式。
> ➤ 正则表达式的模式分为简单模式和复合模式。
> ➤ 通常使用 RegExp 对象的 test()方法检测一个字符串是否匹配某个模式。
> ➤ String 对象定义了使用正则表达式来执行强大的模式匹配和文本检索与替换函数的方法。
> ➤ 使用 HTML5 的新增属性和 validity 属性验证表单内容。

本章作业

一、选择题

1. 对字符串 str="Welcome To China"进行下列操作处理，描述结果正确的是（　　）。
   A．str.substring(1,5)的返回值是"elcom"　　　　B．str.length 的返回值是 16
   C．str.indexOf ("come",4)的返回值为 4　　　　D．str.toUpperCase()的返回值是"Welcome To China"

2. 下面选项中，（　　）能获得焦点。
   A．blur( )　　　　B．select( )　　　　C．focus( )　　　　D．onfocus()

3. （　　）能够动态改变层中的提示内容。
   A．利用 html()方法　　　B．利用层的 id 属性　　　C．使用 onblur 事件　　　D．使用 display 属性

4. 假设腾讯 QQ 号从 10000 开始，目前最高为 10 位，则（　　）可以匹配 QQ 号。
   A．/^[1-9][0-9]{4,10}$/　　B．/^[1-9][0-9]{4,9}$/　　C．/^\d{5,10}$/　　D．/^\d[5,10]$/

5. 下列正则表达式中，（　　）可以匹配首位是小写字母，其他位是小写字母或数字的最少两位的字符串。
   A．/^\w{2,}$/　　B．/^[a-z][a-z0-9]+$/　　C．/^[a-z0-9]+$/　　D．/^[a-z]\d+$/

6. 字符串 "leg end" 调用 replace(/\s+/,'')方法的返回值是（　　）。
   A．leg end　　　B．end　　　C．leg　　　D．legend

7. 下列正则表达式中，（　　）可用于匹配 4 个连续出现的字母、数字或下划线。
   A．^\d{4}/gi　　B．\d(4)/gi　　C．^\w{4}/gi　　D．^w(4)/gi

8. 以下创建正则对象的方式中，错误的是（　　）。
   A．/^a.*y$/gi　　B．new RegExp(^a.*y$, 'gi')　　C．RegExp(/^a.*y$/, 'gi')　　D．new RegExp('^a.*y$', 'gi')

二、综合题

1. 简单描述使用正则表达式验证表单内容的优点。

2. ("input")和(":input")有什么区别？

3. 制作百度注册页面，使用 jQuery 验证用户名、密码等表单数据的有效性，要求如下：
   > ➤ 光标离开文本框时，验证数据的合法性，如果不合要求则提示，如图 11.39 所示。
   > ➤ 提交表单时，使用 submit()方法验证数据的合法性，根据验证函数的返回值是 true 或 false 来决定是否提交表单。
   > ➤ 用户名不能为空，长度为 4~12 个字符，并且用户名只能由字母、数字和下划线组成。
   > ➤ 密码为 6~12 个字符，两次输入的密码必须一致。
   > ➤ 必须选择性别。
   > ➤ 电子邮件地址不能为空，并且必须包含字符"@"和"."。
   > ➤ 验证提示信息显示在对应表单元素的后面。例如，若用户名中包含非法字符，进行提示。

图 11.39　输入内容提示

4. 使用正则表达式验证如图 11.40 所示的注册页面，要求如下：

图 11.40　用户注册提示

➤ 用户名为 5~16 个字符，包含字母、数字和下划线，首位必须是字母。

➤ Email 地址格式如 web@sohu.com。

➤ 手机号码为 11 位数字，第一位必须是 1。

➤ 密码为 4~10 个字符，包含字母和数字。

➤ 两次输入的密码必须一致。

➤ 光标离开文本框时验证数据的合法性，不合法直接在文本后进行提示。

➤ 提交表单时，验证输入内容的合法性，不合法直接在文本后进行提示。

5. 使用正则表达式制作注册页面提示特效，要求如下：

➤ 光标进入用户名文本框时，提示用户名输入要求"首位为字母的 4~16 个数字、字母、下线划"；离开文本框时验证输入用户名的合法性，不合法直接提示。

➤ 光标进入密码文本框时，提示密码输入要求"4~10 个字母和下划线"；离开文本框时验证输入密码的合法性，不合法直接提示。

➤ 提交表单时，验证用户名和密码输入内容的合法性，不合法直接提示。

第 12 章
综合应用设计实例

本章目标

◎　使用 HTML5 和正则表达式验证表单

◎　使用 jQuery 操作 DOM

本章简介

　　现在，我们已经完成了本书前 11 章的学习，打下了良好的 JavaScript 语言开发基础，并能够使用 jQuery 实现各种客户端页面交互特效及表单校验功能。下面，我们就对学到的知识和技能进行归纳总结，希望同学们通过本章的学习，能够熟练运用 JavaScript 和 jQuery 的开发技能，开发出符合实际应用要求的 Web 前端交互功能。

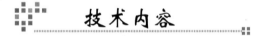
技术内容

12.1　归纳总结

12.1.1　核心技能目标

　　学完本书需要达到如下技能目标：

➤　能够掌握 JavaScript 的基本语法。

➤　能够调试 JavaScript 代码。

➤　能够定义和使用 JavaScript 函数。

➤　能够使用 JavaScript 操作 BOM 和 DOM。

➤　能够理解 JavaScript 面向对象的内容。

➤　能够使用 jQuery 操作 DOM。

➤　能够使用 JavaScript + jQuery 制作各种页面交互特效。

➤　能够使用 JavaScript + jQuery+正则表达式+HTML5 验证表单。

12.1.2 知识梳理

1. JavaScript

图 12.1 展示了完整的 JavaScript 知识体系，我们可以借助这个图厘清本课程的知识体系架构。

严格地说，本课程的所有内容都属于 JavaScript 的技术范畴。在整个 JavaScript 知识体系中，核心语法是基础，jQuery 是应用的关键。

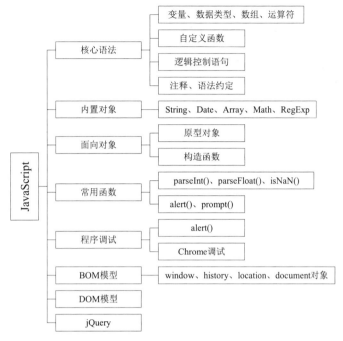

图 12.1　完整的 JavaScript 知识体系

2. jQuery

图 12.2 展示了整个 jQuery 的知识体系，jQuery 是本课程的核心内容，所有的应用基本都是使用 jQuery 来实现的。在这个知识体系中，基础知识和选择器是必备的，其他技术内容都以它们为基础。另外，Ajax 和 jQuery 插件两块技术内容将在以后学习。

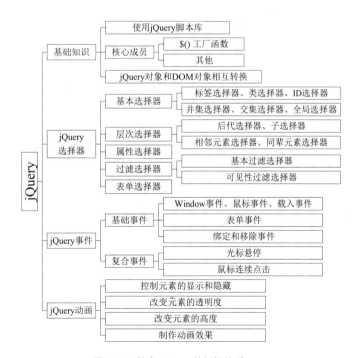

图 12.2　整个 jQuery 的知识体系

3. DOM

图 12.3 展示了 DOM 知识体系，主要包括 DOM 模型、JavaScript 中的 DOM 操作和使用 jQuery 中的 DOM 操作。

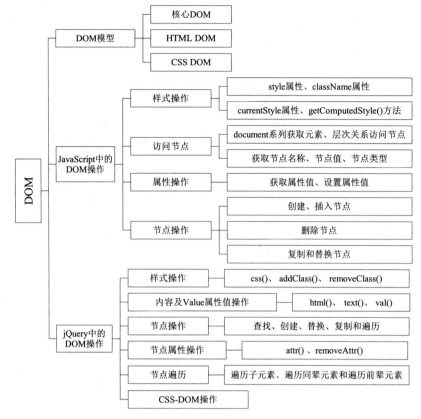

图 12.3　DOM 知识体系

4. 核心应用

图 12.4 列出了核心应用知识体系。其中，页面特效和客户端验证是实际开发中最主要的应用场景，掌握前面的技术内容都是为了最终完成这两类应用的。部分内容（如级联菜单）在正式内容中没有讲解，需要在具体应用中掌握。

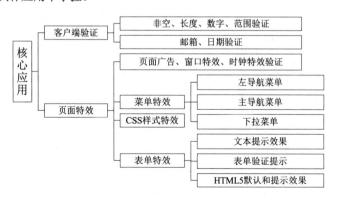

图 12.4　核心应用知识体系

12.2　综合练习

12.2.1　jQuery手动切换图片特效

上机练习 1　jQuery 手动切换图片特效的设计与实现

需求说明

jQuery 手动切换图片特效是指用户利用鼠标选择显示指定图片，如图 12.5 所示。

图 12.5　手动切换图片特效

12.2.2　新用户注册页面

在新用户注册页面中验证用户输入内容的有效性，主要验证用户名、密码、昵称、手机号码和电子邮箱等，对用户输入内容的格式及长度进行验证，如图 12.6 所示。

图 12.6　用户注册页面信息

上机练习 2　新用户注册页面

需求说明

➢ 用户注册页面验证的内容是通行证用户名、登录密码、重复登录密码、昵称、关联手机号和保密邮箱等。

➢ 当文本框获得焦点时，提示文本框应该输入的内容如图 12.7 所示。当光标放到保密邮箱文本框上时，文本框后显示"请输入您常用的电子邮箱"提示信息。当文本框失去焦点时对文本框的内容进行验证。例如，通行证用户名不合要求则提示错误信息，关联手机号为空时则提示必须输入关联手机号，此时提示信息前有一个表示信息错误的图标 ➖。如果输入正确也进行提示，如提示"昵称输入正确"，此时提示信息前有一个表示信息正确的图标 ✅ 。

图 12.7 验证输入内容

➤ 使用正则表达式验证各个文本框中输入的内容，要求如下所示。

◎ 通行证用户名由字母、数字、_、.、-组成，只能以数字、字母开头或结尾，并且长度为 4~18 位。

◎ 密码的长度为 6~16 位。

◎ 昵称由汉字、字母、数字、下划线，以及@、！、#、$、%、&、*等特殊字符组成，长度为 4~20 个字符，一个汉字占两个字符。

◎ 关联手机号由 11 位数字组成，以 13、15、18 开头。

◎ 邮箱使用 HTML5 新增元素，输入内容格式如 web@sina.com.cn 或 web@tom.com。

➤ 点击"注册"按钮提交表单时，对表单中输入的内容进行验证。

提示

在每一个需要验证的文本框后面设置一个 div，使用 html()方法改变 div 中的提示信息，使用 removeClass()和 addClass()来动态改变 div 的样式。

验证昵称时，匹配汉字的表达式为[\u4e00-\u9fa5]，匹配字母、数字和下划线的表达式为\w，因此匹配昵称的表达式为/A([\u4e00-\u9fa5]|\w|[@!#$%&*])+$/。

在 JavaScript 中，一个汉字的 length 为 1，无法准确地验证字符串的长度，因此可以使用 replace()来替换字符串中的汉字，可以把一个汉字转换为任意两个字母或数字等，然后计算字符串的长度。假设 nickName 表示昵称字符串变量，则使用 replace()把昵称中的每一个汉字转换为"xx"两个字符，然后计算 nickName 的长度，代码如下：

```
var len=nickName.replace(/[\u4e00-\u9fa5]/g,"xx").length;
```

其中 g 表示把字符串中所有的汉字替换为"xx"，如果省略 g，那么只替换字符串中的第一个汉字。

12.2.3 购物车页面

在网购项目的购物车页面中，实现商品删除和数量修改的功能。当删除或修改商品数量时，商品总计和所获积分也会随之改变，如图 12.8 所示。

上机练习3 ■ **实现商品金额自动计算的功能**

需求说明

➤ 根据每行商品的数量和单价计算每行商品的小计，然后显示在对应商品的小计一列中，如图 12.9 所示。

➤ 根据每行的商品数量、单价和积分，计算商品总价和获得的积分，然后显示在页面中。

图 12.8　购物车页面

图 12.9　计算商品金额和积分

➢　图 12.9 所示的列表中的复选框和本阶段功能实现无关。

提示

➢　创建一个函数，自动计算每行商品的小计、商品总价和可获积分，如 productCount()。
➢　使用 each() 方法循环每行的商品，计算每行商品的小计，并记录所有商品的金额和积分，关键代码如下：

```
var summer=0;
var integral=0;
$tr.each(function(i,dom){
    var num=$(dom).children(".cart_td_6").find("input").val();//商品数量
    var price=num*$(dom).children(".cart_td_5").text();//商品小计
    $(dom).children(".cart_td_7").html(price);//显示商品小计
    summer+=price;//总价
    integral+=$(dom).children(".cart_td_4").text()*num;//积分
});
```

上机练习 4　实现全选功能

需求说明

➤ 在购物车页面中，当选中"全选"复选框时，所有商品前的复选框被选中，否则所有商品前的复选框取消选中。

提示

➤ 点击"全选"复选框时，所有商品前的复选框的选中情况与"全选"复选框的选中情况一致，就可以达到全选和全不选的效果。

➤ 点击商品前的复选框时，需要判断是否所有的复选框被选中，如果所有的复选框被选中，那么"全选"复选框被选中，否则"全选"复选框取消选中。

上机练习 5　实现商品数量增加和减少功能

需求说明

➤ 点击商品数量文本框前的图标⊟，商品数量减少一个，但是不能减少为 0。

➤ 点击图标⊞，商品数量增加一个。

➤ 当商品数量增加或减少时，对应的商品小计及商品总价、可获积分随之变化。例如，增加第二行的商品数量为 7 时，对应的商品小计变为 1855，商品总价为 2102 元，可获积分为 116 点，如图 12.10 所示。

图 12.10　修改商品数量

提示

商品数量增加或减少后，调用自动计算商品金额的函数 productCount()实现商品小计、商品总价和可获积分的自动计算并重新显示的功能。

上机练习 6　实现删除商品的功能

需求说明

➤ 点击"删除所选"按钮可以删除选中的商品。

➤ 点击每个商品后面的"删除"链接可以删除对应的商品。

➢ 删除商品后，商品总价和积分也同时改变。例如，选中图 12.10 中的第二个和第三个商品，然后点击"删除所选"按钮即可删除这两个商品，并且商品总价变为 162 元，可获积分变为 29 点，如图 12.11 所示。

图 12.11　删除商品

提示

➢ 删除单个商品时，使用 remove()方法删除商品所在行，同时也要删除店铺和卖家信息所在的行，关键代码如下：

```
$(".cart_td_8").find("a").click(function(){
    $(this).parent().parent().prev().remove();//删除前一 tr
    $(this).parent().parent().remove();//删除当前 tr
    productCount();
});
```

➢ 根据选中的商品使用"删除所选"按钮一次删除多个商品时，使用 each()遍历所有行，获取所有复选框，然后删除选中的行。

➢ 删除商品后调用自动计算商品金额的函数 productCount()，实现商品小计、商品总价和可获积分的自动计算并重新显示的功能。